纳米科学与技术

纳米技术标准

〔美〕V. 穆拉绍夫　〔美〕J. 霍华德　主编

葛广路 等　译

科 学 出 版 社

北 京

图字:01-2011-6658号

内 容 简 介

本书详细介绍纳米技术的名词术语、测量表征、性能评价、健康安全等领域的标准制定最新动态、纳米标准物质与标准样品研制,以及纳米计量的研究现状等,并展望纳米标准的发展趋势。全书共分10章:第1章,导论;第2章,纳米技术术语与命名的现有观点;第3章,纳米尺度标准物质;第4章,纳米尺度计量学及对新技术的需求;第5章,性能标准;第6章,工业应用领域纳米技术表征与测量的标准化动态;第7章,表征与降低纳米材料风险的测量标准制定含义;第8章,纳米材料毒性:新出的标准与支持标准制定的工作;第9章,健康与安全标准;第10章,纳米技术标准与国际法律方面的思考。

本书可供从事纳米技术应用研究与市场开发的科研人员、纳米技术企业管理人员及相关监管人员阅读参考。

图书在版编目(CIP)数据

纳米技术标准/(美)穆拉绍夫(Murashov, V.),(美)霍华德(Howard, J.)主编;葛广路等译. —北京:科学出版社,2013.10
(纳米科学与技术/白春礼主编)
书名原文:Nanotechnology standards
ISBN 978-7-03-038776-9

Ⅰ.①纳… Ⅱ.①穆… ②霍… ③葛… Ⅲ.①纳米技术-技术标准 Ⅳ.①TB303-65

中国版本图书馆CIP数据核字(2013)第235357号

丛书策划:杨 震 / 责任编辑:顾英利 刘志巧 / 责任校对:李 影
责任印制:钱玉芬 / 封面设计:陈 敬

科学出版社 出版
北京东黄城根北街16号
邮政编码:100717
http://www.sciencep.com

中国科学院印刷厂 印刷

科学出版社发行 各地新华书店经销

*

2013年10月第 一 版 开本:720×1000 1/16
2013年10月第一次印刷 印张:15 3/4 插页:1
字数:292 000

定价:80.00元

(如有印装质量问题,我社负责调换)

《纳米科学与技术》丛书序

在新兴前沿领域的快速发展过程中，及时整理、归纳、出版前沿科学的系统性专著，一直是发达国家在国家层面上推动科学与技术发展的重要手段，是一个国家保持科学技术的领先权和引领作用的重要策略之一。

科学技术的发展和应用，离不开知识的传播：我们从事科学研究，得到了“数据”（论文），这只是“信息”。将相关的大量信息进行整理、分析，使之形成体系并付诸实践，才变成“知识”。信息和知识如果不能交流，就没有用处，所以需要“传播”（出版），这样才能被更多的人“应用”，被更有效地应用，被更准确地应用，知识才能产生更大的社会效益，国家才能在越来越高的水平上发展。所以，数据→信息→知识→传播→应用→效益→发展，这是科学技术推动社会发展的基本流程。其中，知识的传播，无疑具有桥梁的作用。

整个20世纪，我国在及时地编辑、归纳、出版各个领域的科学技术前沿的系列专著方面，已经大大地落后于科技发达国家，其中的原因有许多，我认为更主要的是缘于科学文化的习惯不同：中国科学家不习惯去花时间整理和梳理自己所从事的研究领域的知识，将其变成具有系统性的知识结构。所以，很多学科领域的第一本原创性“教科书”，大都来自欧美国家。当然，真正优秀的著作不仅需要花费时间和精力，更重要的是要有自己的学术思想以及对这个学科领域充分把握和高度概括的学术能力。

纳米科技已经成为21世纪前沿科学技术的代表领域之一，其对经济和社会发展所产生的潜在影响，已经成为全球关注的焦点。国际纯粹与应用化学联合会(IUPAC)会刊在2006年12月评论：“现在的发达国家如果不发展纳米科技，今后必将沦为第三世界发展中国家。”因此，世界各国，尤其是科技强国，都将发展纳米科技作为国家战略。

兴起于20世纪后期的纳米科技，给我国提供了与科技发达国家同步发展的良好机遇。目前，各国政府都在加大力度出版纳米科技领域的教材、专著以及科普读物。在我国，纳米科技领域尚没有一套能够系统、科学地展现纳米科学技术各个方面前沿进展的系统性专著。因此，国家纳米科学中心与科学出版社共同发起并组织出版《纳米科学与技术》，力求体现本领域出版读物的科学性、准确性和系统性，全面科学地阐述纳米科学技术前沿、基础和应用。本套丛书的出版以高质量、科学性、准确性、系统性、实用性为目标，将涵盖纳米科学技术的所有领域，全面介绍国内外纳米科学技术发展的前沿知识；并长期组织专家撰写、编辑出版下去，为我国纳米科技各个相关基础学科和技术领域的科技工作者和研究生、本科生等，提供一套重要的参考资料。

这是我们努力实践“科学发展观”思想的一次创新，也是一件利国利民、对国家科学技术发展具有重要意义的大事。感谢科学出版社给我们提供的这个平台，这不仅有助于我国在科研一线工作的高水平科学家逐渐增强归纳、整理和传播知识的主动性(这也是科学研究回馈和服务社会的重要内涵之一)，而且有助于培养我国各个领域的人士对前沿科学技术发展的敏感性和兴趣爱好，从而为提高全民科学素养作出贡献。

我谨代表《纳米科学与技术》编委会，感谢为此付出辛勤劳动的作者、编委会委员和出版社的同仁们。

同时希望您，尊贵的读者，如获此书，开卷有益！

白春礼

中国科学院院长

国家纳米科技指导协调委员会首席科学家

2011 年 3 月于北京

译 者 序

随着经济全球化的加快发展，国际竞争态势正发生重大而深刻的变化，知识产权和技术标准日益成为国际竞争的主要工具。目前纳米技术和产业正在飞速发展和不断壮大，越来越多的纳米产品走向市场，这就对检测、计量、认证和标准提出了越来越迫切的需求。由于标准和市场准入对现代高技术产业发展具有重要作用，纳米技术标准制定引起了各国政府和国际标准组织的高度重视，也引发了各发达国家计量和研究机构的激烈竞争。

从对纳米科技基础研究的促进作用来说，纳米标准贯穿于纳米技术的各个领域和环节，作为测量的最佳规程，其制定会显著提高纳米测量的准确性和可靠性，也是研究复杂环境下纳米结构中的物理、化学和生物效应的重要保障。

从产业发展的角度来看，作为一种新兴技术，纳米技术要得到传统产业认可并真正发挥预期作用，必须实现从材料生产、检测到应用各个环节的标准化。纳米标准是促进我国参与制定纳米产业贸易准则、实现测量数据的国际互认、保障我国纳米产业国际竞争力的必要条件，也是各国争相布局的战略制高点。

从标准化管理和研究来看，纳米标准领域自 2005 年国际标准化组织成立专门的技术委员会（ISO/TC 229）及国际电工委员会成立技术委员会（IEC/TC 113）以来，在短短的几年时间里取得了飞速的发展，其制定的一系列标准和围绕这些标准开展的研究工作必将对未来的纳米产业产生巨大影响。同时，对于正在飞速发展的高新技术领域制定标准，本身也在标准制定模式、组织协调等方面有所创新。

纳米标准制定面临许多挑战，一方面，纳米尺度上各种性质涨落幅度较大，易于受外界扰动影响，制定检测标准和研制标准样品难度很大；另一方面，建立纳米标准体系既需要借鉴传统领域标准制定的思路和规范，又需要针对纳米技术本身特点采用创新的手段和方法，同时与其他领域的标准制定互相促进。

纳米测量技术标准涉及研究人员、政府组织、消费者等各个群体的利益，受到各国和各个国际标准组织的高度关注。本书希望通过介绍纳米材料和纳米技术领域正在开展的标准工作，能够为相关研发人员、管理人员提供详细信息，并为其他高新技术领域的标准化工作提供参考。

本书详细介绍纳米技术的名词术语、测量表征、性能评价、健康安全等领域的标准制定最新动态，纳米标准物质与标准样品研制，以及纳米计量的研究现状；分析纳米标准和计量研究的挑战和机遇，阐述其对纳米科学与技术的促进，以及对纳米产业健康发展的保障作用，并展望纳米标准的发展趋势。本书由来自美国国立职业安全与健康研究所、日本产业技术综合研究所、欧盟联合研究中心等学术机构，且目前在纳米技术标准领域最为活跃的专家学者编写而成，采用最新国际发展趋势和出版文件，是国际上首部也是迄今唯一一部系统介绍纳米标准领域的书籍，具有较高的水平和参考价值。

本书翻译工作得到了国家出版基金的资助，在此致以诚挚的谢意。中译本是集体的成果，其中序言部分由陈宽翻译，葛广路修改；第 1 章由葛广路、陈宽翻译，葛广路修改；第 2 章由葛广路翻译并修改；第 3 章由刘忍肖翻译，葛广路修改；第 4 章由郭玉婷翻译，陈宽修改；第 5 章由陈宽翻译，葛广路修改；第 6 章由王春梅翻译，沈电洪修改；第 7 章由郭玉婷翻译，葛广路、沈电洪修改；第 8 章由纪英露、陈宽翻译，葛广路修改；第 9 章由纪英露、陈宽翻译，葛广路修改；第 10 章由郭玉婷翻译，葛广路、沈电洪修改。全书由葛广路和陈宽统稿并修订。

译者对原书中的一些错误进行了核实和修订，对原书中一些模糊之处进行了考证并加入了译者注。对于原书中一些成书时正在起草的标准的现状进行了跟踪，并以译者注的形式给出了更新。

纳米科技是一个飞速发展的多学科交叉领域，由于译者专业背景和水平所限，译文难免有不当之处，敬请读者批评指正。

译　者
2013 年 8 月于北京

序　　言

全球化所释放出的经济力量正影响着知识的产生，货物和服务的商业贸易，以及产品的制造。全球经济力量也使得国际标准在商业和科学中扮演着更加重要的角色。标准正在日益担当起促进新兴技术国际开发和商业化的重要作用。标准通过为专业名词术语下定义、对分析方法进行标准化、判别有害暴露是否存在以及提供控制诸多与国际技术商业化相关的风险的方法等措施来帮助经济全球化。同时，在21世纪，制造业工人、消费者和环境所面临的风险的标准制定就像20世纪的自由贸易协定一样正在成为全球化成功的关键。并且，风险管理标准的使用是自纳米技术作为一种有望改变我们生活和工作方式的全球技术而出现后才开始的。

纳米技术是一种快速发展并具有潜在变革性的技术，它有极大改善人类生活诸多领域的潜力。纳米技术为制备更坚固和更轻的材料、更有效的药物、新型能源、更有营养和能长期保存的食品、更完善的国家安全装备及革命性的癌症治疗手段带来了希望。任何新技术被顺利接受及得到广泛的商业传播，都需要严格注意控制潜在风险，尤其是在拥有稳固的产品责任和人身伤害体系的国家中。国际标准可用于保护产品使用者和产品制造者。

从历史上看，归入国际贸易协定或被国家法律所采用的国际标准仅是由少数公共和民间组织制定的。例如，经济合作与发展组织(OECD)、联合国的多个组织，以及国际标准化组织(ISO)和国际电工委员会等一些民间组织，通过正式的国家会员资格规定，在20世纪始终作为国际标准制定的主要路径。此外，也存在大量通常由没有国家组织会员参与的民间组织(如ASTM国际以及电气和电子工程师协会)制定的自发国际标准。

现有的标准制定组织(SDO)，无论公共组织还是民间组织，都在特定应用领域组成专家组开展工作。然而对于纳米技术，已经成立的技术组跨越整个技术，或者对该技术来说范围很广的方面，例如环境安全和健康议题，从而协调标准制定活动，并保留足够的灵活性以便吸纳快速发展的关于纳米技术及其潜在风险和益处的知识。

在过去的5年中，几乎所有主要的SDO都建立了这样的技术组。例如，2005年ISO建立了一个纳米技术委员会——TC 229，OECD也在2006年建立了人工纳米材料工作组。许多工作在纳米标准制定领域的现存的技术组拥有许多并行的项目，一些是针对纳米技术和纳米材料的基础术语的制定，一些为开发纳米材料特定测量技术而工作，而其他的正在制定职业和环境健康和安全指导原则。

《纳米技术标准》一书反映了这一纳米技术国际标准制定的新途径，并围绕与各类 SDO 中现存的技术组相类似的广泛的应用领域。第 1 章导论描述了标准制定过程的历史，讨论了活跃在纳米技术领域的不同标准制定组织的角色，概述了纳米技术的国家和国际标准制定背景，突出了 21 世纪标准制定中知识管理体系的运用，并且讨论了“前瞻型”标准制定的独特挑战，如怎样在有限知识的条件下达成共识。第 2～9 章提供了对于命名和术语，标准物质*，计量学，性能标准，应用测量，含义测量，生物活性测试，以及健康和安全领域课题的发展的最新状况的综述。每一章都总结了国家和国际标准制定的活跃领域，并且描述了支持目前纳米技术标准的知识基础和纳米技术标准制定的未来方向。最后，第 10 章将讨论如何根据国际法律要求和在国家管理结构中的国际标准应用的背景中制定标准。

《纳米技术标准》一书是由一个代表着国际 SDO 群体和纳米科学群体的国际专家团队所撰写的、第一部综合收集 21 世纪纳米技术标准制定的最新现状水平的综述，呈现了各个方面和全球各地的知识观点。本书把握住了国际和国家的纳米技术标准制定的动态领域中的最新发展并且概述了未来方向。本书对于学术界、工业界和政府中管理纳米技术产品开发或者纳米技术风险的人，抑或仅仅想要了解更多关于如何利用纳米技术标准管理此类风险的广大纳米技术和材料科学家、工程师、律师、监管者及学生，是一本必备参考书。

弗拉基米尔 • 穆拉绍夫
约翰 • 霍华德
于华盛顿哥伦比亚特区

---

* 关于 reference material，有多种不同的中文译法，如：标准物质、参考物质、参照样品、标准样品等，本书采用“标准物质”。——译者

目　　录

第1章 导　　论*

Vladimir Murashov, John Howard

1.1 引　　言

标准可以被理解为规则、规定或要求，主要根据管理者、社会惯例或共识来制定。美国国家标准学会（ANSI）把标准按功能或来源分为八类：基础标准、产品标准、设计标准、过程标准、规范标准、编码标准、管理系统标准和个人认证标准[1]。历史上，标准是在有限的地域，随人类的技术水平发展，按照共同的使用情况和早期的惯例来制定的。

现在，国际标准主要由来自世界各地的利益相关者所组成的团体来制定，着重在彼此方便沟通和交流、促进商业贸易和保障安全与健康。世界范围内，可能已有超过1000个标准制定团体制定了超过500 000份标准[1]。标准的数量，以及它们使用的地区和技术范围，随着关于社会风险的知识以及那些知识的快速传播，而一直在扩展。为了反映世界贸易、交通、经济和政治的变化，标准制定以及其在监管中的应用一直在发展。本章将全面讨论标准制定的历史，并专门讨论崭露头角的纳米技术领域标准制定。

1.2 标准的历史

标准制定的历史可以划分为四个阶段：①社团标准制定；②国家标准制定；③国际标准制定；④全球性标准制定。各阶段在标准制定的类型、推广程序和监管机制上都有自己的特点。

---

* 本报告中的研究结果和结论为作者观点，并不必然代表美国国立职业安全与健康研究所的立场。

V. Murashov (✉)
National Institute for Occupational Safety and Health, Centers for Disease Control and Prevention, U. S. Department of Health and Human Services,
Washington, DC, USA
e-mail: vmurashov@cdc. gov

1.2.1　社团标准制定

标准制定的历史或许可以回溯至 20 000 年以前，当时冰期的欧洲猎人率先使用了时间单位标准。这些早期的标准制定者在树枝和骨头上刻线挖洞，通过记录月相的每日变化来计时[2]。起初，人们制定标准旨在协调人类行为与自然现象之间的关系。之后，标准的功能和应用一直在扩展，并且和人类自身技术和社会发展不断增加的复杂性保持同步。

早在 10 000 年前，农业的出现在人类文明的发展和标准的制定中迈出了关键的一步。得益于农业，人们生产的食品出现了过剩现象，从而奠定了贸易的基础。随后，贸易对引入单位标准提出了要求，以便确保贸易的公平，并对交易的货物征税。这些早期标准，如产品价值(或货币)[3]、长度、重量[4]的单位标准，通过地方政权(某些情况下，通过国家)的权威来强制施行。诸如货物的测量与交换的标准之类的商业贸易标准的例子，公元前 1790 年古巴比伦的《汉谟拉比法典》中已有载录。

农业还促进了技术知识与相关标准的发展和积累。用标准的形式将积累下来的知识有效地传给后人的需求导致了文字的发展。最早一批保存下来的文字作品是 5000 年前在埃及、美索不达米亚和中国创造的[5]。文字被用来为每一种活动传递复杂的标准做法。例如，埃及埃德富的荷鲁斯神庙保存着公元前二世纪的操作标准雕刻，规定了为神像焚香和准备油膏的程式[6]。

针对安全和健康的操作标准，如规定了建造物体和结构最低安全接受水平的建筑条例，最初是在农业社会中出现的。最早一批保存下来的建筑条例可以在《汉谟拉比法典》中找到。早期的食品安全标准——安全和健康的操作标准的又一实例——主要是为了防止商业欺诈和食品掺假而建立的[7]。例如，罗马人订立了保护民众免受掺假食品危害的民法条款。公元前 200 年，罗马政治家加图(Cato)就描述了一种确定商人是否在酒里掺水的方法[7]。英国在 1266 年通过了其首部食品法——《面包法令》，以防止在面包中掺入价廉质次的成分。直到 1987 年被欧洲法庭作为贸易壁垒取消之前，德国 1516 年的“啤酒纯度”法(“Reinheitsgebot”)一直是世界上最早的食品安全监管标准。“啤酒纯度”法为政府提供了工具以管控销售给大众的啤酒的成分(限定麦芽、啤酒花和水的含量)、过程和品质[8]。在美国早期殖民地时期，食品法规是为了促进优质食品向欧洲的出口。举例来说，1641 年马萨诸塞湾区殖民地制定的肉类鱼类检查法案就是为了证明殖民地生产和出口到宗主国的食品的高品质，从而获得商业上的优势[7]。

手工业在农业社会中得到了发展。“秘方”——一种具有知识产权的操作标准——被诸如石工、玻璃、地毯等众多行业的手工业者采用。这些标准随着特定手工业的复杂程度而变化，形成了中世纪同业公会的基础。这些操作标准，与职业行为准则一起,由手工业联合会制定并执行,并从师傅到学徒代代相传。这样的操作标准早在公元前200年,就已由中国汉朝的行业工会——“行会”发展出来。这些行会历经世纪变迁生存下来,至今仍然存在于中国的一些行业中[9]。这些联合会的主要功能是获得并保护特定从业者相对于不熟练的市场进入者的竞争优势。这种竞争优势是靠把操作步骤的知识留在联合会成员之间来实现的。到了18世纪,这些联合会成为自由贸易的阻碍,妨碍了技术创新、技术传播和商业发展[10]。结果就是,它们被国家贸易协会取代,后者制定透明的、可以为所有人看到并采用的标准。

1.2.2 国家标准制定

蒸汽机和19世纪中期工业革命的到来促成了强大的国家的出现,以及这些国家之间制造和贸易的扩散。这就产生了诸如对国家层面上交通的一致性规范标准的需求,如标准的轨距[11],以及对材料规范标准的需求,如用于建设铁轨的钢的等级[12]。由国家标准制定组织(SDO)和贸易协会进行的自发性标准制定应运而生。这些国家标准制定组织包括美国试验和材料协会(ASTM)和电气电子工程师学会(IEEE)。ASTM,现称ASTM国际,是1898年在美国由一群应对铁轨频繁断裂的工程师和科学家组建的[13],由此导致了美国全国铁轨用钢的标准化。IEEE,世界上最大的技术类专业协会,前身为1884年成立的美国电气工程师学会,旨在为电气专业人士提供支持[14]。ASTM和IEEE后来都发展成为非官方制定标准的学术团体。目前在美国有超过600个SDO,其中有些非常小,只拥有少数几项标准,但另一些无论从什么意义上讲都是全球性的。

许多建立于19世纪末的国家标准制定组织,包括英国(UK)、美国和俄罗斯(Russia)的组织,不仅是为了统一和管理国内的由国家制定的标准,而且在国际标准制定组织中代表国家利益。

英国国家标准化组织——现称英国标准协会(BSI)——可追溯到1901年由土木工程师协会理事会创建的工程标准委员会(ESC)[15]。ESC将其工作扩展到其他领域,并在1929年获颁皇家特许证之后于1931年更名为英国标准协会[15]。

美国国家标准学会(ANSI)的前身——由公司、政府和其他成员组成的自愿组织——成立于1916年。当时,美国电气工程师学会邀请美国机械工程师学会、美国土木工程师学会、美国矿冶工程师学会以及美国材料试验学会共同参与组建一个中立的国家组织以协调标准制定、批准国家共识标准及防止用户混淆可接受性评判标准,由此创建了ANSI[1]。

在俄罗斯,联邦国家标准化与计量委员会(“Rostekhregulirovaniye”)担当了国家标准化组织。它是根据俄罗斯总统令,替代原苏联的苏维埃社会主义国家联盟的国家标准局。原苏联国家标准局起源于苏联劳动和国防委员会于1925年创建的标准化委员会[16]。

国家标准制定模型各个国家都不尽相同。在美国，没有像上述的英国和俄罗斯那种官方标准化组织。取而代之的是，标准制定是自发的，并且民间组织的主导占据压倒性优势。1995年的美国《国家技术转让与促进法》[P. L. 104-113，第12(d)节]，以及美国行政管理和预算局(OMB)第A-119号通告[17]指导联邦政府机构采用自发共识标准代替政府独家主导标准，除非存在与法律不一致或者不切实际以致无法执行的情况。此外，这些文件也鼓励联邦政府机构积极参与自发共识标准的制定。例如，职业安全与健康管理局(OSHA)，一个美国政府职业安全与健康监管者，同ANSI签署了一份谅解备忘录，其中在某种程度上规定"ANSI将为供OSHA和其他机构所用的职业安全和健康议题上的国家共识标准制定提供协助，并支持和继续鼓励其发展"[18]。

美国政府允许政府人员参与自发共识标准制定，但不提供资金从事此项工作。例如，《公法》107-101，2002财政年度国防授权法(《公法》107-101，第1115节，题名为《技术标准制定活动中人员的参与》)使《美国法典》第5946节限制拨款用于支付会费或个人在学会或协会的会员集会或会议上的开销这一规定作废。然而，即使存在政府专家参与自发标准制定的法定许可，政府拨款通常不能为一个政府机构派遣其专家与会提供必要的资金。另外，接受政府拨款的学术研究者以及接受薪水和研究支持的政府人员没有参与标准制定委员会的专项资金。这一方法不支持ANSI的资金模式，它是建立在从参与标准制定的自发者收取的会员费基础上的。尽管如此，截至2008年1月，ANSI的名单上拥有267个ANSI认可的作为标准制定者的实体，包括：由政府监管者建议的实体；由产业界提名的实体；向个人国际会员身份开放的实体，但没有任何具有投票权的国家会员身份机构；以及拥有长期或短期使命的实体。还有一些美国标准制定者在ANSI认证之外运作，包括一些产出全球的标准的制定者。

相对而言，在有些国家中，标准制定完全是政府职责。俄罗斯联邦国家标准化与计量委员会("Rostekhregulirovaniye")为GOsudarstvennyi STandart-Rossii(GOST-R)标准的制定提供资金，这是俄罗斯联邦的国家标准。俄罗斯联邦国家标准化与计量委员会也是产品GOST-R认证项目的管理者，并在诸如国际标准化组织(ISO)这样的国际标准组织中发挥国家会员组织的作用。类似地，中国国家标准化管理委员会(SAC)由国务院授权对中国的标准化工作履行行政管理职责，并在诸如ISO这样的国际标准组织中担当代表国家的标准化组织[19]。SAC负责资助和管理国家标准的制定，包括支持国家标准制定和维护的研究。

英国的标准制定享有一定水平的政府支持。英国国家标准组织——英国标准协会(BSI)，在某些情况下可以代表英国政府行为[20]，它是一个将其制定的各种标准上市销售的非营利组织。"BSI英国标准"通过包括政府代表、测试实验室、供应商、消费者、学术机构、公司、厂商、监管者、消费者和工会所组成的委员会制定标准,也提供测试和认证服务。

不管国家标准制定组织是如何运作的,它们都促进了标准的出现,标准保证了在国家疆域之内运营的分散商业实体的一致性。但是,随着国际贸易规模的增长,不同的国家标准对全球贸易构成了重大障碍[21]。国家之间统一的国家标准的驱动催生了20世纪早期拥有国家组织成员的国际标准制定组织。

1.2.3 国际标准制定

国际标准通常为国际协定或条约提供技术基础。它们基于所有国家商业市场受到特定标准影响的利益集团的自发参与。国际标准,如国际行动守则的建立,是由19世纪末20世纪初的国际贸易所催化的。早期国际管理标准可追溯到航海这种颇有价值的货物贸易方式出现之时。

现今所知的最早的航行细则指南是希腊的 *periploi*,它成为中世纪制图学标准,可追溯到公元前四世纪到公元前三世纪[22]。控制海上行为的现代实践标准源自于一位荷兰律师格劳秀斯(Grotius)1609年的一部题为 *Mare Liberum*(《海洋自由论》)的著作。格劳秀斯清晰地表达了"公海自由"这一原则。该原则认为海洋不属于任何单一国家,而是应该供所有国家利用。1884年,当国际子午线会议——一个公共的政府层面的组织采用格林尼治子午线作为通用的本初子午线或零度经线时,建立海事标准的另一块里程碑出现了,这无疑是一个最为重要的历史性海事参考标准的例子。

20世纪的民用航空成就,以及第二次世界大战后井喷式的快速经济增长进一步加速了国际标准的制定。鉴于国家之间的贸易和运输增长,需要国际标准和国际标准制定组织,特别是跨国公司和其他跨国参与者试图统一应用于国际交易的国家法律标准(如安全和健康测试标准)以减少跨国生意中的交易成本[23]。

20世纪中叶出现的范围广阔的国际标准制定组织瞄准了标准中特定的缺口。归入国家法律和国际协定的国际标准通常是由少数有国家组织成员参与的公共组织,如经济合作与发展组织(OECD)、国际劳工组织(ILO)和世界卫生组织(WHO),以及许多民间组织如国际标准化组织(ISO)和国际电工委员会(IEC)所制定的。然而,也存在着大量通常由没有国家组织成员参与的民间组织(如ASTM国际和IEEE)制定的自发国际标准。这些标准仍然可为全球所接受并因产业利益而使用。在广泛的标准制定模式中,由一个公共标准制定组织确定首要需求,考虑由民间标准制定组织制定自发标准,并且设定技术规范以满足首要需求的管理模式在20世纪后期和21世纪初期已经变得更突出[23]。

1919年,"国际联盟"依据《凡尔赛和约》成立,旨在"促进国际合作并实现和平和安全"。自那时起,政府间组织就开始介入国际标准的制定[24]。

成立于1945年的联合国(UN)可被认为是最大的公共国际标准制定组织。《联合国宪章》包含广泛的授权——"促成国际合作,以解决国际间属于经济、社会、文化及人类福利性质之国际问题"以及"构成一协调各国行动之中心,以达成上述共同目的"[25]。一些联合国专门机构甚至早在1945年之前就成立了,并在随后归入联合国。举例来说,国际电信联盟的前身国际电报联盟成立于1865年,旨在促进各国之间的通信联系;ILO成立于1919年,其宗旨是促进社会正义以及国际人权和劳工权利。

联合国大会作为联合国首要的审议、政策制定机构占据着中心位置。它由全体会员国的代表组成,在标准制定和国际法律汇编进程中扮演着重要角色[25]。联合国大会被授权在其权限范围内对国际议题作出对会员国的非约束性决议。在联合国大会上,每个会员国都有一张投票权。投票承担被委派的重要事宜,如关于和平与安全的决议以及选举安全理事会成员,需要会员国的三分之二多数方能决定,但其他问题以简单多数决定。近年来,一个特殊的尝试是在议题上达成共识,而不是由正式投票所决定,由此加强了对于联合国大会所做决定的支持。

联合国技术标准通常是由参与会员国任命的专家委员会或课题组层面制定的。制定过程因联合国组织所覆盖的不同标准领域而变化。例如,联合国粮农组织(FAO)和WHO在1963年创立了食品法典委员会,以制定食品标准,包括指南和相关文件(如在FAO/WHO联合食品标准项目中的实施守则)[26]。该项目的主要目的是保护消费者健康,确保食品贸易中的公平贸易实践,并且促进由国际政府和非政府组织承担的所有食品标准工作的协调。决定由在委员会年会上投票的多数作出,委员会的每个会员国有一票[27]。

另一个例子是世界卫生组织中的标准制定过程。根据其章程,WHO的作用包括健康相关标准的制定[28]。尽管多数监管标准是在世界卫生大会上被会员国采纳的,但是WHO历史上绝大多数技术标准的制定依靠从专家顾问团和委员会得到的专家意见[29]。这些小组被召集起来对WHO感兴趣的主题作出技术建议。顾问团成员由WHO总干事任命,这些成员贡献技术信息并提供专家领域的科学发展建议。然而,WHO流程因为推出了低质量标准而受到了批评。2003年,WHO通过出版WHO内部指南改进了这一过程[30,31]。WHO强调了基于证据的、透明公开的方法在标准制定与实施中的运用[32]。一旦标准草案准备完成,它们在大多数情况下由总干事办公室批准[28]。

相比之下,ILO是唯一的三方联合国机构。为履行其草拟和监督国际劳动标准的职责,ILO集合政府、雇主和工人代表来联合制定其政策和公约。

经济合作与发展组织(OECD)是一个条约组织,它也可被看作一个公共部门透明国际标准制定组织。OECD既是国际标准的使用者也是应对OECD成员国政府需求的标准(技术规范)制定者。作为一个特定的重建计划中来自美国和加拿大的援助资金的管理机构,欧洲经济合作组织成立于1947年[33],这是OECD的前身。1961年,欧洲经济合作组织成为负有帮助其成员国实现经济可持续发展、稳健的就业及高标准生活使命的OECD。今天,OECD由34个致力于民主和市场经济的成员国组成。OECD与其他70多个国家一道分享其成员国的专业知识。此外,OECD邀请俄罗斯加入成员国对话当中,并与巴西、中国、印度、印度尼西亚及南非增强联系。自从其成立以来,产业界和劳工也与OECD接洽,尤其是通过OECD商业和工业顾问委员会和工会顾问委员会联系。

OECD已经建立了一套由数据收集、数据分析及集体政策讨论组成的行之有效的标准制定流程,随之而来的是合作决策和实施。由成员国代表组成的委员会和工作组以及受邀的非成员国专家指导OECD中的技术工作。OECD委员会层面上的讨论可以产生出特定标准、模式建议或指南(例如,良好实验室规范)的国家间正式协定[34]。根据OECD公约,搭建起了OECD运作的法律框架——由OECD所作出的决定对于全体OECD成员国都有约束力[第5(a)条款[35]]。OECD的决定和建议由协商一致所作出,其定义是"全体成员的共同协定"[第6(1)条款[35]],每个成员在采纳过程中拥有一票。

作为第一个有国家组织成员参与的民间部门国际标准制定组织,根据1904年国际电学大会的建议,国际电工委员会(IEC)于1906年6月举行了其成立大会,IEC准备和公布电气、电子及相关技术的国际标准,并且管理合格评定体系。2008年,IEC拥有72个成员国和83个参加分支机构的国家成员,依靠174个技术委员会和分委员会制定标准。

ISO也许是最知名的有国家组织成员参与的民间部门国际标准制定组织。ISO脱胎于1926年在纽约成立的国家标准化协会的国际联盟(ISA)。ISA极度偏重于机械工程,并于1942年解散。1944年,联合国建立了联合国标准协调委员会(UNSCC)。1946年,ISA获得重建,随后在1947年与UNSCC合并成立了ISO[36, 37]。今天,ISO拥有160个国家标准机构成员以及作为伙伴的包括绝大多数联合国机构在内的大约680个国际标准制定组织。

像在联合国内部一样,在ISO和IEC内部,每个代表国家的成员组织拥有一票。标准基于两个层次的共识:①国家利益相关方内部达成的共识作为国家立场提出以及②国家之间的共识。作为来自国家标准制定组织的不同支持程度的反映,一些ISO和IEC国家成员要么是它们国家政府结构的一部分要么得到来自其政府的从事国际标准化的授权,而另一些成员是来自于工业协会的民间部门标准制定组织。根据每个国家的国内生产总值按比例分派会费的做法也帮助发展中国家参与到ISO和IEC活动。

两个主要的非政府组织成员参与的民间国际标准制定组织是ASTM国际和IEEE标准协会。两者都在制定国际标准时遵循"一国一票"原则,也遵循与ISO

和 IEC 类似的透明和共识原则。这些组织的会员资格对任何个人、公司、政府机构、学术界或者类似实体开放，只需缴纳年费。每个个人会员或实体有一票的权利。因此，两个组织都从来自范围广阔的技术专家的国际会员当中受益。举例来说，在 ASTM 国际当中，范围多样的标准由超过 30 000 名会员制定，他们代表着来自超过 120 个国家的生产商、用户、政府部门和学术界[38]。IEEE 标准协会拥有超过 20 000 名会员参与电子信息技术和科学标准制定[39]。

通过多样化的政府和民间组织制定基于共识的国际标准的主要目标是促进全球贸易和保护人类健康和环境。因此，它们被广泛应用于支持全球政府间组织如世界贸易组织（WTO）和 OECD 的监管工作。

特别是当提到国际贸易时，WTO 关于贸易中的技术壁垒协定明确承认国际共识标准的重要性。例如，一个进口国要求进口货物贸易必须符合一个不构成 WTO 规则基础的国际标准，出口国就声称进口国竖起了“贸易壁垒”[40]。类似地，在 1997 年 OECD 部长级会议上，国际标准的地位从政策建议“只要可能，就制定和使用国际统一标准作为国内监管基础，而与其他国家合作审查和改进国际标准以确保它们继续有效地实现预期政策目标”中得到很大提高[41]。

由知识产生、贸易、制造和安全监管的全球化所释放出的经济力量使国际标准制定的地位提升。随着 21 世纪国际政治更加趋于全球分布的技术力量，在更加正式的国际标准框架以外产生、并为世界范围所接受的美国国家标准作为事实上的国际标准的情况——在美国经济主导世界的 20 世纪很普遍——正在递减[42]。

在 21 世纪标准制定的早期阶段，国际组织为有分歧的国家经济利益的代表之间的谈判提供了日益增多的机会。这一过程，尽管耗费时间，在 20 世纪却行之有效。然而，由数字信息技术产生的通信革命将社会网络扩展到了全球规模并促进了商业和生产的进一步全球化，为传统的国际标准制定组织施加了新的压力，并为全球性标准制定框架的出现创造了新的机会。

1.2.4 全球性标准制定

全球性标准制定阶段的出现以导致了标准制定过程发生彻底转变的信息技术革命为标志。

1969 年 9 月 2 日，加利福尼亚大学洛杉矶分校的工程师们将数据从一台计算机传输到另一台，这意味着互联网的开端[43]。到 20 世纪 90 年代，万维网将互联网从学术界带给了主流用户。瞬时获取数据、信息和知识，实时交流想法，以及由身在不同国家的专家所组成的专门小组共同撰写文件，这一切都不仅变为可能，而且成为寻常事。“云”计算和“数据耕耘”对于新知识的产生、分析和传播而言是革命性的[44]。

信息技术也以几种不同方式成为促进标准制定进程的一种工具。在 21 世纪初,电子投票因能减少差旅费用而提高了参与度,被大多数标准制定组织所采用。知识管理系统的引进促进了新知识的产生和依赖与新知识相关的标准制定之间的联系。新型信息技术能力的出现促进了这一联系。知识管理系统通过将标准制定过程民主化并且减少知识产生和标准采用之间的时间滞后而产生了革命性的变化。运用知识管理方法,建立了基于共识的动态全球标准制定网站。举例来说,在2009年10月,ISO启动了ISO概念数据库来为ISO委员会提供一个存储和发展结构性内容包括用于他们的标准的术语和定义、图例、代码、数据词典、产品性质及参考数据的环境[45]。该数据库可供公众使用,并允许公众免费获得术语和定义、图例、代码、数据词典、产品性质及参考数据,无须购买包含这些内容的标准。

来自夏威夷语单词“快”的“wiki(维基)”是一个将互联的网页连接起来以协助在地理上分隔开的团体合作的网站。维基由维基软件支持。一个产生和维护共识文件,包括标准的维基软件平台是一个使基于互联网的知识管理系统成为可能的新型方法。使用这一方法最知名的例子是“维基百科”。维基百科的前身——“新百科全书”,作为一个专家撰写、同行评议内容的平台创立于2000年[46]。然而,新百科全书因其基于内容产生和质量保证的传统模式而失败了。一个没有正式的编辑审评程序的新模式,www. wikipedia. org,于2001年1月在互联网上“诞生”了。在这一新模式中,内容的质量由志愿编辑检查他们自己和其他人对内容的贡献要遵循维基百科规则[47]。作为一个成熟的项目,肆意破坏或稀释其内容的行为变得罕见,而其准确性显著提高并达到了不列颠百科全书的水平[48]。到2009年,维基百科成长为包含用271种不同语言写成的超过1300万个条目的巨大的全球事业,每年预算为600万美元[46]。基于网络的平台的成功没有被传统的标准制定组织所忽视。2008年,ANSI开始利用一个“维基平台”来促进它自己的标准制定进程[49]。

信息技术的进步也通过显著降低进入和参与的花费使标准制定过程民主化,并使新标准制定实体的出现成为可能。2008年9月,一个利益相关方的共同体启动了建立在一个维基软件平台基础上的“GoodNanoGuide(良好纳米指南)”项目[50]。“良好纳米指南”被描述为一个在快速变化的技术领域“为增强专家交换如何在职业环境中妥善地处理纳米材料的想法而设计的合作平台。‘良好纳米指南’意味着一个满足关于目前的良好工作场所实践的最新信息的交互式论坛,突出新实践的发展”[50]。类似“良好纳米指南”的新实体可证明是传统标准制定组织在提供透明性、可信性、资金及可被解决的质量保证方面的切实可行的可替代选项。

基于维基的标准制定模式可通过加入注释和嵌入式媒体文件如声音文件、视频和表格的自动程序,以及最重要的,当链接数据改变时自动更新来进一步增强[51]。这样的以实时写作、对贡献的邮戳式记录及自动更新的活跃内容为特征的新工具,可以证明是一种制定和维护动态标准的有用方法,它也激发了创造和维护全球标准过程的进一步演化。

信息技术的进展也对介入标准制定的全球群体的出现有所贡献。在21世纪开始时,公众对国家和国际安全和健康监管的影响显著增加了。经济全球化以及以往的国家草根阶层利益集团对于国际标准制定的参与,给国家和国际标准制定组织施加了压力,使其运用标准制定过程来指导技术创新以确保工人、消费者和环境的健康和安全。举例来说,作为这一改变的反映,ISO的2011～2015年战略规划对其针对解决五个全球挑战的活动作出了声明:

(1)"在一个世界人口总体增长,并且在一些地区有老龄化问题的背景下,产品和服务全球贸易在某种程度上的便利化不能损害地球村公民所渴望的健康和生活质量的水平;

(2)始于2008年的金融危机,影响金融市场,并对经济体普遍产生冲击,显示出对于恢复信心,对于促进良好的商业和管理实践,以及对更好地预见并管理风险和商业连续性的需求;

(3)对于气候变化作出的反应、确保一个可持续能源的未来、优化水资源的利用和获取以及以一种安全和可持续的方式为世界增长的人口提供充足的食品供应的相互关联的挑战;

(4)信息和通信技术无所不在的迅速增长,引起了日常生活以及生产过程和商业实践的革命性变化;

(5)根除贫困和饥饿以及向世界上所有人的教育和更好的健康状况投资的联合国千年目标"[52]。

应对ISO在其战略规划中指出的挑战需要一个更加"前瞻性"的方法来进行标准制定。"反应式"的方法不能俯瞰前进道路,看到未来新技术商业化的绊脚石,只能对提示新技术、产品或服务风险的信息作出反应——这样的反应时间期限对阻止对于工人、消费者或环境的伤害来说经常显得太晚了。

前瞻性的标准制定带来了新的挑战和机遇。国际互用性标准(如材料要求的规范标准)的前瞻性制定避免了把由单一公司制定的本地标准提升到区域水平或国家水平。这将防止转换到另一标准时随之而来的额外花费以及可能因此而丧失的经济领导地位[23]。这里存在着风险,即随着快速发展的技术过早锁定任何过度地以规范为导向的标准可能抑制未来向更高的性能标准的转换。在这些条件下,应该不断地监控技术进步,并调整标准以适应变化。由一个单一利益集团对于标准制定过程的不相称的影响可能导致一个未达到最佳的标准产生。因此,平衡地代表所有利益集团是极其重要的。

转基因生物(GMO)的例子突显了消费者对于市场增加的影响力并促进了安全和健康标准制定从反应式风险管理到前瞻性的风险管理的转变。GMO引入人类消费的食品当中起初是在没有确证对于消费者有显著好处,且关于新的转基因产品对于消费者和环境的安全性缺乏透明度的情况下发生的。这一缺乏前瞻性的审视风险之路的结果是公众对于该技术的拒绝,并且显著地阻碍了这一技术的发展,不然它是很有前途的技术[53-56]。

在前瞻性的标准制定条件下,确保标准的信息质量就变得极其重要。标准的一个有限的科学基础增加了专家意见的作用并使得标准制定过程对于特殊利益集团的影响更加脆弱。利用全球专家库将使这一过程更加稳妥并且能确保更加有代表性的基于科学的共识。

前瞻性的标准制定也意味着标准将和标准的验证平行发展。举例来说,对于ASTM 纳米技术标准——ASTM E2490(用光子相关光谱测量悬浊液中纳米材料的粒度分布指南)的修改,包含了一项在 2008 年进行的大规模实验室间研究。该实验室间研究涉及 26 个实验室,使用包括光子相关光谱在内的几种确证性技术,共进行了总计 7700 项的对于三种 NIST 标准参考物质TM[57]以及两种树枝状聚合物溶液的粒度分布测量。结果作为现在成为 ASTM 标准一部分的精确度和偏差表格所考虑的影响因子之一。作为该领域正在出现的特征的反映,ASTM E2490 文件是一份实用的指南而非一份指定标准[58]。

1.2.5 纳米技术标准显现的发展

纳米技术的标准制定反映了 21 世纪新的经济和政治现实。对指导一个新兴技术发展以及在最早期的时机中前瞻性地评估和管理任何产生于该技术的风险的渴望突出了纳米技术标准制定所依赖的具有挑战性的条件。而电子工业位于标准制定的前瞻性方法的最前沿,IEEE 创造了术语“预期性(anticipatory)”标准以描述在他们所考虑的产品商业化之前就制定出来的标准,纳米技术标准制定将前瞻性的标准制定带入主流,并且成为这种方法的试验场。

自从理查德·费曼率先提出在纳米尺度工作的概念以来,纳米技术在广泛的科学和技术的研究成果基础上建立起来[59]。因此,许多纳米尺度对象、现象以及技术的标准先于世界上特定的纳米技术倡议的开展而被迅速制定出来。一些同纳米尺度测量相关的现存标准是在“前纳米技术”标准制定委员会中建立的,并且包括表面化学分析、样品制备、微束分析、材料表征和工作场所空气质量(更详细的现存和规划中的纳米技术相关标准列表请参见参考文献[60]的附录 C 和 D)。

在 21 世纪头五年中,随着国家纳米技术项目的开展,在主要的标准制定组织中建立了纳米技术委员会和工作组。与围绕特定应用领域的标准制定的传统结构不同,其结构是将纳米技术视作一个整体组建起总括委员会,它反映了纳米技术的初生特征以及对指导其发展的渴望。

一份国家标准制定的主要里程碑的简要记述始于2003年12月，中国建立了一个纳米材料标准化联合工作组，并于2004年发布了第一份中国工业纳米技术标准。2004年5月，英国建立了NTI/1纳米技术国家委员会。在美国，ANSI应总统行政办公室所辖的科学与技术政策办公室的要求于2004年8月建立了一个ANSI纳米技术标准专门小组以协调美国的纳米技术标准制定[61]。2004年11月，日本建立了一个纳米技术标准化研究组。2005年11月，欧洲地区标准化组织——欧洲标准化委员会(CEN)建立了CEN/TC 352纳米技术。

没有国家组织成员的国际层面的民间标准制定组织最早建立了纳米技术委员会。2002年，IEEE纳米技术委员会作为一个多学科组而成形了，目的是提高和协调IEEE内部众多纳米技术相关的科学、文献和教育工作。该委员会支持纳米技术相关讲座、座谈会和专题研讨会，出版了《IEEE纳米技术备忘录》以及其他出版物，并且资助纳米技术标准[62, 63]。IEEE纳米技术委员会聚焦于创造标准以帮助商业化、技术转让和市场扩散，包括纳米电子学设备设计和表征以及大规模制造的质量和产量方面的标准。

ASTM国际纳米技术委员会E 56创建于2005年[64]。它的工作归入四个技术分委员会："信息学和术语"、"表征：物理、化学及毒理学性质"、"环境、健康和安全"，以及"国际法和知识产权"。

有国家组织成员参与的民间国际标准制定组织紧随其后。ISO在2005年6月建立了一个纳米技术委员会——TC 229。该技术委员会的结构由四个工作组构成，分别是"术语和命名"、"测量和表征"、"环境、健康和安全"及"材料规范"。这一技术委员会也针对探索纳米技术标准制定和消费者与社会维度以及可持续性建立了数个课题组。截至2009年6月举行的第八次会议，ISO/TC 229拥有了总共32个参与会员国和8个观察员，并且成员数持续增长。

2006年，IEC在纳米技术领域建立了TC 113。这一技术委员会有三个工作组：两个是与ISO/TC 229联合的"术语和命名"和"测量和表征"以及第三个"性能评估"。至2009年8月14日起，该委员会拥有15个成员国和15个观察员国。

OECD是首批建立纳米技术组的主要国际条约组织之一。2006年，OECD理事会建立了作为OECD的化学品委员会附属机构的人造纳米材料工作组(WPMN)[65]。相应地，WPMN建立了九个指导组以承担具体的任务，包括制定毒性测试和暴露评估与减轻或补救损害的指导原则。2007年，OECD科学与技术政策委员会建立了一个纳米技术工作组(WPN)来审视经济和政策议题。WPN将其活动分配到六个项目领域，包括政策对话、纳米技术的统计架构及监控纳米技术发展并为此建立基准[66]。OECD在纳米技术工作场所暴露评估和缓解领域尤其活跃[65]。

尽管联合国机构大家庭中的众多机构表明了它们对纳米技术的兴趣，但仅有少数探索性和信息交换性活动得以启动。早期的联合国活动的例子包括：①一个在2009年6月举行的探索纳米技术在食品和农业中应用的安全含义的WHO/FAO专家联席会议[67]；②一个在2007年6月举行的探讨纳米技术的伦理和社会方面问题的UNESCO会议[59]；③由联合国训练研究所（UNITAR）组织的纳米材料风险系列研讨会[68]。从2006年起，WHO职业健康全球合作中心网络在针对该网络的全球行动计划的WHO网络工作计划中纳入了纳米技术项目[69]。

因为纳米技术覆盖了非常广泛的应用，并且在这个领域活动的国际标准制定组织的数量日益增长，所以需要标准制定组织内部和组织之间的密切合作。举例来说，截至2009年6月，ISO/TC 229建立了25个内部联络，包括同REMCO、IEC/TC 113和CEN/TC 352的联络。在组织之外还有6个外部联络（OECD、EC联合研究中心、先进材料和标准凡尔赛计划、亚洲纳米论坛、国际度量衡局、欧洲环境公民标准化组织）。类似地，OECD WPMN承认与其他标准制定组织协调的重要性，并且在其2009年和2010年路线图中概述了协调活动[70]。

除双边协定之外，一个多利益相关方论坛由美国政府的国家标准技术研究所召集，2008年2月进一步推动了活跃在纳米技术标准化领域的标准制定组织的对话，目的是确定所需的与纳米技术相关的标准[60]。在2008年会议上，与会者同意发展：①一个将不同标准制定组织的信息和制定排列起来的讨论论坛；②一个该领域现存标准和标准化项目信息的集中维护、可检索和免费得到的资料库；③一个所需的现有测量工具和新工具的数据库；④一个可检索的覆盖所有来源的定义和术语数据库[60]。

纳米技术标准制定委员会的结构涵盖广阔的应用领域，该结构也为本书所采用。因此，其中八章为主要标准制定领域的进展提供了最新技术现状的综述文章：命名和术语，标准物质，计量学，性能标准，应用测量，含义测量，生物活性测试，健康和安全。每一章总结了国家和国际标准制定的活跃领域，连同其知识基础和新兴议题。本书也专设一章（第10章），将标准制定置于法律方面的国际要求和国际标准在国家管理结构中的应用背景中。这一章专门讨论了纳米技术标准化是如何为应对涉及环境、职业和消费者的议题而提供一个公用平台，并且使不同国家监管架构之间的贸易成为可能。

1.3　结　　论

纵贯人类历史，标准被精心制定以增强人与自然法则之间的联系，促进商业活动，推进技术创新，确保工人、消费者和环境的安全和健康，以及提高全人类的生活标准。

作为通信手段改善的结果，制定标准的利益相关方专家的范围，以及国家和国际标准的范围，从社区到地区，再到国家，然后到世界，并且从小型贸易团体到全球经济。标准制定的信息基础发生了改变，使得标准制定从一个广为接受的反应模式（在此模式中知识被用来设定一个标准），发展成熟到前瞻性模式，在这种模式中知识与标准制定平行产生，标准制定指导和推动技术创新的前进，以及当风险信息仍明显地处于生成阶段时预警方法就已经部署就位了。最后，当国家政府强制性标准正在因国际性的民间机构的自发标准制定变得黯淡无光时，一个全球风险管理过程正在浮出水面。

参考文献

[1] ANSI. USA Standards System-Today and Tomorrow. e-Learning course. http://www. standardslearn. org(2009). Accessed 22 January 2010

[2] NIST. A Walk through Time. http://physics. nist. gov/GenInt/Time/time. html(1995). Accessed 7 July 2010

[3] Davies, G. : A History of Money from Ancient Times to the Present Day. University of Wales Press, Cardiff(1996)

[4] Cardarelli, F. : Encyclopaedia of Scientific Units, Weights and Measures. Their SI Equivalences and Origins. Springer, London(2005)

[5] Martin, H.-J. : The History and Power of Writing. University of Chicago Press, Chicago, IL(1995)

[6] Hornung, E. : The Secret Lore of Egypt. Its Impact on the West. Cornell University Press, Ithaca, NY (2002)

[7] Roberts, C. A. : The Food Safety Information Handbook. Oryx Press, Wesport, CT(2001)

[8] German Beer Institute. German Beer Primer for Beginners. http://www. germanbeerinstitute. com/beginners. html(2008)

[9] Weyrauch, T. : Craftsmen and their Associations in Asia, Africa and Europe. VVB Laufersweiler, Wettenberg(1999)

[10] Smith, A. : An Inquiry into the Nature and Causes of the Wealth of Nations, 5th edn. Methuen & Co. , Ltd, London(1904)

[11] ANSI. Through history with standards. http://www. ansi. org/consumer_affairs/history_standards. aspx? menuid=5

[12] ASTM International. ASTM: 1898-1998; a century of progress. http://www. astm. org/IMAGES03/Century_of_Progress. pdf

[13] http://www. astm. org/ABOUT/aboutASTM. html

[14] http://www. ieee. org/web/aboutus/history/index. html

[15] McWilliam, R. C. : BSI: The First Hundred Years. Thanet Press, London(2001)

[16] http://www. gost. ru

[17] http://www. whitehouse. gov/omb/rewrite/circulars/a119/a119. html

[18] http://osha. gov/pls/oshaweb/owadisp. show_document? p_table=MOU&p_id=323

[19] http://www. sac. gov. cn/templet/default/

[20] The United Kingdom Government and BSI. Memorandum of understanding between the United King-

dom Government and the British Standards Institution in respect of its activities as the United Kingdom's National Standards Body. http://www.berr.gov.uk/files/file11950.pdf(2002). Accessed 3 February 2010

[21] Trebilcock, M. J., Howse, R.: The Regulation of International Trade, 3rd edn. Routledge, New York, NY(2005)

[22] Kish, G.: A Source Book in Geography. Harvard University Press, Harvard, MA(1978)

[23] Abbott, K. W., Snidal, D.: International 'standards' and international governance. J. Eur. Public Policy **8**(3), 345-370(2001)

[24] http://www.un.org/aboutun/unhistory/

[25] http://www.un.org/en/documents/charter/

[26] http://www.codexalimentarius.net/web/index_en.jsp

[27] WHO/FAO: CODEX Alimentarius Commission. Procedural Manual, 18th edn. WHO/FAO, Rome (2008)

[28] International Health Conference. Constitution of the World Health Organization. http://apps.who.int/gb/bd/PDF/bd47/EN/constitution-en.pdf(1946). Accessed 3 February 2010

[29] http://www.who.int/rpc/expert_panels/EAP_Factsheet.pdf

[30] WHO. Global Programme on Evidence for Health Policy. Guidelines for WHO Guidelines. World Health Organization, Geneva(2003)(EIP/GPE/EQC/2003.1). http://whqlibdoc.who.int/HQ/2003/EIP_GPE_EQC_2003_1.pdf. Accessed 3 February 2010

[31] Global Health Watch 2: An Alternative World Health Report. Zed Books, Ltd., New York, NY (2008). http://www.ghwatch.org/ghw2/ghw2pdf/ghw2.pdf

[32] Oxman, A. D., Lavis, J. N., Fretheim, A.: Use of evidence in WHO recommendations. Lancet **369**, 1883-1889(2007)

[33] http://www.oecd.org

[34] http://www.oecd.org/department/0,3355,en_2649_34381_1_1_1_1_1,00.html

[35] OECD: Convention on the Organization for Economic Co-operation and Development. OECD, Paris, France(1960)

[36] Ozmańczyk, E. J.: Encyclopedia of the United Nations and International Agreements, vol. 2, 3rd edn. Routledge, New York, NY(2004)

[37] Kuert, W.: Founding of ISO. http://www.iso.org/iso/founding.pdf

[38] http://www.astm.org/

[39] http://standards.ieee.org/

[40] WTO. The WTO agreement on technical barriers to trade. http://www.wto.org/english/tratop_e/tbt_e/tbtagr_e.htm. Accessed 8 November 2009

[41] OECD: Regulatory Reform and International Standardization. OECD, Paris(1999). TD/TC/WP(98)36/FINAL

[42] Murashov, V., Howard, J.: The US must help set international standards for nanotechnology. Nat. Nanotechnol. **3**, 635-636(2008)

[43] Dern, D. P.: The Internet Guide for New Users. McGraw-Hill, Inc., New York, NY(1994)

[44] Hayes, B.: Cloud computing. Commun ACM **51**(7), 9-11(2008)

[45] ISO. ISO concept database-user guide. Release 1.0. ISO, Geneva(2009). http://www.cdb.iso.org. Accessed 8 November 2009

[46] Fletcher, D.: Wikipedia. Time 2009, August 18. http://www.time.com/time/business/arti-cle/0,8599,1917002,00.html
[47] http://en.wikipedia.org/wiki/Wikipedia:About
[48] Giles, J.: Internet encyclopaedias go head to head. Nature **438**, 900-901(2005)
[49] http://tc229wiki.ansi.org/tiki-view_articles.php
[50] http://goodnanoguide.org
[51] Van Noorden, R.: The science of Google Wave. Nature(2009), Published online 24 August 2009. doi: 10.1038/news.2009.857
[52] ISO: Consultation for the ISO Strategic Plan 2011-2015. ISO Central Secretariat, Geneva(2009)
[53] Bradford, K.J., Van Deynze, A., Gutterson, N., Parrott, W., Strauss, S.H.: Regulating transgenic crops sensibly: lessons from plant breeding, biotechnology and genomics. Nat. Biotechnol. **23**, 439-444(2005)
[54] International Service for the Acquisition of Agri-Biotech Applications. Brief 37-2007: Executive Summary-Global Status of Commercialized Biotech/GM Crops. ISAAA(2007). www.isaaa.org/resources/publications/briefs/37/executivesummary/
[55] Fox, J.L.: Puzzling industry response to ProdiGene fiasco. Nat. Biotechnol. **21**, 3-4(2003)
[56] Paarlberg, R.: Starved for Science: How Biotechnology Is Being Kept Out of Africa. Harvard University Press, Harvard, MI(2008)
[57] NIST. NIST reference materials are 'gold standard' for bio-nanotech research. NIST Tech Beat 8 Jan. 2008
[58] http://astmnewsroom.org/default.aspx? pageid=1840
[59] www.its.caltech.edu/~feynman/plenty.html
[60] ISO/IEC/NIST/OECD. ISO, IEC, NIST and OECD International workshop on documentary standards for measurement and characterization for nanotechnologies, NIST, Gaithersburg, MD, 26-28 February 2008. Final report, June 2008. http://www.standardsinfo.net/info/livelink/fetch/2000/148478/7746082/assets/final_report.pdf
[61] http://www.ansi.org/news_publications/news_story.aspx? menuid=7&articleid=735
[62] Rashba, E.: Nanotechnology standards initiatives at the IEEE. J. Nanopart. Res. **6**(1), 131-132(2004)
[63] http://ewh.ieee.org/tc/nanotech/
[64] http://www.astm.org/COMMIT/COMMITTEE/E56.htm
[65] Murashov, V., Engel, S., Savolainen, K., Fullam, B., Lee, M., Kearns, P.: Occupational safety and health in nanotechnology and Organisation for Economic Cooperation and Development. J. Nanopart. Res. **11**, 1587-1591(2009)
[66] OECD. OECD Working Party on Nanotechnology(WPN): Vision Statement. OECD, Paris, France (2007). http://www.oecd.org/sti/nano
[67] http://www.fao.org/ag/agn/agns/expert_consultations/Nanotech_EC_Scope_and_Objectives.pdf
[68] Strategic Approach to International Chemicals Management. Report of the International Conference on Chemicals Management on the Work of Its Second Session. SAICM/ICCM.2/15, SAICM, Geneva, 2009. http://www.saicm.org/documents/iccm/ICCM2/ICCM2%20Report/ICCM2%2015%20FINAL%20REPORT%20E.pdf

[69] WHO. Workplan of the Global Network of WHO Collaborating Centers for Occupational Health for the period 2009-2012. WHO，Geneva(2009). http://www.who.int/occupational_health/network/priorities.pdf

[70] OECD. Manufactured Nanomaterials: Roadmap for Activities During 2009 and 2010. ENV/JM/MONO(2009)34. OECD，Paris，France(2009). http://www.olis.oecd.org/olis/2009doc.nsf/ENGDATCORPLOOK/NT00004E1A/$FILE/JT03269258.PDF

第 2 章　纳米技术术语与命名的现有观点

Fred Klaessig, Martha Marrapese, Shuji Abe

2.1　引　　言

就在我们撰写本章的 2010 年初，在几份已经发表的报告中，对于纳米技术给出了各不相同的定义。考虑到针对此问题每年都有大量的研讨会、报告、论文和演说，这种情况的出现并不奇怪。实际上对这个领域的进展进行跟踪非常困难，纳米技术多学科交叉的本质几乎必然会使其定义多样化，因为每一个专业（或学科领域）都在随最新研究成果中产生的新发现而对定义做出调整。不过，这种活跃性导致了含义的模糊和商业化后这个领域总体影响力的不确定性。在本章中，我们将涉及社会、政府和技术等几个层面，并强调术语和命名工作所面临的挑战。

这里给出一个公众议题的例子，它对本文来说非常及时，最近英国国会上院科技委员会出版了《纳米技术与食品》[1]。12 名委员会成员都是杰出的公众人物，大部分是国会议员，他们做出了如下推荐：

> ……我们推荐……任何对纳米材料在法规中的定义……不再以“100 nm 的尺寸限制”为定义要素，而是以“纳米尺度”取而代之，以便确保所有 1000 nm 以下的材料都被涵盖在内。

这个针对食品管理的推荐里“纳米尺度”一词具有 1000 nm 的上限，而不是 ISO 和 ASTM 国际从科学角度确定的上限——100 nm。欧盟最近关于化妆品标示的立法仍采用的是 100 nm 的上限，但同时包括了不确定尺寸却含有纳米尺度成分的材料。SCENIHR，一个就公共新兴健康风险向欧盟委员会提供咨询的机构，正在对鉴别纳米尺度材料的代用标杆（即比表面积大于 60 m^2/g）进行评估，该标杆同时也被认为是纳米尺度的特征性质。从这些互不相关的举措中可以明显地看到“纳米尺度”一词仍然是在不断变化之中，在公共政策中有着不同的含义。

当政府部门因应公众对管理政策的意见而把纳米尺度逐渐推至 100 nm 以上的时候，材料科学界却倾向于更小的尺寸以特指那些纳米材料专有的独特、新奇、

F. Klaessig (✉)
Pennsylvania Bio Nano Systems, LLC, Doylestown, PA, USA
e-mail: fred. klaessig@verizon. net

出乎意料的性质。最近，一个很受尊重的小组提出应以 30 nm 为上限尺寸，小于 30 nm 才会观察到独特的、尺寸相关的性质，特别是量子限域效应。美国国家标准学会(ANSI)也注意到，在最近召开的纳米医学和术语研讨会上，与生物学有关的人士倾向于将纳米尺度向大延伸，直到 1000 nm，材料科学界人士则追求小一些的尺寸。医学界同仁对生物中的维度和尺度更熟悉，如与细胞和器官过程相关、对生物反应非常重要的尺寸排阻现象，其实与纳米尺度的材料无关。材料科学家更重视内在的、与系统无关的特性。从关于内在和外在性质的科学对话中可以清楚地发现，科学界尚未就纳米尺度材料定义中需要强调哪些特性达成一致。

对于某一快速发展的技术，在互为竞争的定义中表现出词义的模糊性，这并不奇怪。一个新领域，尤其是像纳米技术这样一个充满生气的、参与者众多的领域，其中的科学家们，既发明新的名词，又从其他成熟的学科中自如借来概念。不过，确实存在着更多数据出现前无法解决的细微区别。在《科学革命的结构》一书中，Kuhn[2]使用了不可通约性的概念，来形容运用旧“范式”和新“范式”的两个群体之间当使用看起来一致的表达时所面临的沟通困难。两种思维“范式”在工具、术语和描述模型上都有差异，沟通就会产生障碍。纳米技术就遇到特别的困难，难点在于纳米尺度材料的性质介于分子性质和块体性质之间。没有哪种数学模型可以用得上，最好的情况也不过是用量子限域或高面积-体积比来解释。介于分子和块体之间的位置与围绕新兴技术的哲学争论有关，即还原论和分体论。那么纳米技术作为新的领域，在集合性质成为焦点的尺寸范围内开展工作，它本身也面临独特的描述上的挑战。

像本文这样的文章面临几个局限。就在我们撰写的时候，各个相关组织都还在继续制定标准、为新的术语投票、开始新的工作项目，有些在重新修订一些早前的文件以使其跟上时代。类似地，很难跟得上从纳米技术中衍生的海量商业产品，更不要说预测了。从实际出发，并意识到读者们对这个领域大多不甚了解，我们使用如下三个简单问题来探究这一领域，从而使我们将现有的成果加以区分，同时指引将来的方向。这些问题是：

(1) 什么是纳米尺度?

(2) 什么性质是与纳米尺度材料相关的?

(3) 什么是纳米材料，纳米材料有没有明确的分类?

关于“判断”一词，在《韦伯斯特大辞典》[3]中给出的定义是：“当事实还不清晰时，根据线索和概率得到明智的决定或结论的能力”。本文中提到的每一个组织都在试图对一个相当动态的领域运用自己的判断，以提炼那些对它们最紧迫的责任(纲要、范式、宗旨或法定权限)有用的元素。尽管本章会述及许多组织对纳米技术的冲击在社会上引起的顾虑所做的努力，作为作者，我们将侧重阐述标准制定组织(SDO)所做的工作。在这些组织中，以共识为导向的工作方法跨越了国家之间和学科之间的界限,所以更可能获得从纳米技术相关领域的观点中协调一致的一组术语、定义和命名法则。所得到的标准更有可能减小总体模糊性,从而支持对外与公共政策界和社会的沟通。

2.2 术 语

我们应该先解释一下术语和命名的含义,用每天都在做的网上搜索就能说明这一点。我们都会注意到对于"关键词"的选择,如改变其数目、顺序或使用替代词,都会影响搜索结果,如返回的条目,或通俗一点说,"点击"的数量、排列和直接作用。这些关键词是进行搜索的人和设计网页的人分头行动并选择描述符号的无法控制的术语列表。如果有人从"术语集",即反映特定领域内使用情况的一组术语中选择关键词,那么返回的搜索结果("点击")就会得到改善(数量更少,更权威,更贴近需求)。"术语集"是在一个领域中使用的术语的列表,意味着搜索者和网页维护者更有可能使用同一组关键词。

如果在术语集中为每一个术语加上定义,我们就得到了一个"词汇表"或"汇编"。像词典那样广受尊重的词语汇编,将会影响人们对词语的运用,以致这些术语不仅在当前通用,而且通过这种词语汇编可以使所有的使用者对术语含义的理解趋于一致。在图书馆学中,有一个概念叫"受控词表"。它用来对信息进行索引(编目),它是结构化的,随着使用情况变化而调整。受控词表的目的是:即使随着时间推移,到了某主题领域已发生改变的时候,仍然可以提取到相应的信息(如一本书或一项研究)。这使得不同时间进行的两次搜索可以得出同一条目。一种结合了词语之间关系的受控词表的形式——"本体论"模型,也被用于数据库使得计算机搜索更加有意义。"命名法"是一个预先设定规则的术语系统,来对某一术语进行自洽和独特地命名或分类。一个命名法则系统,类似于受控词表,帮助信息恰当地分类和提取。

数个被认可的国际标准制定组织正在致力于发展术语、词汇和命名系统,以及测试技术、材料规范和商业流程。在本章中,我们将重点介绍其中的两个:ASTM国际和ISO。这两个组织内都有专注于纳米技术相关事项的委员会,也都由共识、投票和代表权规则来管理。正是这种对纳米技术的专注使其在发展国际认可的术语及定义方面得到承认。

还有其他一些组织(我们称其为非标准制定组织),从其主要兴趣的角度,如法定责任、机构宗旨或其他商业和社会利益的反映中,给出了个别纳米技术词汇的定义。我们承认,这些组织对于其议案自有一套畅达的内部流程,我们作此区分主要是基于标准制定组织更有可能为纳米技术术语和命名法则找到协调一致的、结构有序的方法。

2.2.1　来自非标准制定组织的说法

我们的第一个问题是:“什么是纳米尺度?” 表 2.1 列出了名词“纳米尺度”的推荐上限与推荐组织(及参考文献),以及备注。按照上限增加的顺序排列。

表 2.1　由不同组织推荐的上限汇编

上限/nm	来源[参考文献编号]	注释
100	ISO[4]	“大约”限定粒度范围;下限为 1 nm (见注释说明 2)
100	ASTM 国际[5]	“从大约”限定粒度范围;下限为 1 nm
100	英国皇家学会[6]	下限为 0.2 nm(原子尺度)
100	SCENIHR[7]	“数量级上”限定 100 nm;最近建议使用 BET 表面积计算尺寸
100	消费品科学委员会(SCCP)[8]	“数量级上”限定 100 nm
100	ETC 集团[9]	“低于大约”限定 100 nm
100	瑞士再保险[10]	“小于”限定 1～100 nm;提及的可选尺寸: <200 nm 避免吞噬作用;<300 nm 与颗粒运移和 Peyer 氏斑(集合淋巴小结——译者注)有关
200	英国土壤学会[11]	预期平均粒度分布中最小颗粒<125 nm
200	Defra(英国环境、食品与乡村事务部——译者注)[12]	数据基准具有两个或更多维度(不包括一维碎片或涂层)
300	查塔姆研究所[13]	为了监管目的的建议限度
300	地球之友[14]	介于 0.3 nm 和 300 nm 之间;如果尺寸对于功能或者毒性重要则可能更大
500	瑞士联邦公共卫生局[15]	将颗粒归入粒度范围介于 100 nm 和 500 nm 之间
1000	英国上院科技委员会[1]	吸收的颗粒似乎选择 1000 nm 作为基准;见卷二第 111 页

表中的尺寸范围跨越了 1 个数量级,同时中间值 200 nm、300 nm 和 500 nm 有非常具体的合理性原因,说明在这个公开对话中有许多声音在参与。当然还有值得考虑的例外。例如,查塔姆研究所(即英国皇家国际事务研究所——译者注)和瑞士再保险公司的报告就没有关注于纳米技术的科学基础,而是从引起该论题的规章制度和普遍的风险后果角度提出的,在这样做的时候,作者们参考了生物学上重要的尺寸。英国土壤协会在创制标准方面已经建立了坚实的流程,他们使定义与粒度分布测量的实际阐释相一致,而其他组织是否采用这种阐释则另当别论。尽管 SDO 和一些面向科学的团体和委员会倾向于引用 100 nm 的上限,这里仍须指出他们在下限上,以及在修饰性状语如“大约”或“数量级上”存在区别。

特别需要指出的是最近英国上院科技委员会发布的报告。12 位委员的意图不是成为科学团体,但由于他们均具有卓越的公众职业(作为议员、政府公务员和具有科学背景的个人)，他们有能力在论述公共政策时评估大众意见。在该委员会的报告中，读者可以获得代表广泛的科学团体、工业贸易团体、相关利益协会和政府部门的个人证言。可以认为该报告实质上是委员会所做判断的精华，它可以作为关于食品的公共政策的有用基础。委员会注意到各方对于纳米技术、纳米材料、纳米颗粒([1]，Q474)和纳米尺度性质([1]，Q487)给出了不同清晰度的定义，促使委员会推荐了1000 nm作为上限。(在本书第10章纳米技术标准与国际法律思考中，在监管方面对纳米的定义还另有讨论)

建议以100 nm以上为限度的组织对此表达了更为生物学导向的理由。引述中提到了病毒的尺寸是30～100 nm，或胞吞作用等进入细胞的特定机理。欧盟委员会的两个顾问委员会尽管维持了100 nm的限度，也提到生物机制作为特殊考虑的基础。在英国上院科技委员会报告中，专门提到了Jonathan Powell教授的工作，事实上他是唯一提到1000 nm的人，以替代其他参与者关于尺度的建议。

物理学和材料科学的文献关注于物质表现出的内禀性质，如密度、熔点、折射率和其他相对来说与直接环境无关的性质。字典上对内禀性质的定义倾向于强调基本的特性，但这里我们更强调它们与周围环境无关这一概念。各个SDO虽然主要是由材料科学家参加，但均注重要合乎普遍的科学文献。关注环境、健康和安全等重要方面的同仁则倾向于强调纳米材料在生物背景下表现出的外在性质，这方面英国上院科技委员会报告说明得很清楚："功能性(也即一种物质与身体作用的方式)所发生的变化，应该成为区分纳米尺度中的纳米材料与其更大尺度形态的条件"。

内在和外在性质之间的区分在最近美国国家标准学会和化学遗产基金会共同举办的纳米医药和术语研讨会上被提出来。参加者具有学术界、政府和工业界的背景，但更明显的区别是有一些关注量子限域(材料科学家)，另一些关注肾脏药物排出或者穿越血脑屏障(生物科学家)。当说到命名法则时，物理学家倾向于以颗粒为中心向外，而生物学家则相反。可能两个群体在他们的领域中都是正确的。

我们的第二个问题是："什么性质与纳米尺度的材料相关联?"

在最近的一篇同行评审的论文[16]里，使用了前面提到的内在和外在的类似编目方法，身为物理学家的作者们建议尺寸相关性质出现的阈值在30 nm时可能被观察到，比通常引用的100 nm要小。与此相对，Powell教授的文献研究表明直到2000 nm还会与M细胞和集合淋巴小结发生作用[17]。应该注意到，比起消化系统和胃肠道，前期的毒理学文献中更为重视对呼吸系统和肺的研究[18]，从而可以解释为什么英国上院科技委员会把Powell教授的意见看做他们对食品政策提出的宽免意义最为重大。还需要说明的是，生态毒理学的其他分支尚没有建立关于纳米材料的宽泛知识体系，将来可能会对纳米尺度提出其他或大或小的限值。在懂得更多知识之前的谨慎态度让一些工作人员倾向于1000 nm[19, 20]，或者像在

caNanoLab 术语表中那样[21]，不限定具体尺寸范围的定义——“纳米颗粒定义为尺寸用纳米来衡量的小而稳定的颗粒”。这里我们希望强调的是，不同组织或科学领域认为纳米材料所具有的性质差别是很大的。

概括来说，这几个非标准制定组织主要关注的是纳米材料风险分析或风险评估中的不确定性，而不是关注具体的特性。他们的评价经常受制于数据的缺乏。所以，当他们讨论纳米材料表现出未知的性质时经常同病毒或生理颗粒相类比。对这些非标准制定组织来说，重点是纳米材料如何与实质的预设承诺相符，这或许是法定责任、任务宣言或一个科学领域。将这些组织作为整体考虑，它们反映了纳米材料商业应用的社会含义。

在欧洲，已有立法（化妆品导则[22]）存在，对新型食品[23]也有立法动议，以试图明确重要的特征，对化妆品来说包括：

（1）不溶的或无法生物降解的[22]；

（2）与所考虑材料的大比表面积相关的[23]；

（3）与组成相同但不是纳米形式的材料不同的物理化学性质[23]。

对化妆品来说不溶性或生物不降解的问题可能会涉及纳米材料在商品制造（保存期限）中，以及在环境和生理条件下使用后的存放时间。其余的特性则重新阐述了更常规的尺寸概念（表面积）和纳米形式的材料的期望性质与大尺度材料之间存在不可预计的区别。用表面积或表面-体积比转述尺寸，从而有效地把尺寸限制提升到“纳米尺度”这一术语或纳米材料产品的高度。

我们的第三个问题是：“什么是纳米材料，纳米材料有什么分类？”

在用生物学意义的尺寸考虑来定义“纳米尺度”时，上院委员会的建议实质上定义纳米材料为尺寸小于 1000 nm，到达生物系统时表现出与相同材料的非纳米形式不一样的响应。报告中有许多文献提及定义“纳米材料”时遇到的困难，最终委员会将其写入了第 11 条推荐意见（文献[1]，第 76 页），即立法应包括“纳米材料和相关概念可操作的定义”。我们应该认识到在使用 1000 nm 作为纳米尺度上限时，委员会是在对可能的纳米材料候选者编织大网，加上了谨慎和安全的因素。类似的定义纳米材料的困难可以在最近美国环境保护署（EPA）关于纳米银的专家报告中找到，在报告中委员会写道“一个必须明确的关键问题是术语‘纳米’的使用。通常的定义是在某一维度小于 100 nm，同时具有独特的性质。对标准化来说，纳米银的独特性质应该建立，同时纳米银的聚集体及通过黏合剂连接的纳米银的性质也应建立”（文献[24]，第 38 页）。类似的说法可能对表 2.1 中将其对纳米尺度的定义与纳米材料相关联或反其道而行之的，设立了 200 nm、300 nm 和 500 nm上限的其他组织同样适用。

把尺寸作为纳米材料定义中最主要的因素时，其实在纳米尺度上测量什么对象还是存在问题的。上院委员会报告里包括了固体颗粒、微乳胶束和酶等生物分子，显而易见，这些“材料”和尺寸紧密相关。最后关于生物分子的一点值得详细说明。几个观察家确实提到过“分子水平上人工的内在结构（即纳米尺度）”（文献[1]，第二卷，第 321 页）或“纳米尺度上操作”（文献[1]，第二卷，第 133 页），最终导致像冰激凌或蛋黄酱也被称为潜在的纳米材料了。在另一个论坛中，一个对 EFSA-Q-2007-124a（即欧洲食品安全局的一篇科学建议《纳米科学技术对于食品及饲料安全所带来的潜在风险》。——译者注）作出回应的科学委员会指出，“食品和饲料里可能含有组分，其单独的内在结构可能在纳米尺度，如天然存在的分子、胶束或晶体”（文献[25]，第 8 页）。把生物分子当做纳米尺度实体的概念是有争议的，因为使用 TC 229 的范围说明时（“利用纳米材料与单独原子、分子和块体材料不同的性质”[26]），分子通常是被排除在纳米材料之外的。但是，这是一个有分歧的意见，并且和内禀与外在性质一样，可能反映了物理学家和生物学家不同的世界观。

指出生物分子这个不明朗的形势的目的在于，把它们包含在纳米材料之中可能会带来传统的人类饮食中的大部分进入纳米技术讨论的范围。这一步具有连带效应，导致本来可以作为同一种化学物质的，如二氧化硅，需要被区分为天然的、制造的、加工的和偶然出现的等各种类别。因此，上院委员会的报告中排除了天然纳米材料，除非它们是有意选择或处理的，在第 51 页（文献[1]，第一卷）：

> 我们推荐，为便于监管，任何“纳米材料”的定义排除从天然食品中产生的，除非是那些有意选择的，或者为了利用它们纳米尺度的性质而加工的。它们因为新奇的性质而被选择的事实说明它们可能具有新的风险。

类似的结论可以在文献[7]、[23]、[25]中找到。这些推荐意见主要通过技术的视角，即使是从材料科学的角度上，参与到标准化过程中，已经超出了内禀性质，使得在选择商业用途的纳米成分时的难题落在定义新奇性质上，而在蛋黄酱的例子中，本意可能是降低脂肪含量。很明显，分子的问题对所有人来说都是需要考虑的争议。

尽管这两个标准制定组织因其在众多的概念中聚焦纳米技术而将被重点强调，但应该说明的是 SCENIHR 索引本身就非常广泛，提供自洽的定义，并提醒人们用前缀“纳米”创造新术语时要小心。术语和定义如下（见参考文献[7]中的第一处引文）（表 2.2）：

通常意义上的谨慎是有的，限制了用前缀“纳米”衍生新术语的行为（特别见文献[7]，第三部分），这在下面回顾 ASTM 国际的活动时会更深入讨论。总体来说，SCENIHR 专家组对这里所说的问题进行了斟酌，但更强调了风险评估与他们提案的相关性。纳米尺度没有被定义成线性的距离，而是“用 100 nm 或以下数量级的维度来表征的特征”（文献[7]，第 3.3.3.1 节）。在其他组织的定义都是用线性距离的词汇来表达的时候，SCENIHR 的定义为一个物理物体或实体，标准字典的词汇“尺度”也没有涉及。但是，其他来源使用了状语修饰词，如近似，而且常常把

表 2.2　SCENIHR 按照"纳米"前缀和性质的术语归类

术语	性质
· 纳米尺度	· 团聚
· 纳米结构	· 聚集
· 纳米材料	· 聚并
· 纳米晶体材料	· 降解
· 纳米复合材料	· 溶解
· 工程纳米材料	
· 纳米层片	
· 纳米棒	
· 纳米管	
· 纳米颗粒	
· 纳米颗粒物质	

尺寸范围和物质性质联系起来。例如，在"纳米尺度"的注释 1[4]，"对于这些性质而言，尺寸极限是被考虑为近似的"。纳米尺度不像摄氏尺度或者里氏尺度那样可以独立地校准。没有纳米尺度性质的标准物质。在这里，SCENIHR 的纳米尺度定义，尽管用了没有预计到的形式，确实因为在一开始因有物质实体而更直白，但还是需要就明确的"纳米尺度"的上下限进行斟酌。

SCENIHR 专家组认识到"在与纳米技术相关的极小维度上的大多数概念和行为模式都不是新的……"（文献[7]，第 3 页）。在论述性质时，他们的重点放在那些描述纳米颗粒的命运上面，如降解，而不是那些在纳米颗粒商业应用前定义它们的性质。尽管对纳米材料已经有正式的定义，其中心概念在第 3.3.3.2 节（根据上下文，此处应为参考文献[7]的第 3.3.3.2 节。——译者注）还是清楚地表达出来："可提议，作为广义上的规则，如果一种材料由于其表观是独立的个体（纳米颗粒、纳米盘、纳米棒或纳米管）且一个或多个维度在 100 nm 及以下，从而具有与块体材料明显不同的性质，那它应该被认为是一种纳米材料"。对于下面要说的标准制定组织，如何按照性质把纳米材料分类还是一个挑战。最后，关于分子的地位，当与术语"纳米结构"一起讨论时，还有一些模棱两可之处。文件强调的是"独立的功能模块"，但没有提供足够的例子来确知如蛋白质这样的生物分子，是否因为具有不同的官能团而具有独立的模块。在高分子化学中，问题是如果将嵌段共聚物视为具有纳米结构，而均聚物反之。

在更近的 SCENIHR 出版物中[7]，提到 60 m^2/g 的比表面积应该作为评判纳米材料的标尺，以确保远远大于 100 nm 的团块和聚集体也被包括进来。这个比表面积的值是根据拥有单位密度（1 g/cm^3）的 100 nm 的球体而得出。相同质量和密度的任何其他填充形状将有更大的比表面积值。对不同的材料推荐用密度修订。使用表面积判据的建议在其他几个非政府组织(NGO)和贸易团体的讨论中得到借鉴。对粉体(颗粒、聚集体、团块)来说,这个比表面积判据是一个可操作的概念,但对固体颗粒物和分散液中的胶束[布鲁诺尔-埃米特-泰勒(BET)测量不可行]或分子实体来说需要更多的说明。即使对固体,多孔材料也成为问题,一个空穴或互相连接的孔与液体连续相相比是否具有特殊的性质也同样是个问题。

2.2.2 ASTM 国际

尽管我们经常归功于 ASTM 国际,但应该说明的是《纳米技术术语》文件 E2456-06 是和其他一些标准制定组织协调制定的:

- 美国化学工程师协会
- 美国机械工程师协会
- 电气电子工程师学会
- 日本国立产业技术综合研究所
- 美国国家卫生基金会
- 半导体设备和材料国际(即 SEMI。——译者注)

在 E2456-06 投票之时,E56 委员会的结构包括(括号里是已出版的标准数量):

- 术语和命名法(1)
- 表征(2)
- 环境和职业健康与安全(3)
- 国际法和知识产权(0)
- 联络与国际合作(0)
- 医护标准/产品管理(1)

自从 2005 年建立以来,该委员会已出版了如上分类的七项标准。除此之外,ASTM 国际资助了一种测量方法和一个毒性检测流程的实验室比对,保持了为其标准提供重要性和使用信息的历史承诺。E56 委员会的更多信息可以在 http://www.astm.org 获取。

对于我们提出的三个问题,E2456-06 涉及了纳米尺度和纳米尺度颗粒相关的性质,但其建议的"纳米材料"定义没有完成投票程序。纳米尺度涵盖了"大概"1~100 nm。就像"纳米尺度"的 Defra 定义,E56 对"纳米颗粒"的定义没有包括一维的纳米尺度颗粒,又一次反映了投票过程的动态化,以及将独立的一维粒子和附于基底上纳米尺度的厚涂层区分时的复杂性。

可以推而广之,E56 术语着重在于纳米颗粒相关的性质上,而非纳米颗粒可能呈现的所有形状。与此相反,ISO 的第一个标准对形状描述得更详细,直到最近才论述性质，这一点下面还会讨论。两个标准制定组织都发现有必要创造术语来避免意思含混。以E56为例，他们区分了可转变纳米颗粒和非转变纳米颗粒。本文已经论述过，人们预计纳米尺度材料会展现新奇或独特的性质，这些性质无法从同样材料的尺度更大的形态的测量结果外推得到。E56委员会认为那些展现了不连续性质（就是只有在纳米尺度才出现或者无法从大尺寸外推的性质）的纳米颗粒是可转变的，而那些不表现出中断的叫做非转变的。尽管用性质来衡量，许多年来一直在销售的材料很可能属于非转变的，因为它们是由逐步细分的研磨步骤及新的合成技术发展出来的。高比表面积和光散射被作为非转变性质的例子。最后，E56早期的投票中包含术语“超级纳米颗粒”，跟文献[16]中定义的30 nm非常接近。这说明E56的参加者主要是物理学家。

E2456-06的术语学中有一点细微之处和前面讨论的内禀和外在性质很类似。在这里成了集约和广延性质。在E2456-06的定义里集约性质是指不依赖于材料数量的性质。表面积是随物质的量改变的，但比表面积，m^2/g，在样品充分混合的情况下就不改变。质量是广延的，密度则是集约的。最近使用的60 m^2/g作为纳米尺度材料的判据将会是集约性质的例子，但根据E2456-06的定义，同时又是非传递的，因为从大尺寸外推时不存在中断。

E2456-06里另有两点值得讨论。其中一个与前面SCENIHR对使用“nano”前缀的术语的数量保持谨慎的建议有关，第二个是前缀“nano”的定义。E2456-06中意义和使用一节列出了引入新术语的要求，包括：①在科技文献中的传播度；②对其历史含义的改变仅限于纳米技术人员所必需的；③当在科学领域之间重复使用时以已建立的用法为主；④以“在纳米技术中”为限。SCENIHR委员会成员在作决定时强调了风险评估或相关目的，所以这里与文献[4,7]的主要区别是相关性。E2456-06所采取的一个避免含混不清的步骤是引入了气溶胶科学的术语来提供背景（如超微颗粒）。

前缀“nano”由三重意义定义：①SI单位；②小“物体”；③必须与纳米技术或纳米科学相关的概念群。SCENIHR专家组在讨论两个术语“纳米结构”（分离的功能零件）和“纳米材料”之间相对优势时表达了对前缀“nano”类似的担心。SCENIHR专家组最初的倾向是“纳米结构”，但他们因为科学时效性的原因投票选择了“纳米材料”。

E2456-06关于“纳米材料”和“超级纳米颗粒”的投票过程已经介绍了。最初的列表包含了78个条目，到最终的文件时变成了13个。对最初投票的反应非常多且详细，值得一提的是一些反对意见最终被表决为“不能令人信服”。在投票过程中有两个因素有影响力。首先，委员会广泛的组成中包括了许多来自填充剂、色素和材料处理工业的人员，他们一直在从事微细和超细颗粒的术语工作，不情愿用新的术语代替已经建立的那些术语。其次是所有的术语被作为一个单独的事项投票。这样一来大大减少了术语的数量,但强化了对相关气溶胶术语的考虑。相应的术语文件既有带“纳米”前缀的词汇以及加上“纳米技术里”限制的术语,也有来自气溶胶和材料科学所提供背景的术语。

ASTM 国际为它的术语分委员会名称加上了额外的信息,正在启动用计算工具把纳米颗粒表征与其生物测试相联系的活动。回到前文的介绍,一个术语和定义的受控词表经常是用来提取信息的。一个含有术语、定义和术语之间关系的分级的受控词表涉及本体论。一个大家熟悉的例子就是系谱图。纳米颗粒本体论的一个例子可以在 http://www.nano-ontology.org 找到。纳米颗粒的本体论可以产生信息学的能力,包括创立、填充和维持一个数据库,基本上与图书馆中用到的受控词表和索引系统一样。就像一个人可以在好几个家谱中找到一样,一个内容也可以成为好几个科学领域的研究主线。因此,一个信息学标准可以有很大潜力成为许多独立维持的数据库之间的桥梁(一个联合数据库),容许数据挖掘、模式识别和机器学习。更进一步,可以在维持该研究内容在不同学科领域中的关系的同时做这些事,就像本文中给出的内禀和外在性质一样。

2.2.3 ISO/TC 229

TC 229 从 2005 年的 39 个成员(30 个参与成员,9 个观察员)开始,发展了 4 个工作组(WG)和一些任务组的结构以支持主席和单独的召集人。在 2010 年年初,有 19 个与其他 ISO 委员会、一个与 IEC/TC 113、8 个与外部组织的联络关系。秘书处设在英国标准协会,4 个工作组见表 2.3。

表 2.3 TC 229 的工作组结构

组编号	名称	召集国
WG1	术语和命名	加拿大
WG2	测量与表征	日本
WG3	纳米技术的环境、健康和安全问题	美国
WG4	材料规范	中国

尽管这里的评述主要是围绕 JWG1(它是与 IEC/TC 113 联合的工作组),关于 WG4 的问题也将会提到:①对纳米尺度材料内禀性质的规范;②与 CEN/TC 352 在名为《人造纳米颗粒——标签导则》的工作项目上的协调。

已经有一项术语标准发布[4],三个在管理层评审阶段,于 2010 年年末发布(截至 2013 年 5 月 9 日,已有 6 项术语标准发布,8 项术语标准处于不同制定阶段。——译者注)。在看到纳米技术日益增加的重要性后,ISO 和 IEC 同意用一个新的统一编号——80004 系列,以使这些标准更易于被接受。

表 2.4 列出了正在开展的术语工作项目,三个发布的标准给出了工作内容的

范围以及委员会对纳米技术科学依据的重视的示例。

表 2.4　WG1 中已公布和活跃的工作项目

编号	名称
ISO/TS 27687:2008(将作为 ISO/TS 80004-2 再版)	纳米技术—纳米物体—纳米颗粒、纳米纤维和纳米盘的术语和定义
ISO/TR 12802	纳米技术—术语—核心概念的初始架构模型
ISO/TS 80004-1	纳米技术—词汇表—第一部分：核心术语
ISO/TS 80004-2	纳米技术—词汇表—第二部分：纳米物体—纳米颗粒、纳米纤维及纳米盘
ISO/TS 80004-3	纳米技术—词汇表—第三部分：碳纳米物体
ISO/TS 80004-4	纳米技术—词汇表—第四部分：纳米结构材料
ISO/TS 80004-5	纳米技术—词汇表—第五部分：生物/纳米界面
ISO/TS 80004-6	纳米技术—词汇表—第六部分：纳米尺度测量和仪器
ISO/TS 80004-7	纳米技术—词汇表—第七部分：医疗、健康及个人护理应用
ISO/TS 80004-8	纳米技术—词汇表—第八部分：纳米加工过程
ISO/TR 11360	纳米技术—纳米材料的分类和编目方法学

委员会结构、活动和标准的最新信息可以在 ISO 网站 http://www.iso.org/iso/standards_development/technical_committees/list_of_iso_technical_committees/iso_technical_committee 上获取。

在讨论 TC 229 术语活动之前，值得说明的是最初的 10 个工作项目里 5 个是受到了公开提供的规范(PAS)的影响，这些 PAS 是英国标准协会的项目负责人用来作为考虑出发点的。在那些例子当中，英国的初始活动增强了讨论的广度和深度。相关的文件列在表 2.5 里面，但需要指出的是最终的 ISO 文件和 PAS 经常有很大差别[PAS 71 里有 152 个术语，TS 27687:2008(E)里则是 12 个]。但是，对读者来说使用已有的 PAS 可以帮助更深入地理解未发布的剩余 ISO 工作项目的评议进行情况。

表 2.5　BSI 和各自的 ISO 文件编号

BSI 文件	相关的 ISO 文件
PAS 71:2005	TS 27687:2008(E)
PAS 130:2007	CEN ISO/DTS 13830*
PAS 131:2007	ISO/TS 80004-7
PAS 132:2007	ISO/TS 80004-5
PAS 135:2007	ISO/TS 80004-8
PD 6699-1:2007	ISO/DTS 12805

* 此处原文有误。——译者

PD 6699-1:2007《第一部分:人造纳米材料规范的最优操作导则》目前在 WG4 中作为工作项目 TS 12805。PAS 130:2007《标示人造纳米颗粒和含有人造纳米颗粒产品的导则》是 CEN/TC 352 的工作项目,编号为 CEN ISO/DTS 13830。

我们的第一个问题是:“什么是纳米尺度?”,就像 E56 的术语标准一样,TC 229 定义纳米尺度为“大约”1～100 nm,同时附有注释说明最低限是推荐性质的,以避免把单个原子或原子团纳入此领域。

我们的第二个问题是:“什么性质是和纳米尺度材料相关的?”这里应该做一个区分,因为发表的标准除了给术语“nanoscale”加一个注之外并没有回答这个问题。这里没有描述性质,而是给了一个说明,即在这个尺寸范围,人们预计观察到无法简单地从大尺度材料外推而来的性质。纳米尺度的定义里的“大约”是考虑到性质无法外推从而可以被看做新出现的。

TC 229 JWG1 的讨论致力于对纳米尺度颗粒可能拥有的形状进行分类。其本意是作为基本例子,不过其中一些确实与几何描述的细节重复。还引入了一个新术语,“纳米物体”(nano-object),作为总括概念覆盖所有纳米尺度的物体。采取这一步骤的原因是现有的科学文献使用纳米颗粒来覆盖所有形状(棒、四脚锥、球体),但术语“颗粒”通常是和球状的粒子相关联的。形成的决定是使用纳米物体作为通用名词,并把纳米颗粒限制在三维的球形特征。为了英语发音习惯,纳米物体(nano-object)中间有一个连字符。该文件的引言部分给出了术语的层次关系以及各种形状的示意。此层次的简单版本如下:

· 纳米材料可以是纳米物体或纳米结构的材料

· 纳米物体可以是纳米颗粒(三维),纳米纤维(二维)或纳米盘(一维)(此处对于纳米物体维度的定义与科学界通常定义法有所不同。——译者注)

· 纳米纤维可以是纳米棒(实心)或纳米管(空心)

纳米结构材料和相关的层次是正在进行的一个工作项目的内容(ISO/TS 80004-4)。

对一维物体采用了一个类似的推进新术语的方法,倾向于使用纳米盘,因为它不是科学文献中广泛采用的。其他的建议也被考虑过,但项目专家们觉得经常有次一级的关联需要避免。对一维纳米物体的定义和薄膜或涂层之间存在可能的重叠(原文如此。实际上,一维为线状,二维为面状。译者注)这一点确实有潜在的可能。TS 27687:2008(E)对于纳米物体的注释是用了措辞“分立的纳米尺度物体”以解决这一问题,这一做法与几个关于术语“纳米粉体”(见 PAS 71 中的术语 3.16)的提议以及 SCENIHR 在文献[7]中关于分立的用法保持了一致。

我们的第三个问题是:“什么是纳米材料,纳米材料有没有分类?”已发布的 TC 229 标准没有提供定义来直接回答这一点,但 2010 年年底,当 ISO/TS 80004-1《纳米技术—词汇表—第一部分:核心术语》发布后就会改变(该术语标准已经发布。——译者注)。与委员会范围所用措辞"典型地,但不严格排他的,小于100 nm"一致,最初的工作项目着重涉及在至少一个维度上小于100 nm的物体,但随着最初的框架和纳米材料分类文件TR 12802和TR 11360的发布,这个情况将很快扩展。这些报告反映了JWG1的深思熟虑。与此同时,读者应该回顾一下PAS136:2007中的术语"纳米结构"、"纳米材料"和"纳米多孔材料",从中可以找到许多早先在非标准制定组织中讨论过的议题。

TC 229 JWG1的专家们很早就意识到一个自洽的定义集需要把纳米技术适当编目为独立的领域,以及需要一组核心术语,既可以指导许多工作组,又可以避免当新的专家加入项目团队时的重复问题。JWG1的专家们为此启动了两个工作项目,《纳米技术—术语—核心概念的最初框架模型》(ISO/TR 12802)和《纳米技术—词汇表—第一部分:核心术语》(ISO/TS 80004-1)。

框架文件(ISO/TR 12802)涉及了纳米技术的几种分类:业务活动的领域、纳米材料、流程、纳米系统和纳米器件及性质。最初82个相关术语的列表被用来填充被称为分类层次结构的领域图。JWG1的专家们遵循了基于ANSI/NISO Z39.19-2005和ISO 2788:1986的图书馆学方法。他们使用了两个测试来证明每一层级结构的正确:①描述性的"是一个"测试(一个[狭义概念]是一个[广义概念]);②"全部和部分"逻辑测试(一些[广义概念]是[狭义概念]。所有的[狭义概念]是[广义概念])。得到的全部12个层级结构都附有优势和劣势的讨论。这些层级结构确有交叉;实际上,出现了三个性质的框架,这预示着此处的评论以及一些术语将会出现在多个层级结构中。尽管不是定义性的,框架文件肯定会为将来的TC229专家们提供指导。

核心术语文件(ISO/TS 80004-1)在2010年年初投票,预计于2010年年末发布(该文件已于2010年10月6日发布,其修订版正在制定。——译者注)。这个文件确实提供了"纳米技术"、"纳米材料"和"纳米结构"的定义。纳米材料可以是纳米物体或纳米结构材料,这意味着一种纳米材料可以是宏观或纳米尺寸的。作为这个定义的关键元素,纳米结构的概念越来越重要了。纳米技术涉及在物质纳米尺度上精确的位置控制,一个纳米结构就是所得到的显示出纳米尺度性质或现象的单元。一个分立的纳米结构是一个纳米物体,纳米结构的一个集合就成为纳米结构材料的基础。

ISO/TC 229在WG4中有两项业务活动与JWG1的话题有关系。WG4的职责是建立规范,这在很多方面是使用了JWG1的定义,并用在买方-卖方的背景中。WG4目前没有供读者参考的发布标准,但PD 6699-1:2007是一个有待讨论的概念的可靠来源。它鉴别出了许多潜在特性,并且除了三四种性质外还对所有这些特性给出了建议的测试方法。在PD 6699-1:2007中,一维纳米物体被认为是纳米尺度薄膜或涂层,正如前面所讨论的,这是一个有争议的话题。在目前的时间点上,WG4 倾向于把努力方向集中在首先把材料的纳米形态与大尺度形态区分开来。在这些讨论中,60 m^2/g 的表面积测量突显出来,但需要与直接粒度测量和形状的 TEM 图像相互补充。在制定影响那些特定应用的规范之前,WG4 可能会探索与其他 ISO 委员会的 19 个联络关系以建立联合工作组。在那种情况下也许需要回到核心术语的定义上以维护 TC 229 文件的一致性。

WG 的第二个活动是由 CEN/TC 352 通过维也纳协定领导的。ISO/TC 229 的成员国如果不是 CEN 的成员,则在磋商过程中拥有观察员身份,而最终的文件要在两个组织中分别投票。PAS 130:2007 是 WG4 工作组讨论的起始文件。尽管不是名义上的术语文件,CEN/TC 352 标准实际上包含了诸如"纳米尺度现象"和"使用前缀 nano"等概念,而且它会在很多方面依赖于围绕 WG4 的规范展开的讨论。随着最近的化妆品导则[21],一些方面可能会从最初的自发性意愿转变为更强制性的执行。也许有点过于简化,但 CEN/TC 352 的工作会为这里讨论的标准制定组织和非标准制定组织带来更清晰的宽慰。(对"标示"更深入的讨论可在本书第 9 章 9.3.2 节"标示"中找到)。

2.2.4 术语的结论性评述

我们在把几个小节汇总起来形成一个评述的过程中,观察到存在好几个独特的群体,它们有各自的相关性视点,都活跃地创造术语、定义它们及推荐它们的解释。这种利益的汇合严重影响了纳米尺度的定义,因为每一个组都把它们的观点退缩到一个仅有尺寸的判据。这种对于仅有尺寸的判据的依赖来源于每一个组在定义与纳米尺度材料相关的独特的、新奇的或意想不到的性质时遇到的困难。

对科学文献进行近距离的审视时,当考虑的是所有材料的更广阔的背景时,没有标注出纳米尺度材料的新现象或性质。一个简单的例子是表面介导的催化反应,本来就是在当材料具有高比表面积(m^2/g)时更突出。不过,结合了掺杂和多种成分的组合,以逐个分子的精确度进行控制,确实使得那些在大尺度时通常不与特定材料相关的性质得到放大。此外,纳米技术引起的兴奋使我们将注意力放在对亚微米颗粒和围绕它们外在的生物性质的数据缺失的理解上。

出现了三种议题:

(1) 有些群体承认"纳米尺度"的上限覆盖广阔范围的材料和现象,并预期"独特"的性质极有可能,或者材料性质的集合对特定应用来说可被看作是独特的。

(2) 有些群体则承认有些材料会显现性质的突变,而另外的材料显现逐渐的变化,渐变可以通过从大尺度到纳米尺度的合理外推而得到。

(3) 而最初是从已有的框架着手接触纳米技术的群体,如法律语言(监管机构)、任务宣言(非政府组织、基金资助机构)或在临近研究领域(医学)使用的范式。

当讨论已经研究了很久的材料时争论就被扩大了。它们通常是无机的,拥有矿物学的名称,几十年来或是经过加工得到(磨碎,因此是"自上而下"的描述),或是合成得到(沉淀,因此是"自下而上"的描述)。当讨论一种新创造出来的多组分材料,如包裹的超顺磁氧化铁时,争论就会减弱。争论的分界线是在新的原子结构,如碳或氧化锌的纳米管,或具有纳米尺度的生物分子。在后三种情况中,几乎没有大尺度的参照物可供比较。

最后,命名法有很大的困难。即使在胶体或催化化学这样的领域,也没有命名方法来区分纳米尺度材料在产品生命周期中可能发生的变化。E56的同事们给他们在术语上的努力加了信息学的概念,TC 229的专家们探索了命名法,即下面一节的话题。

2.3 命名法与纳米技术

一般而言,命名法是一个有条理的系统,基于一个规则的框架来前后一致地分配可识别的命名。一个好的命名系统应该像邮局的地址:分配的名字应该允许专家们识别纳米物体,并成为安置更多信息的有效手段。理想情况下,这样的一个系统应该设计为能够容纳未发现事物的命名。命名法的概念享有学术团体的广泛认同,代表了一个科学领域、商业市场、政府机构和国际边界之间识别和通信的系统方法。

化学物质的命名系统植根于它们的化学式,广为人知的化学式如NaCl(盐)和H_2O(水)。这些简单的式子,当表达为氯化钠和氧化氢时,在许多技术、政府和商业领域中用来描述组成原子的排列。要描述更复杂的化学物质时,科学家们用额外的特征来补充化学式,如术语、前缀和位置编号来描述原子如何彼此相连,这样每一个熟悉该语言的人都可以看到或画出分子的三维结构。

2.3.1 命名法为什么对标准有用?

对科研群体来说,给特定纳米物体赋予一个独特的名字将允许发展出纳米物体以及它们的性质和效应之间有意义的关系。命名法为不同研究组间实验数据的可重复性提供了便利,帮助标准化的参考物质研制和使用,还可作为经费申请和专利保护的交流工具。

一个分配给纳米物体的特定名称会帮助消费者将它与其他产品区分,并强化一种物质在其商业名称之外的识别,目的是建立标准。例如,两个制造商可能为他们的终端产品使用不同的名字,但内含相同的一种组分。分配的名称可以帮助树立信心,促进基于一个共同的理解和组分及整体产品的构成上设计出来的产品规范的广泛使用。

考虑到从命名法来的这些实际好处,标准组织发现有必要参加纳米技术命名的发展工作。尽管传统的化学品命名规则提供了一个给纳米物体命名的很好的出发点,但是能够足以区分不同的纳米物体以及与其对应的大尺度化学物质的名称还是普遍缺乏[27]。

已经意识到的信息断层可以用二氧化钛,一种长期存在且有用的,并且以广泛的商业应用著称的商业材料的命名习惯来说明。取决于钛原子和氧原子在晶格中的排列,二氧化钛(TiO_2)可能具有金红石或锐钛矿的晶体结构。在工业生产过程中,使用铝盐等化学添加剂以促进金红石的形成,并降低光催化活性,其他添加剂提供表面处理以满足终端用户的性能需求。除了已知的结构变化,TiO_2作为一个类别也会有粒度分布。不管粒度分布是部分、全部还是一点都不在纳米尺度,目前的化学命名要求该物质称为 TiO_2(加上一些描述晶体结构的额外调整)。当足够大时,TiO_2因其散射可见光而成为良好的白色颜料。当足够小时,TiO_2对可见光透明,但吸收紫外线辐射。目前的化学命名法有效地描述了基础晶体结构和分子实体,但它不能有效地指出哪种 TiO_2是我们所说的,即使它们有非常不同的令人满意的商业性质。进一步的区分可以是加上描述多孔性质的术语或者编号,来表示粒度范围的测量。在纳米尺度,管状形态也会形成[28],但是目前还无法跟非管状的形态在名称上区分。因为纳米尺度化学物质的形态学(形状)可能对该物质的表现有影响,人们希望制定标准以便将纳米尺度二氧化钛与其宏观尺度对应物,以及根据不同催化活性,将其与其他纳米尺度的形态加以区分。

在碳纳米管的例子里,除了提及壁的数量(单壁、双壁、多壁形式)和手性矢量之外尚缺乏一个命名系统。最早的研究者们只是因为这些形态是新的才想要与传统形态区分。碳不是新的:存在两个大家熟知的同素异形体:金刚石和石墨[29,30]。它们用碳键的名义整数杂化度来表征,分别对应于 2s 和 2p 价轨道的 sp^3四角形、sp^2三角形及 sp 对角形的杂化。IUPAC[31]定义同素异形体为"元素的不同结构修饰",考虑同素异形转变为"一种纯元素从一种晶体结构向另一种的转变,包含了相同的原子,但具有不同的性质"。材料在温度或压力等外界条件下改变晶体结构,但元素(英文原文如此,但似乎应为原子。——译者注)之间共价键保持不变的,不是真正的同素异形体,而是多形体[32]。

碳的第一种同素异形体,"金刚石"或各向同性的形式,由四面体方式键合的碳原子组成,通常结晶成面心立方晶体结构。碳原子之间的化学键是 sp^3杂化的共价键[33]。但是,稀有的金刚石的多形体六方金刚石(即蓝丝黛尔石,译者注)同样由四面体方式键合的碳原子组成,但结晶成六方晶系[34-36]。不过,金刚石通常用"diamond",编号 CASRN 7782-40-3 来代表,在矿物学领域里有更进一步的区分。

碳的第二种同素异形体,"石墨",各向异性的形态,由多层呈六方排列的、三角形键合的碳原子的平面稠环系统组成。一个 sp^2 键合的碳原子的平面单层称为"石墨烯",在层中每一个原子都与三个相邻碳原子共价连接:这些片层之间相互平行堆积，以弱的范德华力结合在一起。结晶的元素同素异形体，即多形体，用在原子名的括号里加上 Pearson 符号系统地命名。这个符号用其布拉维晶格（晶类和晶胞种类）以及晶胞中原子个数来定义同素异形体的结构。因此，石墨的常见形式是碳（$hP4$），表示六方结构-四个原子；石墨不常见的形式是碳（$hR6$），表示斜方六面体-六个原子[37,38]。换一种说法，石墨可以被视为石墨烯单元的一个有限集合。天然和人工的石墨都存在着两种排列不同的晶体形式，由六方石墨和小于 40%的菱方石墨组成。另外，天然石墨有三种主要形式：结晶片、团块和无定形。每一种形式都显示出一套可分辨的物理性质。结晶片状石墨由平面盘状颗粒组成，有棱角、圆形或不规则的边缘；团块状石墨通常质量很大，粒度也是从极细到很大；无定形石墨的特征是结晶度低，粒度极小[39]。石墨缠绕也已为人所知[40]。CAS 石墨的标示没有区分这两种晶型和几种形态的形式：都按照 CASRN 7782-42-5 编号，遵从“石墨”的叫法。

在最近几年，声称新的所谓碳的同素异形体激增了。例如，富勒烯就被称为是继金刚石和石墨之后“碳的第三种形式”[41]。碳纳米管表征为富勒烯的一种，甚至被称为碳的新同素异形体。有说法是碳的主要同素异形体的这类变型可能呈现非整数或混合程度的碳键杂化[42]。但是，在基本晶体结构没有显著改变的情况下，如同金刚石的类似金刚烷的构件的几何变化或者石墨的石墨烯结构变化显示的那样，碳化合物的新的多形体就不必定性为基本的碳同素异形体。

“无定形碳”这一术语通常用来描述不具有长程晶体结构的碳材料。短程有序是存在的，但原子间距或键角存在偏差，或者两者同时存在偏差，与金刚石（sp^3 构型）和石墨（sp^2 构型）的晶格不同[43]。尽管无定形碳有时被称为碳的同素异形体，商业应用的无定形碳，如煤、煤烟和其他既非金刚石又非石墨的碳材料，其实并不是真正的无定形。这些物质是由多晶金刚石或石墨埋在无定形碳的基质中形成的。根据 IUPAC 命名规则，要求“元素的样本具有无法定义的化学式，或者是同素异形体的混合物……就用元素名命名”，无定形碳被称为“carbon”，编号为 CAS-RN 7440-44-0[44]。

2.3.2　命名的挑战

人们希望用正式名称将纳米物体区分开，因为它们的小尺寸和结构结合其化学组成时，可能会造成纳米物体与其大尺度对应物表现完全不同。已有报道，有些物质通常不导电，但其纳米尺度形式则可导电。因此，我们目前给纳米尺度材料赋予的化学名称（及其包含的化学构成）可能不是完全描述性的，也给含混或错误留下了空间。

人们已经认识到并普遍接受，正式的化学命名法将会落后于技术的发展[45]。这样的一个时间延迟为纳米技术领域的标准制定组织设置了独特的角色，即采取措施保证命名纳米物体的规则在技术的引入阶段保持同步[46]。

意识到沟通对于现代技术进步成功所扮演的角色,人们正在尝试鼓励尽早发展纳米技术领域的量身定做的命名法。在没有命名系统以区分纳米物体和具有相同分子组成的其他纳米和大尺度对应物的情况下,以可重复的方式测量、表征、鉴别、评估、管理或生产纳米物体的能力会遇到很大的挑战。

同样有问题的是,在缺乏一组明确的规则的情况下,人们往往倾向于对常用化学物质直接加前缀“纳米”的做法,来在纳米尺度上识别它们,导致了诸如“纳米银”或“纳米二氧化钛”这样的名称。前缀“纳米”同样用在了诸如“纳米颗粒”、“纳米锥”和“碳纳米纤维”等更广义的材料参考当中(见[4]和 ISO/TS 80004-3)。可是,选择不用“纳米”这一术语来命名纳米尺度的物体同样可能,这样一来,使得识别可能会受到标准制定活动影响的商业应用中现有的和正在发展的纳米物体变得复杂。

就纳米技术和标准而言,需要建立一个命名系统,以便应对提供精确的参照系以方便产品评估和商业发展的挑战。

2.3.3 标准制定组织和纳米技术命名法

2005 年 6 月,国际标准化组织(ISO)正式成立了一个技术委员会(ISO/TC 229)以推动纳米技术领域的标准化工作。2008 年,第一联合工作组(JWG)建立了一个命名法的任务组——术语和命名,任务组报告在 2010 年 6 月美国华盛顿州西雅图的 ISO/TC 229 全体会议上完成。2009 年 ISO/TC 229/WG1/TG1 报告—发展纳米物体命名模型的考虑把命名法定义为命名的系统,它提供识别一个物体的最少描述符号。任务组报告指出了纳米物体有效命名系统的 10 个目标,以作为将来工作的指导。

2009 年 8 月,美国和加拿大向 ISO/TC 229 联合提交了一个新工作项目动议(NWIP),来准备一份技术报告并发展纳米物体命名模型的框架。ISO/TC 229 在 2009 年 9 月批准了这份提案,工作组第一次会议于 2009 年 10 月在以色列特拉维夫召开的 TC 229 全体会议期间进行。

TC 229 的目标是建立一个划分纳米物体亚类的框架,以用做特定纳米物体亚类建立命名法的基础。这将包括命名系统的一套目标,一个建立纳米物体命名法的推荐日程,以及对于管理和相关挑战的讨论。

为了这个目的,ISO 正与化学命名的民间组织中的领导者合作,包括国际纯粹与应用化学联合会(IUPAC)、美国化学学会(ACS)和化学文摘社(CAS)。以这样的方式,已被这些命名组织建立并认可的对现有化学命名系统进行增补的方法将会得到检查,以更进一步改善我们区分纳米物体的能力。

人们希望会演变出后续的新工作项目和相关项目组,来发展特定亚类纳米物体的命名法模型。建立框架的努力被设计用来将纳米技术化学物质纳入合适的语境，这是用指明纳米技术应用平台的材料类型来实现的。这样的语境将会为国际团体提供一个纳米技术的结构化的视点，并会有利于纳米物体及其名称的统一理解。重点会落在纳米物体上，也即一维、二维或三维在 1～100 nm 范围的分立化学品[4]。

2.3.4　得到认可的化学命名团体总览

按照合乎逻辑的顺序，纳米物体命名法是从审查基本的“基干”化学物质开始的，这些物质是作为更复杂化合物、系统、阵列和发现的构件而出现的。金属氧化物和碳基材料（如富勒烯和纳米管）被认为是很好的出发点。在最基础的水平上，这些就是化学物质。在某种意义上，一种“化学物质”可以被视为任何“具有特定分子身份的有机或无机材料”[47]。尽管“特定分子身份”没有现成的定义，国际上接受的化学命名做法是基于这样的概念，即一个特定物质的表示用它的分子组成来定义，而这又基于分子排列和键合结构。国际认可的化学命名方式与促进标准使用者群体的商业接受高度相关；现有的命名系统被认为是开展讨论的很好起点。

IUPAC 是技术专家的组织，它鉴别并回答化学命名需求，发展通用自发的用法[48]。其大部分基于化学的命名系统几乎全部基于分子组成，当适用时，有时也基于结构（如异构体的前缀）。在纳米技术领域，IUPAC 已经发布了一个富勒烯的命名系统，以区分不同原子连接性的富勒烯[49,50]。2002 年编撰了(C_{60}-I_h)[5,6]和(C_{70}-$D_{5h(6)}$)[5,6]富勒烯的编号规则。2005 年，IUPAC 发布了一个增补，里面包含推荐为不同尺寸的富勒烯、不同环尺寸的富勒烯、从 C_{20} 到 C_{120} 不同点群对称性的，包含 C_s、C_i 和 C_1 等低对称性的富勒烯，以及许多已被分离和很好表征的原始碳同素异形体及其衍生物的富勒烯进行编号。这些推荐建立在以前发表过的原则之上，目的是为编号过程寻找一个定义清楚的、尽可能连续的螺旋式上升的路径。IUPAC 系统提供了规则，以在连续编号途径变为非连续时能够完成富勒烯结构的编号。不过，将这些相同的规则推广到其他纳米物体上是困难的，因为不是所有的纳米物体都具有富勒烯这样被很多人视为分子的良好表征的结构。

CAS 是美国化学学会的一个非营利部门。为了促进它的主要商业目标，即提供信息搜索和检索功能，CAS 发展了一个命名系统。它维持这个与 IUPAC 非常相近的命名系统，来建立数据库、准备摘要以及检索信息[51]。CAS 特别资助了 CAS 登记SM，一个公开的化学物质信息的权威大全。CAS 提供一个主观但明确的注册号系统来鉴别化学物质。根据化学物质是否具有固定的化学结构（如分立的化学品）、重复单元的数量（如聚合物）或归类于“未知或可变成分”（UVCB）[52]，CAS 的命名规则将会不同。CAS 系统的一个优势是对一个已知的物质它是正式的，而接纳未知物质时则将它们归类于 UVCB 从而变得灵活。（UVCB 名称的一个例子可以是“化学品 A,与颗粒 X 的反应产物”)。与 CAS 系统相伴的是一个简单、随机分配的数字或字母-数字的编号,以便索引和检索。一个简单的注册号能够在多大程度上发展成一个更复杂的索引系统来获取纳米技术的额外信息(也被称为“灵巧编号”),是一个可以探索的领域。

然而,IUPAC 和 CAS 的命名都是明确无误地基于结构原则。就如在 CAS 名称选择手册的介绍中说的:

> 这本手册详细陈述了化学文摘社(CAS)工作人员在为具有明确的分子结构的无机和有机化学品选择一个唯一和可重复的名字时采用的整个流程……[53]

《CAS 名称选择手册》强调了作为关键性角色的结构,而不是物理、化学或生物性质,作为 CAS 索引命名的基础,如下所述:

> 索引命名与普通命名的第二个区别是,对一个结构,前者必须且只能有一个唯一的名字。广泛的化学从业者在科学论文、商业文献和其他类似出版物中使用的名字,则倾向于反映一个特别的兴趣点,如反应性和生物活性,而不是基本结构的相似性[54]。

在描述确定化学文摘(CA)建议索引名称的流程时,CAS 提出要“从化合物的结构出发”,人们要首先确定它所属的最高化合物等级……在此基础上建立索引名称。下一步,人们应该“命名结构片段使其可引用为取代基前缀”[55]。特别是与无机碳化合物有关的,《CAS 名称选择手册》指出“为无机化合物所选的名称基于美国的用法、IUPAC 的规则……和化学结构的表示”[56]。

《IUPAC 红皮书》——受到国际认可的一个命名无机化合物规则的汇编,指出“化学命名的首要目的简单来说就是为给化学物质分配描述符(名称和化学式)提供方法,以使它们没有歧义地得到识别,从而方便交流”。一个命名系统“必须可辨别、无歧义,并且普遍”[57]。类似地,《IUPAC 蓝皮书》——对应的命名有机化合物的规则汇编,指出“为了化学家之间的交流”,化学命名法“应当包含一个与化合物结构的明显或隐含的关系,从而使读者或听众能够从名字中推断(并且由此鉴别)出结构”。这个目标需要“一个原则和规则的系统,使用它可以得到一个系统的命名法”[58]。在描述化学命名的功能时,《IUPAC 红皮书》写到:

> 除去那些完全琐碎的名称,命名法的第一个层次给出一个物质的一些系统信息,但不允许推论出其组成……当一个名称根据普遍规则本身就允许推断出化合物的化学配比式,它就真正算是成体系的。只有在这个命名法的第二个层次上的名称才适合于检索目的。对加入化合物三维结构信息的期望在快速增长,因此命名法的体系化还需要扩展至复杂程度的第三个层次[59]。

在进一步强调考虑分子结构在系统化学命名中的独特角色时,《IUPAC 红皮书》指出“一个无机物质的系统命名涉及从单位中构建一个名字,它遵循确定的流程进行处理,提供组成和结构的信息”。合适的单位包括“结构的、几何的以及立体化学的”描述符[60]。值得注意的是在 IUPAC 分层命名体系下完全没有物理、化学和生物性质的描述符。

总结 IUPAC 和 CAS 系统，两者都包含公众可以获取并主要基于分子组成的规则和指南，除此之外，CAS 有数字识别码，再加上可搜索的信息系统，可以编目一个正式化学名称的相当大的文库。按照这些基于结构命名的基本原则，对于前面所述的原因，意识到有实时补充这些系统的额外需要。未来保留了是否需要建立一个纳米技术的权威命名实体以执行和维持命名法则和登记系统的可能性。

2.3.5　其他概念

Gentleman 和 Chan 在 2009 年发表的文章出发点是研究团体对鉴别他们的研究材料和标准测试材料的需求[61]。他们建议的命名法则使用物理参数加上化学名称来区分不同的纳米物体，以及区分其大尺度的对应物体。该系统使用数字的识别符号指向特定的参数(如尺寸和形状、核心化学、配体及溶解度)。

2.3.6　纳米技术命名系统的可能参数

就像常规的化学命名一样，纳米物体的命名法则应当根据所考虑的物质类别或亚类而进行调整，并由熟悉这些化学品的专家来制定。为了得到使用和理解，所分配的名字不应过于描述性、复杂或冗长。人们认为有一些特定的物理化学参数可以在名称中区分出来，因为它们对具有相同化学组成但表现不同性质的纳米物体来说有特别的关联。两个例子是粒度和颗粒形状。

一个纳米物体的粒度可被用来将一个纳米物体与其他纳米物体，以及与较其更小或更大的对应物体区分。这可能是为了此目的所进行的最容易测量的横向特征。它的缺点包括测量粒度的许多种方法可能导致在评价材料等同性时出现“苹果与橘子相比”的情况。另外，粒度是一个过于简单化的方法，可能在可视化的同时牺牲了区分化学的真正科学特性。

表达纳米物体在表面功能化之前和/或之后的物理形状(如管状、球状、块状等)容许对该物质反应性和表面积有更高程度的认可。对管状纳米物体，长度的分布也会是一个考虑。不过，一个纳米物体的形状不局限于最简单的几何形式，可以非常复杂，还可能有过渡态。纳米物体可以由任意形状的纳米尺度特征/结构随机或周期排布而来。

为了弥补这一缺憾，化学命名的另一个做法是，在基于分析、详细的化学组成和明确的化学结构式存在的情况下，使用物理和化学性质区分物质在基于结构理论的 CAS 和IUPAC命名法中是前所未有的，而这些法则是 EPA 这样的机构所依赖的。剖析在新的化学测定中的法定责任并不削弱物理和化学性质在评估新的(或已有的)化学物质的健康和环境危害以及暴露和风险中的重要作用。在预生产申报(PMN)综述中被纳入考虑因素的风险评估部分，仅仅是在 EPA 确定化学鉴别实际上并没有列在清单上之后才引发的。尤其是，很多评估是用物理性状来进行的。在这个特别的话题上，经典的案例是美国关于二氧化硅的存在已久的指南，监管机构一再公开表明物理形式和晶体结构是可互换（可替代）的，前者可能被忽视了：

> 本机构知道二氧化硅，通常称为硅土，以几种不同的物理形式出现以及得到商业分销。由于不同的物理形式具有相同的化学组成，EPA 并不认为硅土的不同物理形式可以在 TSCA(《有毒物质管理法案》，美国。——译者注)中分别报告。对 TSCA 而言，不同的硅土(SiO_2)的物理形式都被认为包括了[62]。

除了个别有限的例外，上述总结到今天仍然有效。我们知道 EPA 与化学和矿物学的标准做法保持一致，把不同晶体结构的物质视为不同的化学物质，但不区分具有相同晶体结构但物理形式不同的材料。硅土的所有形式都拥有相同的分子式(SiO_2)，但有些硅土具有不同的晶体结构，必须单独列入清单。CAS 和 IUPAC 都强调在系统化学命名中分子结构的角色。正如前面所说，这些命名体系中缺少了物理、化学和生物性质的描述符。当前，标准组织和命名团体所面临的问题是：化学命名是否应该继续遵循这一原则[63]。

更为传统的是，活性功能基团的鉴别是通过命名来沟通的基础信息。因此，活性物种对化学命名来说不是一个新的概念。不过，在纳米技术中，功能化达到了新的高度。许多情况下，表面功能化的情况对理解和认识一个纳米物体的本质是必需的。核心物质的化学知识与表面功能化相结合时可以理解纳米物体的稳定性。纳米技术中典型的“核心”化学物质是金、银、碳、氧化铝和二氧化钛。与“核心”之间的成键类型对于理解该物质是有用信息，因而在名称中予以考虑也许是合理的，然而这并不是目前普遍通行的做法。纳米颗粒的核或壳上可能会有过剩的表面附加物，影响纳米物体的诸如电子学、磁学、机械性质、表面积、溶解度及反应性。在理解纳米物体的表面功能化的过程中，人们可以更深刻地评价其有用的商业性质和可能的降解产物。

勾勒出的晶体结构是化学命名里已存在的且对纳米技术领域非常实用的另一个概念。晶体结构提供对于纳米物体分子排列及它的反应性的独特视角。

2.3.7 表征与名称的区别

回想一下命名法与邮政地址之间的类比。如果一个信封地址同时指定住所的颜色、家庭中居住者的人数、地产价值和税务评估，以及可能的土地使用区域代码信息，它就会成为一个很长的地址！住所号码、街名、城市、州和邮编之外的信息本身是有用的，但并不是可靠投递信件所必需的。此外，拥有一个可靠的地址可以使得人们通过其他一些不相关的努力，得到很多额外的详细信息。

同样地，一个纳米物体的分立的名字不应该过于详细；不应期望一个名字能够回答所有性能和行为的问题。反之,合理的期望是,名字为对其感兴趣的人定位该物质的额外细节。

分立的名字改善了毒理学实验是采用同一物质进行以及这种实验得到可重复结果的置信水平。始终如一的命名法则应当使得健康和安全专业人士系统地和可靠地使用信息检索服务,以获得化学名称索引下的毒理学信息。理想情况下,一个区分化学组成相同但性质不同的纳米物体的名字可以提高这些群体鉴别具有潜在危害的特定纳米物体的能力。危害告知人员是命名法的重要用户群体。危害告知和命名法制定是截然不同的两个努力方向,但两者都需要特定的专业知识。

健康和安全监管人员也是重要的用户群体。对于受过训练的监管者,化学名称提供了该物质会如何在环境中起作用以及影响人类健康和毒性的最初指标。在基于清单的监管系统里,化学名称提供了一个沟通工具,让监管人员能够识别哪些物质已经通过了政府审核,哪些需要监管,哪些需要售前通告。

2.3.8　命名法的未来方向

概括来说,命名法是一套基于规则框架来给一个物体分配名字的正规系统,使得该物体的身份易于理解。由于尺寸以及与周围环境的化学作用,纳米物体可能显示出在其化学组成相同但尺度更大的对应材料中意想不到的性质。为纳米物体命名而设计的命名法系统将允许研究团体、工业界、政府和公共利益群体唯一地识别所用的纳米物体,区分不同的纳米产品、保护专利以及在许多不同工业界和学科领域之间有效沟通。

因为纳米物体可能具有与其更大尺度对应材料相同的化学组成,改编和增强我们现有针对化学品的命名系统以促进理解的便利和广泛的应用,看起来是明智、有效和合理的。然而,现有的化学品命名系统在其基于结构和性质而非化学组成来区分化学物质的能力方面目前是有局限的。这就导致了目前在纳米物体命名和即时识别方面的模棱两可。

理想条件下,一个纳米技术的命名系统应当为每个纳米物体产生名字,这些名字的描述性足以让有知识的读者理解该物体的关键方面和性质。命名法则本身应当足够简单、清晰,从而使不同的读者能够得到同样的结果。

当前任何一个同时存在的发展和命名科学发现的努力都需要标准组织及化学命名专家之间的合作和信息共享。标准组织正在致力于在纳米技术商业应用中整合最新信息和最佳操作方面发挥引领作用。管理纳米物体命名系统的导则应当建立在已知的基础上,承认现在的局限,将不确定性减至最低,并承认命名所需的“正确”的性质或参数也是正在发展的。因为识别不同纳米物体的参数在一段时间内仍不会被完全认识到,投入这项工作存在草率的风险,为此应当伴随着承诺发展一套可以承受严格的再检验,并有能力针对新信息进行调整的系统。不过,只要按照前面所述的那样加以小心，假使能随着从这样的系统部署中得到的经验，随时掌握进行可能的近期和远期修正的需要，那么现有的交流与知识可以开始这样的发展过程。

2.4 结 束 语

从术语、词汇、受控词表和命名的角度回顾了长期存在的标准制定组织以及其他感兴趣的机构当前的活动。除了提供概况之外，本章确定了挑战和机遇，以及围绕着慎重的纳米技术监管的更广泛的社会问题。有很多组织涉及这项工作，尽管重点放在两个主要标准制定组织——ISO 和 ASTM 国际，该问题的复杂性和围绕纳米技术的高度兴趣会继续吸引全球性的活跃参与。当然，随着全球对纳米技术研究给予可观的投入，每天都会有新发展的消息。

鼓励读者成为活跃的参与者。纳米技术不像更加成熟的标准制定领域，它绝对是在不断发展中，方向和理解也很有可能发生戏剧性改变。该领域成功的重要确定指标是努力找到实用与严格的定义之间，以及限定性与灵活的分类之间的平衡，或确定一个主题什么时候足够成熟到提出定义的建议，这是这一领域成功的重要的决定因素。对于那些在纳米技术产品审慎地引入市场时影响监管决定的方面，这是尤其正确的。

参 考 文 献

[1] House of Lords Science and Technology Committee: Nanotechnologies and Food, vol. I and II. http://www.publications.parliament.uk/pa/ld200910/ldselect/ldsctech/22/22i.pdf (2010). Accessed 16 Feb 2010

[2] Kuhn, T. S.: The Structure of Scientific Revolutions, 2nd edn. The University of Chicago Press, Chicago(1970). Enlarged

[3] Webster's New International Dictionary, Unabridged. G. & C. Merriam Co., Springfield(1954)

[4] International Organization of Standardization: Nanotechnologies-Terminology and Definitions for Nano-Objects, ISO/TS 27687:2008(E). ISO, Geneva, Switzerland(2008)

[5] ASTM International: E 2456-06 Terminology for Nanotechnology. ASTM International, West Conshohocken, USA(2008)

[6] The Royal Society and The Royal Academy of Engineering: Nanoscience and nanotechnolo-gies: opportunities and uncertainties. The Royal Society, London. http://www.nanotec.org.uk/finalReport.htm (2004). Accessed 16 Feb 2010

[7] EC Scientific Committee on Emerging and Newly Identified Health Risks(SCENIHR) to the European Commission: Opinion on the scientific aspects of the existing and proposed defini-tions relating to products of nanoscience and nanotechnologies. http://www.ec.europa.eu/health/ph_risk/committees/04_scenihr/docs/scenihr_o_012.pdf(2007). Accessed 16 Feb 2010

[8] EC Scientific Committee on Consumer Products to the European Commission: Opinion on safety of nano-

materials in consumer products. http://www. ec. europa. eu/health/ph_risk/ committees/04_sccp/docs/sccp_o_123. pdf(2007). Accessed 16 Feb 2010

[9] ETC Group: A tiny primer on nano-scale technologies and The Little Bang Theory. ETC Group. http://www. etcgroup. org/upload/publication/55/01/tinyprimer_english. pdf. Accessed 15 Feb 2010

[10] Hette, A.: Nanotechnology small matter, many unknowns. Swiss Reinsurance Company. http://www. swissre. com/pws/research% 20publications/risk% 20and% 20expertise/risk% 20perception/nanotechnology_small_matter_many_unknowns_pdf_page. html(2004). Accessed 16 Feb 2010

[11] Soil Association: Nanotechnologies and food evidence to House of Lords Science and Technology Select Committee. http://www. parliament. uk/documents/upload/st136SoilAsso-ciation. pdf (2009). Accessed 15 Feb 2010

[12] Department for Environment Food and Rural Affairs: UK voluntary reporting scheme for engineered nanoscale materials. http://www. defra. gov. uk/environment/quality/nanotech/docu-ments/vrs-nanoscale. pdf(2006). Accessed 16 Feb 2010

[13] Breggin, L., Falkner, R., Jaspers, N., Pendergrass, J., Porter, R.: Securing the promise of nano-technologies-towards transatlantic cooperation. Chatham House(The Royal Institute of International Affairs), London. http://www. elistore. org/reports_detail. asp? ID=11116(2009). Accessed 16 Feb 2010

[14] Miller, G., Senjen, R.: Out of the laboratory and on to our plates, 2nd edn. Friends of the Earth, Australia. http://www. foe. org/out-laboratory-and-our-plates(2008). Accessed 16 Feb 2010

[15] Swiss Federal Office of Public Health and Swiss Federal Office for the Environment: Precautionary matrix for synthetic nanomaterials, version 1. 0. http://www. bag. admin. ch/ themen/chemikalien/00228/00510/05626/index. html? lang=en(2008). Accessed 16 Feb 2010

[16] Auffan, M., Rose, J., Bottero, J.-Y., Lowry, G. V., Jolivet, J.-P., Wiesner, M. R.: Towards a definition of inorganic nanoparticles from an environmental, health and safety perspective. Nat. Nanotechnol. **4**, 634-641(2009)

[17] Powell, J. J., Thoree, V., Pele, L. C.: Dietary microparticles and their impact on tolerance and immune responsiveness of the gastrointestinal tract. Br. J. Nutr. **98**(Suppl. 1), S59-S63(2007)

[18] Ostrowski, A. D., Martin, T., Conti, J., Hurt, I., Herr Harthorn, B.: Nanotoxicology: characterizing the scientific literature, 2000-2007. J. Nanopart. Res. **11**, 251-257(2009)

[19] Sanguansri, P., Augustin, M. A.: Nanoscale materials development-a food industry perspective. Trends Food Sci. Technol. **17**, 547-556(2006)

[20] Chemical Selection Working Group, U. S. Food & Drug Administration: Nanoscale materials [no specified CAS]; nomination and review of toxicological literature. http://www. ntp. niehs. nih. gov/ntp/htdocs/Chem_Background/ExSumPdf/Nanoscale_materials. pdf(2006). Accessed 16 Feb 2010

[21] caNanoLab glossary. https://wiki. nci. nih. gov/display/ICR/caNanoLab. Accessed 20 Feb 2010

[22] Cosmetics directive. http://www. eur-lex. europa. eu/LexUriServ/LexUriServ. do? uri=OJ:L:2009:342:0059:0209:en:PDF. Accessed 16 Feb 2010

[23] No. Cion 5431/08 DENLEG 6 CODEC 59: proposal for a regulation of the European parliament and of the council on novel foods and amending regulation. http://www. register. consilium. europa. eu/pdf/en/09/st10/st10754-ad01. en09. pdf. Accessed 17 Feb 2010

[24] EPA Scientific Panel(Heringa et alia): Evaluation of the hazard and exosure associated with nanosilver

and other nanometal pesticide products, SAP minutes no. 2010-01. http://www.epa.gov/scipoly/sap/meetings/2009/november/110309ameetingminutes.pdf(2010). Accessed 16 Feb 2010

[25] EFSA Scientific Panel(Barlow et alia): The potential risks arising from nanoscience and nanotechnologies on food and feed safety. EFSA J. **958**, 1-39. http://www.efsa.europa.eu/en/scdocs/doc/sc_op_ej958_nano_en,3.pdf(2009). Accessed 16 Feb 2010

[26] TC 229 scope statement. http://www.iso.org/iso/iso_technical_committee? commid=381983. Accessed 18 Feb 2010

[27] TSCA inventory status of nanoscale substances-general approach(USEPA). http://www.epa.gov/oppt/nano/nmsp-inventorypaper.pdf. Accessed Mar 2010

[28] Yang, D., Qi, L., Ma, J.: Eggshell membrane templating of hierarchically ordered macroporous networks composed of TiO_2 tubes. Adv. Mater. **14**, 1543-1546(2002)

[29] Long, J. C., Criscione, J. M.: Carbon survey. In: Kirk-Othmer Encyclopedia of Chemical Technology, vol. 4, p. 733. Wiley, New York(2003)

[30] Lagow, R. J.: Synthesis of linear acetylenic carbon: the 'sp' carbon allotrope. Science **267**, 362-367 (1995)

[31] IUPAC: Compendium of Chemical Terminology(the "Gold Book"), 2nd edn, Compiled by McNaught, A. D., Wilkinson, A. Blackwell, Oxford. http://www.goldbook.iupac.org/(1997). Accessed Mar 2010

[32] IUPAC red book at IR-11.7("polymorphism") and the "IUPAC compendium of chemical terminology". http://www.iupac.org/publications/compendium/index.html(updated, online version of Compendium of Chemical Terminology, 2nd edn. Blackwell, 1990)

[33] IUPAC gold book, "diamond"

[34] Rode, A., Gamaly, E. G., Christy, A. G., Fitz Gerald, J. G., Hyde, S. T., Elliman, R. G., Luther-Davies, B., Veinger, A. I., Androulakis, J., Giapintzakis, J.: Unconventional magnetism in all-carbon nanofoam. Phys. Rev. B **70**, 054407(2004)

[35] Shigley, J.: Diamond, natural. In: Kirk-Othmer Encyclopedia of Chemical Technology, vol. 8, p. 519. Wiley, Hoboken(2002)

[36] Wentorf Jr., H.: Diamond, synthetic. In: Kirk-Othmer Encyclopedia of Chemical Technology, vol. 8, p. 530. Wiley, Hoboken(1992)

[37] IUPAC gold book, "graphite," "graphene layer," and "rhombohedral graphite"

[38] IUPAC red book 2004 at IR-3.5.3(crystalline allotropic modifications of elements)

[39] Kalyoncu, R. S., Taylor Jr., H. A.: Natural graphite. In: Kirk-Othmer Encyclopedia of Chemical Technology, vol. 12, p. 771. Wiley, Hoboken(2002)

[40] Horn, F. H.: Spiral growth on graphite. Nature **170**, 581(1952)

[41] Taylor, R.: Fullerenes. In: Kirk-Othmer Encyclopedia of Chemical Technology, vol. 12, p. 228. Wiley, Hoboken(2002)

[42] Leshchev, D. V., Kozyrev, S. V.: Grouping of carbon clusters and new structures. Fullerenes Nanotubes Carbon Nanostruct. **14**, 533-536(2006)

[43] IUPAC gold book, "amorphous carbon"

[44] IUPAC red book 2004 at IR-3.4.1(name of an element of infinite or indefinite molecular formula or structure)

[45] Crane, E. J. : Chemical nomenclature in the United States. In: Chemical Nomenclature: A Collection of Papers Comprising the Symposium on Chemical Nomenclature Presented at the Diamond Jubilee of the American Chemical Society, September 1951, vol. 8, pp. 55-64. American Chemical Society, Washington(1953)

[46] ISO TC-229, JWG 1, PG 11: Nomenclature framework project for nano-objects(2009)

[47] Section 3(2)(A) of the Act(15 U. S. C. § 2602(2)(A))

[48] International Union of Pure and Applied Chemistry(IUPAC). http://www. iupac. org/. Accessed Mar 2010

[49] Powell, W. H. , Cozzi, F. , Moss, G. P. , Thilgen, C. , Hwu, R. J. -R. , Yerin, A. : Nomenclature for the C60-Ih and C70-D5h(6) fullerenes. Pure Appl. Chem. **74**, 629-695(2002)

[50] Cozzi, F. , Powell, W. H. , Thilgen, C. : Numbering of fullerenes(IUPAC recommendations 2005). Pure Appl. Chem. **77**, 843-923(2005)

[51] Chemical Abstracts Service: About CAS. http://www. cas. org/

[52] Chemical Abstracts Service: CAS registry and CAS registry numbers. http://www. cas. org/

[53] Introduction: Chemical Abstract Services Chemical Name Selection Manual, vol. I. American Chemical Society, Washington(1982)

[54] Principles of general index nomenclature: CAS Name Selection Manual at A-005, vol. I

[55] CAS Name Selection Manual at A-006, vol. I

[56] CAS Name Selection Manual, vol. III at IN-1

[57] Nomenclature of inorganic chemistry, provisional recommendations 2004 at IR-1. 3

[58] Preamble: A Guide to IUPAC Nomenclature of Organic Compounds(Recommendations). Blackwell (1993)(Blue Book)

[59] IUPAC red book 2004 at IR-1. 4(functions of chemical nomenclature)

[60] IUPAC Red Book 2004 at IR-1. 5. 2(name construction)

[61] Gentleman, D. , Chan, W. : A systematic nomenclature for codifying engineered nanostructures. Small **5**, 426-431(2009)

[62] Letter from Henry Lau to John Lewinson, Degussa Corporation, Dec 21, 1990(IC-3070); Letter from Henry P. Lau, EPA, to Daniel C. Hakes, 3M(Nov 19, 1993)(IC-4482)

[63] Sellers, K. : Nanoscale materials: definition and properties. In: Sellers, K. , Mackay, C. , Bergeson, L. L. , Clough, S. R. , Hoyt, M. , Chen, J. , Henry, K. , Hamblen, J. (eds.) Nanotechnology and the Environment. CRC, Boca Raton(2009)

第 3 章　纳米尺度标准物质

Gert Roebben，Hendrik Emons，Georg Reiners

3.1　引　　言

3.1.1　标准物质的应用日益增加

科学和贸易的全球化使得测量数据的可比性无论是在研究、工业，还是在监管领域都有了更大的意义。标准物质*(RM)是追求可比和可靠测量结果的必不可少的工具，这种追求是全球的实验室每天都面临的任务。RM 在当今测量体系中的重要性已经得到明确承认，如在 ISO/IEC 17025 等实验室认可标准中就可找到[1]。

随着在正式认可制度下运行的实验室数量的增加，对需要可靠 RM 的认知程度也与日俱增，从而造成对 RM 的需求、生产、分类乃至应用同时都在增长，预计在未来的岁月里还会进一步增长。图 3.1 是在 COMAR 数据库(针对有证标准物质的国际数据库；另见 3.2 节)中登录和搜索结果的数量演化。虽然图中所示的增长也有部分源于数据库中材料数目的增加和人们想对数据库增进了解，但这一趋势仍很好说明了在过去 7 年中，RM 受到了越来越多的关注。

3.1.2　术语“纳米尺度”

世界上许多组织已制定或正在制定用于纳米技术领域的术语。[见本书第 2 章中 Abe 等所撰写的概述，以及欧盟委员会联合研究中心(JRC)最近的报告[3]]。在可能的情况下，本章会尽量使用由国际标准化组织(ISO)定义的纳米技术术语，并通常采用 ISO 关于标准物质和计量的术语。本章对 ISO 术语定义的引用之处均由 ISO 许可复制。相应作为参考文献的 ISO 文件可在 ISO 中央秘书处网站购

G. Roebben (✉)

Institute for Reference Materials and Measurements, Joint Research Centre of the European Commission, Geel, Belgium

e-mail: gert.roebben@ec.europa.eu

* 关于 reference material，有多种不同的中文译法，如：标准物质、参考物质、参照样品、标准样品等，本书采用“标准物质”。——译者

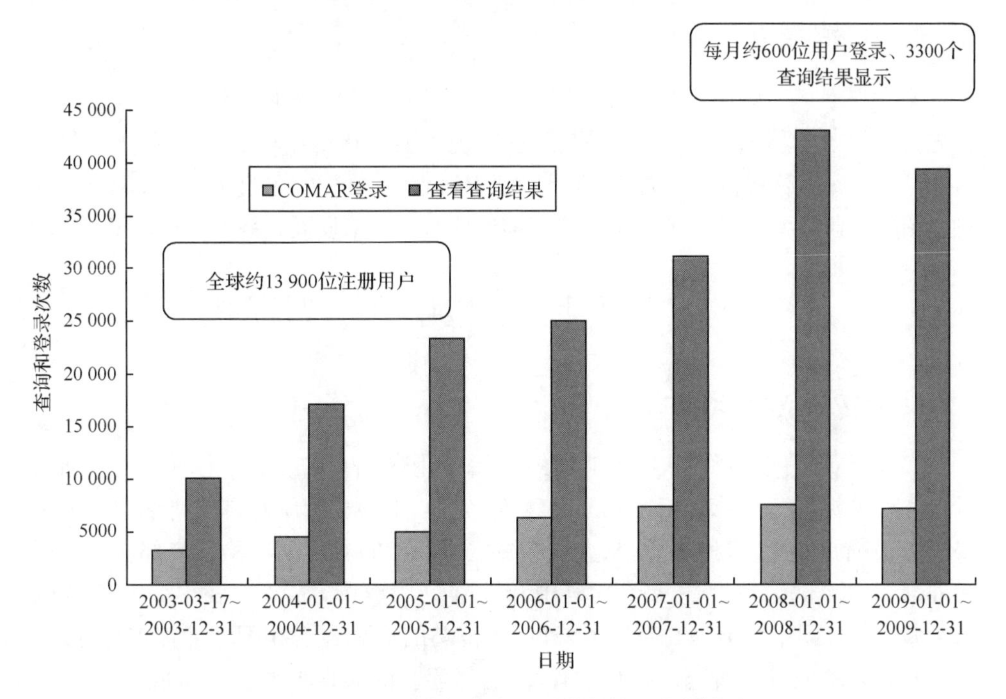

图 3.1　COMAR 数据库登录和搜索数量演化统计图

COMAR 数据库是一个针对有证标准物质的国际数据库，由位于柏林的德国联邦材料测试研究院(BAM)负责维护[2]

买(http://www.iso.org/isostore)。版权属于 ISO。

ISO 纳米技术术语基于关键术语“纳米尺度”，其定义为尺寸范围为 1～100 nm[4]。例如，一个纳米颗粒就是一个所有三维外形尺寸均处于纳米尺度的颗粒[4]。ISO 最近发布了一个包含若干纳米技术核心术语追加定义的文件。例如，术语“纳米材料”是一个集合词汇，包括纳米物体(一维、二维或三维外形尺寸均处于“纳米尺度”的微粒材料[4])和纳米结构材料(内部特征处于“纳米尺度”的材料)。这些术语的定义可在 ISO 概念数据库中在线搜索[5]。

3.1.3　纳米技术需要标准物质

涉及纳米技术的测量问题都有一个共同特征，即尺度问题。无论是涉及需在纳米级空间分辨率上进行的测量，或是与纳米材料的纳米特性紧密相关的测量。正是由于这样一个新的测量领域具有挑战性，才需要开发大量的测试方法并进行验证。可以预见，新方法的测试结果，与在超出现有方法检测限下测量所得的测试结果的可靠性将受到越来越多的挑战。这也正是需要纳米尺度的 RM 的原因，此观点也曾在 2007 年 12 月美国《国家纳米技术计划》的战略规划中重点强调[6]。

3.1.4 本章的结构

本章将尽可能阐明纳米尺度 RM 的领域。为了不至于使读者感觉太过突兀，首先将介绍若干与 RM 生产和应用相关的、现存文本标准中已有的核心概念和术语(3.2 节)。然后将重点关注与纳米尺度 RM 特别相关的关键问题(3.3 节)，并将介绍若干典型事例(3.4 节)，最后是当前进展和对未来发展趋势的展望(3.5 节)。

3.2 标准物质生产和应用的一般性问题

3.2.1 ISO/REMCO 的角色

实际上，在许多世纪前 RM 就已经开始使用(想想在古代文化中已经用到的重量和长度标准)。今天，标准物质在物理、化学、生物学等所有自然科学领域中都得以应用，而且用途多种多样，从方法的建立、校准和验证，到实验室内部质量控制和外部能力测试。在上述每个学科中和大部分用途中，都已发展了一套特定的 RM 术语。直到不久前，跨科学领域和应用范畴的 RM 概念相似性才被进行探索、认知并更系统地进行研究。在很大程度上，将建立的共识汇编成文是成立于 1975 年的 ISO 标准物质委员会(ISO/REMCO)的工作。

ISO/REMCO 的职责权限包括建立 RM 的定义、概念和分类，根据 RM 的应用确定其基本特性，制定在 ISO 文件中所引用出版物的选择标准(也包括法律方面的问题)，为各技术委员会制定指南以处理 ISO 文件中与 RM 相关的问题，并对在 ISO 工作中针对 RM 存在的问题所采取的行动进行必要的建议。迄今为止，ISO/REMCO 已经出版和修订了 6 个 ISO 导则和 1 个技术报告。ISO/REMCO 现在正在发展几个新的工作项目[7]。

与 RM 相关的术语定义在 1992 年首次被提出，最近，相应的 ISO 导则 30 的修订中，已使用了术语“标准物质(RM)”和“有证标准物质(CRM)”的新商定定义[8]。对上述两个定义的详细分析，以及 RM 的主要特点将在下面的章节中详述。

3.2.2 标准物质

标准物质的定义[8]：

(RM 是)在一种或多种规定特性方面足够“均匀”和“稳定”的材料，已被确定其符合测量过程的预期用途。

注：

(1) RM 是一个通用术语。

(2) 特性可以是定量的或定性的，如物质或物种的特殊属性。

(3) 用途可包括测量系统校准、测量程序评估、给其他材料赋值和质量控制。

(4) 在同一测量程序中，一个 RM 不能同时用于校准和结果验证。

(5) 国际计量学词汇——基础通用的概念和相关术语有类似的定义(VIM-ISO/IEC Guide 99:2007[9] 5.13)，但是限制了术语"测量"用于定量值而不能用于定性性质。然而，ISO/IEC 指南 99:2007 5.13 的注 3 中，明确地包括定性属性的概念，称为"名义特性"。

1. 均匀性

均匀性是 RM 定义中提及的第一个特性。显而易见，重要的是 RM 的使用者能够或被允许对所使用 RM 的任何"部分"进行测量，以获得赋予 RM 的指定特性的量值(特定属性可以是任何性质，包括化学组成、密度、颗粒尺寸、导热性等)。RM 的任何"部分"可以是颗粒悬浮 RM 的某一批次的"2000 瓶中的任意一瓶"，也可以是用于校准扫描探针显微镜的台阶高度标物上"数千条线中的任意一条"。

可能除了一些气体混合物或理想液体之外，一个 RM 永远不会具有完美的均匀性：RM 样品之间或子样本内部总会存在微小差异。RM 样品处理费用与样品间或样品内均匀性的期望和要求紧密相关。由于均匀性在 RM 特性中如此的重要，因此差异性必须用实验来评估，以证明其足够小，从而保证 RM 可满足其预期应用。一般来说，这种证明包括根据随机数表选取 RM 的某一"部分"(子样本、小瓶、区域等)，在重复性条件下进行测量，并计算测量结果的标准偏差[10]。赋予 RM 的特性值不确定度评估中必须包括检出(或最大不可检)不均匀性的贡献。

均匀性判据与 RM"最小取样量"的定义和选择有着内在的联系。它可以是台阶高度标物中必须平均才能定值的最少台阶数量，或者是用于校准离心机而注入的纳米颗粒悬浮液的最小体积。随着样品体积的减小，预计会看到样品间的测量特性值有较大的变化。因此，对 RM 均匀性来说，一个值要想有意义必须说明所对应的最小取样量。

2. 稳定性

RM 的第二个主要特性是稳定性，或者更准确地说，是指定给所关心特性的量值的不变性。不可避免的是，RM 生产的时间地点与其使用的时间地点之间存在一定的差异。在标准物质生产和使用之间的运输和储藏过程(储存寿命)中，赋予 RM 的特性量值的变化不能超出预先设定为可接受的那个水平。RM 的稳定性可以通过如进行一个等时性研究[11]来证明，该研究实际包括对预先暴露于不同超温条件下 RM 的一系列测量，以模拟在实际的储藏和运输过程中可能遇到的极端状况。

3. 对 RM 定义的注释

RM 的定义包括 5 个注释,其中的两个解释如下:

“注释 1:RM 是一个通用术语”

事实上在许多领域中,不用“RM”而用其他术语表示的东西本质上是一回事,这往往并不会带来问题。然而,必须强调的是,任何时候一种材料被用于本章中所述的任一目的,都必须满足在上述“RM”定义中所规定的最低特性要求。对于具体的材料可以有附加的特性,如“带有特定信息”(如一份分析证书),“是金属”或者“在后续 6 周中只能作为盲样用于能力测试”。因此,RM 被认为是一个通用术语,是一大类材料的通用名称[12]。

“注释 2:用途可包括测量系统校准、测量程序评估、给其他材料赋值和质量控制。”

在第 3.4 节中,对 RM 的不同用途进行了更详细的解释,在第 3.5 节中,给出了纳米尺度 RM 的几个例子,以阐明 RM 这些不同的用途。

3.2.3 有证标准物质

有证标准物质的定义为[8]:

(CRM 是)采用“计量学上有效程序”测定了一个或多个指定特性,并附有“证书”提供指定特性值及其“不确定度”和“计量溯源性”说明的标准物质。

1. 计量上有效的表征

术语“计量上有效的表征”在本定义的注 2 中进行说明,其中指出“在 ISO 导则 34 和导则 35 等文件指出标准物质的生产和定值采用计量的有效程序”[13,14]。计量有效性的原则本质上要求提供可计量溯源的认证值,以及经恰当评估的不确定度。此外,还要求测量特性得到足够确定,这一点可以通过使用不同的方法实现——在可能的情况下——测量过程中的人为因素需尽可能排除。

2. 证书

CRM 需附有证书,证书中包含 CRM 使用所必需的信息。ISO 导则 31[15]对证书的内容作出了指导,除其他信息外,证书内容应该包括 CRM 生产者的身份、标准值和不确定度、溯源性说明、失效期、样品最小取样量、认证方法、使用和储存说明等。

3. 认定值的不确定度

在认定值和用户实验室对 CRM 的测量值之间进行有意义的比较时需要标准

值的不确定度[16]。标准值的不确定度通常是一个合并不确定度,包括来自于均匀性评价、稳定性评价和定值(用于测定标准值所进行的测量)不确定度的贡献。

CRM 生产者的努力旨在获得尽可能小的标准值不确定度,或至少要小于可接受的预设值。不确定度越小,CRM 在寻找方法偏差时作用就越大。而且,如果 CRM 用于方法的校准,标准值的不确定度将直接计入整个方法的不确定度。

4. 计量溯源性

国际计量学词汇(VIM)中规定了术语“计量溯源性”的正式定义[9]:

> 测量结果的特性,测量结果可通过一个完整的、连续的比较链与标准建立联系,每一步都对测量的不确定度产生贡献。

此定义的注释 1 规定:

> ……在本定义中的“标准”可解释为一个测量单位的切实实现,或是包含一个用于非序数量测量单位的测量方法,抑或是一个测量标准……

通常,计量可溯源性的切实实现是一个挑战。虽然此概念在本质上确实相对简单,计量溯源性要回答的问题是:“测试值与哪一个测量结果可比?” 测量结果和标准值,以及法律定义的阈值或者工业生产过程中的目标值,只有在其标称值或测量值可溯源到同一标准时,相互之间才是可比的。

3.2.4　有证和无证标准物质的不同应用

1. 准确性、真实性和精确性

有证和无证标准物质的主要差别与术语“精确性”和“真实性”有关,它们是测量结果“准确性”的两个主要组成部分。精确性与重复测量的统计涨落有关。如果一个测量方法具有高度可重复的测量结果,则此方法是精确的。如果一个测量方法通过平均能得到正确的(或“无偏差的”)测量值,则该方法能够给出真实的测量结果。与精确性相关的测量问题可通过任何足够均匀和稳定的材料进行检验,这是任何标准物质,也是无证标准物质的基本特性。但一个测量方法的准确性只能通过有证标准物质进行检验,因为 CRM 附有证书值,它是真实值的最佳估计值。

2. 校准

仪器一般都需要进行校准,从而在测量信号和被测特性间建立联系。显然,用于校准的材料需具有可靠的赋值,因此需满足 CRM 的要求。在校准过程中,CRM 具有两个从根本上不同的应用。一是用于校准仪器或方法参数(如波长、质量、温度);二是用于生成相对于基本仪器响应的被测量(拟被测量的性质)的校准曲线。

3. 方法验证

验证一个方法是否适用，必须解决几个和验证相关的问题，其中包括要求在特定条件下进行系列样品测试的重复性和中间精密度检验。在这些测试过程中所检测到的变异性通常用来评估对该测量方法所产生结果的总测量不确定度的相应贡献。显然，在方法验证研究中应避免样品间的异质性，因为异质性会对在重复性条件或中间精密度条件下测量变异性有所贡献。因此，推荐使用具有均匀性和稳定性的样品，即标准样品。

方法验证中的另一个问题是“真实性”评估。理想状况是基于测试结果，由实验室用该方法对样品测试，获得与样品的已知特性值和相应的不确定度之间的可比性，因此也就是与 CRM 质量的可比性。如果在考虑到合并测量不确定度和标准值不确定度的同时，所获得的测量结果与标准值相一致，则认为没有偏差，该测量方法可提供真实值[16]。

4. 统计质量控制

统计质量控制包括仪器正常运作的定期评估或资质考核。统计质量控制测试结果可用质量控制图来表示，以可视化展示仪器设备性能或方法随时间的变异性。再者，在上一小节“方法验证”中，希望尽可能消除由测试样品在定期获得的测量结果中的变异性而引入的变异性。用于本目的的材料必须是均匀的和稳定的，因此必须满足 RM 的要求。

5. 实验室间比对

用于实验室间比对（如实验室能力验证或作为方法验证研究组成部分的实验室间方法再现性研究）的材料必须是均匀的和稳定的（至少在测试期间），因此也必须满足 RM 的所有要求。

3.3　与纳米尺度标准物质相关的关键问题

纳米技术在本质上是与纳米尺度的结构、组成和材料的发展与应用相关的技术。然而，纳米技术作为一个相对较新的术语，设计并使其工作，从而在较小尺度进行测量的愿望是人们一直以来的努力方向，这在所有主要的科学学科中都是相同的。因此，“纳米技术”涵盖了一个广阔的（潜在）应用（每一个都可以被冠以“纳米”前缀）领域：电子学、光学、制药学、医疗技术、机械工程等。在所有这些领域中，新材料都被生产出来，其中就有一些外部维度处于纳米尺度（“纳米物体”），如纳米管或纳米颗粒，还有一些具有纳米尺度的内在结构特征（“纳米结构材料”），如作为现代电子设备基础的多层薄膜结构。

上面所提到的每一个应用领域，对所需测量的关键参数（诸如几何、光、电、磁等）都有不同的要求，相应地，对 RM 的要求也是不同的。本部分描述了用于纳米技术相关测量的 RM 的共性关键问题。在第 3.4 节中，将举例阐明这些共性问题并揭示一些更具体的问题。

3.3.1 “被测量”定义

许多纳米尺度的“被测量”并无“标准方法”（有时也称为“基准方法”），或更准确的“标准测量方法”[9]。因此 RM 的标准值必须使用与其计划应用的那些处于相同计量水平的方法获得。这也是标准值可达到的质量特性的结果，因为与常规应用相比，RM 表征方法的表现通常不会更好。

“高阶方法”的缺失并不是纳米技术所特有的问题。事实上这在各个科学领域（如果不是全部的话）经常遇到，如化学、生物学和（材料）物理学，其本质上与方法定义特性的问题相关[17]。方法定义特性是一种与测试物体无内在关系的特性，但在一定程度上由测量方法定义。自然，（最通常的情况下）不能将方法定义特性值和其他方法获得的值进行对比。同样显而易见的是，对于这样一个特性，只有所采用的测量方法应用正确的标准时，所获得的测量结果才有意义。

从溯源性和可比性的角度来说，方法定义特性并不是最可取的。毫无疑问，材料特性和评估这些特性的方法将随着科学的进步而得到更好的理解，从而导致采用与方法无关的途径评价材料特性的方法数量的增加。然而必须承认的是，方法定义特性通常在实际应用和在工业与监管上具有重要作用，而且从包括提供 RM 的计量学角度上也是值得考虑的。

3.3.2 溯源性声明

计量学的默认目标是获得可溯源至 SI 单位的测量结果：即测量结果可溯源至国际单位制，包括千克（质量）、米（长度）、秒（时间）、坎德拉（发光强度）、安培（电流）、开尔文（热力学温度）和摩尔（物质的量）。因此通常 RM 具有可溯源至 SI 单位的特性值。然而，对于纳米材料的表征，大多数（目前的）提供程序或方法定义的特性值的测试方法，并不能直接实现 SI 溯源性。其他测量领域面临同样的问题，因此欧洲标准物质（ERM®）合作组织[德国联邦材料测试研究院（BAM），欧盟执委会联合研究中心标准与测量研究院（JRC-IRMM）和英国政府化学家实验室（LGC）]的成员已经针对其 RM 证书的溯源性声明制定了专门的政策[18]。该政策对诸如“如果数量值可关联至 SI 单位，那么结果能溯源至方法吗？”或“如果测量值与所应用的测量方法相关，那么结果能溯源至 SI 吗？”等问题进行了回答。ERM 对这些问题的回答是：它是一个在溯源性声明中的更精确的问题。在溯源性声明中,ERM 的政策对“特性”(或被测量的定义)和“量值”(数值和单位)进行了区分。当用测量方法定义被测量时,量值可溯源至 SI 单位。但要求被测量的可操作定义本质需用报告的测量结果(或标准值)明示,且所有对被测量有影响的参数均需用可溯源至 SI 的方式进行测量或校准[19]。

3.3.3 实验室资质

RM 的生产与实验室的可用性密切相关,实验室应擅长进行需要被赋值或认证的特性的测量。最好的情况是 CRM 生产者能通过正式认可实验室(包括自己的实验室)进行测量。然而,仅有极少数实验室的认可范围包括纳米尺度测量。这就意味着 CRM 生产者需自己确认候选实验室是否采用了符合含 ISO/IEC 17025 途径以上的方法,这些实验室是否能够展示自身能力,如参加实验室间比对的结果。针对纳米颗粒的测量,仅进行了几个有限的能力测试[20,21]。意味着在实际情况下,RM 的项目认证需先用一个非认证的 RM 进行初步的实验室间研究,以建立一个具有特定专业的、足够大的实验室库[22]。

3.3.4 均匀性和稳定性

在第 3.2 小节,阐释了 RM 的两个基本特征:均匀性和稳定性。在纳米背景下,这些性质的实现和证明尤其具有挑战性。

1. 纳米尺度的均匀性

如前所述,RM 的均匀性与规定的最小取样量直接相关。显然,进行纳米尺度测量时,样品量会在数量级上小于传统宏观分析方法的样品量。这意味着 RM 生产者在生产用于宏观分析的 RM 时,能够“依靠”平均效应,而对于许多纳米尺度的 RM,平均效应却不能或只能在很小的程度上发挥作用。

大体上,可将纳米材料的表征和纳米尺度材料的表征作为两个不同的问题加以区分。对于许多包含纳米物体(如纳米复合材料)的纳米材料或元件,也需表征其宏观性质(如电导、光学特性、机械强度、硬度)。对于具体的纳米尺度 RM,对宏观测量方法的质量保证并没有迫切需要,当然,除非纳米材料的特性值水平超出了非纳米材料的特性值范围。如果是后者,则需研发纳米材料 RM,以在测量范围的边界进行方法校准。

2. 纳米尺度结构特征的稳定性

RM 特性,被确定的标准值或赋值中的“稳定性”与材料微观结构的稳定性相关。众所周知,纳米尺寸或纳米结构材料倾向于结块或变粗糙,这是表面能降低的自然结果。此外,还需要确定样品的性质在测量过程中不发生变化。例如,电子束照射通过加热、刻蚀或污染样品会使结构改变。

纳米材料 RM 特性的稳定性问题可以用具有认证粒度的粉体这一明显示例来阐明。干纳米颗粒的团聚几乎是不可避免的。这就是为什么用于校准或验证纳米颗粒尺寸测量仪器的绝大多数 RM 由稳定的悬浮体系组成。在这些悬浮体系中，团聚通过界面性质被消除或降低，尤其是悬浮纳米颗粒的表面电荷，使颗粒间相互排斥而保持悬浮体系的稳定。

3.4　纳米技术 RM 范例

3.4.1　纳米尺度标准物质的应用领域

"纳米材料"是一个涵盖性术语，包含种类繁多的材料，其仅有的一个共性为：这些材料的特性与其外部尺寸或内部纳米结构相关。几个根据一定目的将纳米材料进行分类的方案正在制订。至于纳米材料作为 RM 使用，可根据为其所开发的测量方法进行分类：

（1）用于表征纳米物体的方法 RM：纳米物体的数量（如在固体表面上纳米颗粒的浓度）、粒度（和粒度分布）、形貌（如长径比）或化学组成（包括表面化学成分和功能化）；

（2）用于表征薄表面包覆层/薄膜和界面的方法 RM：平整度、台阶高度、薄膜厚度、粗糙度和形貌（如用于太阳能电池的蛾眼结构表征）、三维结构、压痕硬度、杨氏模量、化学成分（深度剖析、功能化和界面锐度）；

（3）用于表征表面纳米结构或掩膜的方法 RM：条带宽度和高度、周期性台阶、结构/几何"重复单元"的精确度、图案维度、临界尺寸和三维结构；

（4）用于表征纳米多孔材料、过滤器、催化剂的方法 RM：孔隙率、孔径分布、固体孔分布和（比）表面积；

（5）用于表征固体纳米结构材料的方法 RM：晶体粒度、分散均匀性和耐磨性。

3.4.2　现有的纳米尺度 RM 数据库

一些组织已建立了可用 RM 数据库。数据库大多针对某一具体领域[如 GeoReM，针对地质和生态环境 RM 的马克斯-普朗克研究所数据库，或针对用于体外诊断领域的高阶 RM 的国际检验医学量值溯源联合委员会（JCTLM）数据库]。COMAR 是单独从 ISO/REMCO 事务中分离出来创建的一个国家和国际组织的非营利性网络，创建了一个更通用的数据库，并对进一步的国际参与开放。COMAR 已经创立了一个可用 CRM 的国际公共数据库。COMAR 数据库设于 BAM

网站[2]，通过一个由国家联络点组成的全球系统输入数据，联络点能上传新的条目并编辑数据库中现有条目。COMAR 数据库仅限于 CRM，不收录任何非有证 RM。鉴于许多新的纳米尺度测量方法(见 3.3 节)尚处于早期发展阶段，纳米尺度 CRM 的数量也是很有限的。

然而，由于有相当数量的非有证纳米尺度 RM 已被研发和越来越容易获得，以 ISO/TC 229“纳米技术”“测量与表征”工作组的想法为契机，基于“用于维度纳米计量仪器校准的标准[23]”的初始名录，ISO/TC 229 德国代表团建立了一个免费纳米尺度 RM 数据库。世界上商品化纳米尺度 RM 均编目于此可访问的在线数据库中[24]。目前(2010 年 4 月)，共包括来自于 19 个提供者的 65 个条目(其中 15 个 CRM)，分列为 13 类[平整度、膜厚度、单台阶、周期性台阶、台阶光栅、侧面(*X*-*Y* 轴，一维)、侧面(*X*-*Y* 轴，二维)、临界尺寸、三维、纳米物体、纳米晶体材料、多孔性、深度剖析分辨率]。RM 的标准量值范围从 0.3 nm 至 1000 nm。其中 50 个 RM 的标称尺寸低于 100 nm。每个 RM 均提供 PDF 格式的数据表下载，包含 RM 的名称、描述和类型、RM 分类、标准量值和单位、可用(C)RM 校准的测试方法、所用表征方法、应用范围和提供者(附网站链接)等信息。

数据库收录的 CRM 通常由各国(或跨国)计量研究院(NMI)及其指定机构提供，如德国联邦物理技术研究院(PTB)、BAM、IRMM、美国国家标准与技术研究院(NIST)、日本产业技术综合研究所(AIST)等。CRM 也可由商业公司或研究院所等非计量研究院提供，但遗憾的是，从计量角度所必须提供的数据往往并不完整(如提供者通常不给出不确定度的定量评估细节和/或所使用的测量方法等信息)。目前数据库中包含这些不符合要求的(C)RM，但随着可用(C)RM 数量的增加，数据库也将更新，则可接受更有选择性的态度。后续章节将针对具有不同状态(RM 与 CRM)的纳米尺度 RM 的例子进行评述。

3.4.3 纳米颗粒尺寸分析 RM

在过去几年中，针对颗粒尺寸分析的可用 RM 范围已经自然而然地拓宽至较小的颗粒尺寸。众所周知，有几个 CRM 生产者生产聚苯乙烯(PS)乳胶球 RM。PS 和聚氯乙烯(PVC)乳胶球颗粒具有高度的球形度和单分散性，可作为多种方法的完美校准工具。

最近，NIST 在其胶体金系列 RM(RM8011-8012-8013[25])中发布了赋值低于 50 nm 的颗粒 RM，由柠檬酸钠稳定的金纳米颗粒稀悬浮体系构成，并用几种方法表征这些材料，从而获得一个方法定义特性值的列表，包括原子力显微镜(AFM)、扫描电子显微镜(SEM)、透射电子显微镜(TEM)、静电迁移率分析仪(DMA)、动态光散射(DLS)和小角 X 射线散射(SAXS)。标称参考值分别为 10 nm、30 nm 和 60 nm，赋值不确定度通常约为 1 nm(相对扩展不确定度为 1%，对于 SAXS，为

2%)。不同方法间为什么存在差异目前正在研究。

NIST 提供的胶体金颗粒的标准值是真实值的最佳估计值,但 NIST 尚未充分考察所有已知或估计误差来源,这就是为什么胶体金是 RM 而不是 CRM。生产 RM 还是 CRM 需权衡时间投入和功能产出。重要的是要开发一个能用于工业生产的 RM;RM 能比 CRM 更快地投入生产。RM8011-8012-8013 的开发主要用于评价和定量方法和/或用于评价与预临床生物医药研究的纳米尺度颗粒的物理/尺寸表征相关的仪器性能。该 RM 也可用于评估纳米材料生物学响应(如细胞毒性、溶血性)的体外试剂的开发和评价,或用于实验室间的测试比对。

相似的,IRMM-304[26]虽然不是胶体金,但也是由纳米颗粒水悬浮体系组成的 RM。与 NIST RM 8011-8012-8013 一样,IRMM-304 将二氧化硅纳米颗粒的水动力学直径作为赋值。IRMM-304 还提供斯托克斯直径。需要指出的是,方法定义特性量是 $\bar{x}_{DLS}$(强度加权调和平均直径,通过累计方法和频率分析获得,参见 ISO 13321[27]和 ISO 22412[28])和 $X_{St,m}$(拟合斯托克斯直径,采用 ISO 13318-2[29]中的液体离心沉降方法获得)。名义当量球直径是 40 nm,相对扩展不确定度介于 5% 与 10%之间。

IRMM-304 作为 RM 使用时,限于诸如方法开发、能力验证测试或控制图[30]的质量控制问题。由于 IRMM-304 的赋值对应于方法定义特性,所以特性值的认证不能通过一个或几个专业或标准实验室中通过基准方法测量进行确定。在这种情况下,ISO 指南 35[14]推荐通过多个专业实验室间的比对而确定,以降低操作者或实验室特有因素对测量过程的影响。目前 IRMM 正在进行这样的国际实验室间比对(ILC),以提升 $\bar{x}_{DLS}$和 $X_{St,m}$的计量可靠性,并进行 IRMM-304 的特性值认证。需要指出的是,用 RM 进行方法复现性实验室间研究与以确定候选 CRM 的特性值为目的的实验室间研究是不同的。前者的 ILC,参与者无须是专业实验室。但后者的 ILC,在被选择进行合作认证之前,参与者必须通过能力验证,理想状况是已经通过相关测量方法的官方认可。

3.4.4　薄膜厚度测量 RM

术语“薄膜厚度”从字面上看可阐释度很小,但实际上薄膜厚度可用不同途径来进行表述。最显而易见的方式是,作为具有(潜在的)可溯源至 SI 单位“米”的长度测量和表示膜厚。另一种方式是将薄膜厚度表述为沉积或注入薄膜或表面层的“原子或分子的面密度”(每单位面积的原子或分子数)。

NMIJ CRM 5202-a 可作为前者——长度的示例。该 CRM 由用射频磁控溅射方法在 Si 基底上生长的 SiO_2/Si 多层结构构成[31]。标准值是 4 个分立薄膜的厚度(名义平均厚度 20 nm,相对扩展不确定度 3%)。带有长度单位的层厚经由掠角 X 射线反射认证。该 CRM 可应用于控制分析的精确度和调节通过离子溅射

[用俄歇电子能谱(AES),化学分析电子能谱法(ESCA)和二次离子质谱(SIMS)]进行深度剖析分析时的测量条件。

BCR-261 可作为后者——表面密度示例。该 CRM 由钽箔表面的五氧化二钽薄膜(名义厚度 30 nm 和 100 nm[32])构成。采用阳极氧化法使氧化层在箔两边均匀生长。BCR-261 的认证特性是氧原子的面密度。对于 30 nm 的薄膜,氧原子的平均面密度是 1.72×10^{21} m^{-2}(相对扩展不确定度为 4%);对于 100 nm 薄膜,氧原子的平均面密度是 5.40×10^{21} m^{-2}(相对扩展不确定度为 2%)。认证特性通过核反应分析、弹性反冲探测分析和卢瑟福背散射光谱分析获得,这些方法不测量薄层的"维度"厚度,而是测量原子或特殊元素同位素的数目或比例。BCR-261 可应用于校准应用不同技术或设备的各种表面分析方法,也可用于评估或优化深度分辨率的能力和表面分析仪器的溅射收率,因此它已经被指定为附加的、非认证信息值(用于界面分辨率和溅射收率)。

3.4.5 化学对比成像 RM

BAM-L200 是由纳米尺度条纹图案构成的 CRM,用于横向分辨率的测试和长度的校准,用外延生长法制备得到锐利界面层[33]。众所周知 AlGaAs 和 GaAs 多层体系具有优良的光电性能,且其制备技术——金属有机化学气相外延(MOVPE)方法也非常成熟。GaAs 和 AlAs 的晶格常数具有良好的匹配性,从而使得制备由差异很大的不同元素组成的厚层膜(几百个纳米)成为可能。由此 GaAs-Al0.7Ga0.3As 体系得以使用。此外,在叠层间包含一些 In0.2Ga0.8As 薄层膜。由于部分 Ga 被 Al 取代,所以给所有表面分析方法提供了足够的材料对比。叠层总厚度约为 12 μm,在图案区域中每条线的标准值范围为 3.5 nm 至大于 4000 nm。标准值由已校准的 TEM 测试获得。TEM 图像中的长度测量结果可溯源至 SI 单位:TEM 图像的刻度通过校准材料的晶格间距进行校准,而晶格间距已经由如衍射所确定。TEM 是在长度测量方面具有最高横向分辨率、最大图像锐度和相应最大精确度的图像方法。

BAM-L200 可用于对 Al0.7Ga0.3As 和 GaAs 材料对比敏感的所有表面分析方法和表面成像技术。用 SIMS、AES、X 射线能量色散光谱(EDS)和 ESCA 等方法已实现成功检测。

3.4.6 表面形貌测量 RM

纳米尺度表面形貌是随着扫描探针显微镜(SPM)的发明和发展而形成的研究领域。不像传统电子显微镜仅得到二维结构信息,SPM 的不同价值和强项是在平面之外的特征和维度表征的灵敏度。目前已有大量的多种台阶高度标准物质用于平面外维度测量的校准。

例如,对于 AFM 和光学干涉显微镜的三维校准,可使用结合台阶高度和间距的超大规模集成电路(VLSI)表面形貌标准[34]进行。此 RM 在二氧化硅层上有一个间距集群图案。该间距集群包含三个不同的栅格图案,其由在 X 和 Y 方向具有极其一致间距的相互交替的条块和空隙排列组成。RM 的间距在 1.8 μm 和 20 μm之间。垂直台阶高度为 18 nm、44 nm、100 nm 或 180 nm。形貌图案非常规则,可以在纵贯标准的整个工作区域进行精确测量。标称值为 18 nm 的认证台阶高度的扩展不确定度约为 5%。

NIST RM 8820 是另一个最近发布的、可对扫描探针显微镜平面内维度测量进行校准的 RM[35]。该 RM 的间距结构图案用波长为 193 nm 的紫外线刻蚀形成。由于该图案在本质上不仅具有形貌特性,而且具有化学(硅与二氧化硅对比)特性,所以 NIST RM 8820 还可用于电子和颗粒束仪器横向尺度的校准。最小标称尺寸是 200 nm,相对扩展不确定度约为 5%。

更特殊的例子是:

(1) MMC-40,是由 520 个纳米标记组成的三维金字塔形 RM[36],由自动化聚焦离子束(FIB)的图案化过程生产。其认证特性是台阶高度,标称值为 600 nm,不同的"纳米"标记区域具有不同的认证高度。MMC-40 试图一步实现 SEM 和 AFM 设备的三维校准。尽管校准长度超出纳米尺度,但它是一个与纳米级分析方法相关的工具。

(2) PA01 多孔铝箔测试结构[37]由一个六角形的开孔(小室)薄膜构成。由于孔间间隔厚度约为 5 nm,由间隔交叉处形成的尖峰半径仅约为 2 nm。因此该测试结构很适于检测 AFM 针尖的形状和性能(图 3.2)。

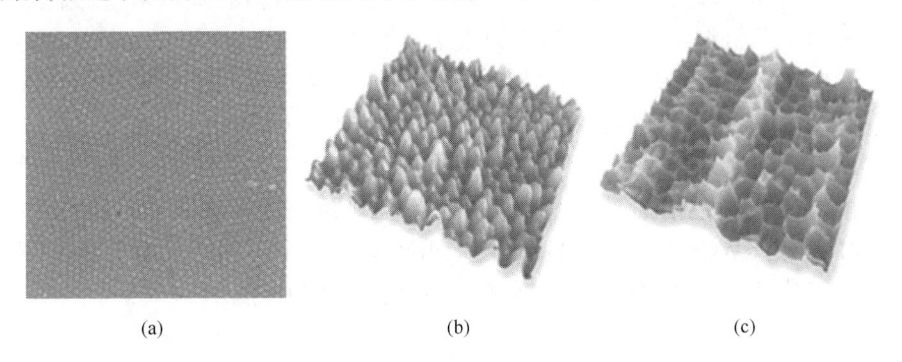

图 3.2 PA01 多孔铝箔的 SEM(a)和 AFM(b,c)图像[38]

图(c)与图(b)相比,所用的针尖半径较小(图像:承蒙爱沙尼亚塔林的 Mikromasch 公司提供)

3.4.7 表面积测量 RM

对于纳米结构材料和常规材料的不同特性,通常的解释是由于表面积的不同。

BAM-P108 是具有大 BET 表面积的纳米多孔活性炭构成的 CRM[39]。纳米多孔炭是否是工程纳米材料或许存在争议，但是材料的 BET 比表面积（550 m^2/g，不确定度为 5 m^2/g）特征量值确实处于相关粉体纳米材料范围。BET 比表面积用 77.3K 条件下的氮气通过静态容量法测量。该 CRM 用于通过静态容量法测定 BET 比表面积仪器的校准和检查。NIST 正在准备发布应用于同一领域的、由 TiO_2 纳米颗粒聚集态粉体构成的 SRM 1898。

3.4.8　粉体多孔性测量 RM

ERM-FD 107 是多孔性 CRM 的一个例子，由微孔沸石粉体（八面沸石型）构成[40]。认证特性是比微孔容（0.217 cm^3/g，不确定度为 0.002 cm^3/g）和孔宽中值（0.86 nm，相对不确定度为 0.02%），分析方法是 77.3K 条件下的气体（氮气）吸附法。可用于比微孔容和孔宽中值测量方法的校准。ERM-FD 107 开始时用 BAM-PM 107 编号认证，是欧洲标准物质（ERM）在 2004 年第一批接受的材料。

3.4.9　碳纳米管表征 RM

碳纳米管（CNT）是能称为高长径比纳米颗粒（HARN）的最好例子。因为具有特殊形状而衍生出独特的性质和应用的可能性，但同时也导致了健康和安全问题。遗憾的是，由于源于 CNT 测试材料中非 CNT 组分的影响，如在碳纳米管生产过程中作为催化剂而后作为杂质残留的重金属，与碳纳米管毒性相关的早期报道看起来存在偏颇。CNT 材料的种类多种多样，包括单壁（SWCNT）或多壁（MWCNT）碳纳米管、功能化或负载碳纳米管、团聚或分散态碳纳米管。显然，为了增进对 CNT 材料特性的了解，需要发展纯化 CNT 材料用于理化和生物学检测，以对 CNT 材料纳米结构的独特效应实现较好隔离表征。但实际 CNT 材料可能包括残留过渡金属催化剂和其他碳基反应副产物等污染物。

NIST 针对所期望的测试和 RM 的开发作出了特别努力，正在研发几种与 CNT 相关的材料，包括煤烟原材料和纯化的“巴基纸”（同样认证了元素组成）、长度排序的纯化 SWCNT 材料。最后，一个 RM 具有三个不同的长度分量，从而使得 CNT 长度效应对性质和行为的影响的系统研究成为可能。

3.5　当前发展和未来趋势

3.5.1　纳米 RM 所面临的科学挑战

纳米尺度 RM 未来的发展存在如下科学挑战：

（1）显然，需要对所需 RM 相关特性进行更好的鉴定和充分详细的描述。如果缺乏细节描述，则所需测量可比性要求不可能达到，如监管问题。

(2) 需要设计和实现可持续的计量溯源链/网，以确定 RM 的标准值。尤其是对那些能产生方法定义值或程序值的方法，可能的概念和实现途径仍在讨论之中。方法定义特性并不仅仅是纳米科技相关测量所存在的问题；对于其他领域，如材料表征[17]，也同样是一个挑战。因此重要的是，应该针对这一问题积极寻求达成一致和共识。

(3) 需要改进、新发展和验证足够精确的测量程序(包括测量不确定度的评定)。关于方法验证和不确定度估计的初次报告应该表明哪一点可以取得进展这一问题[41]。

(4) 需要对纳米材料的关键功能特性进行定义并针对标准方法进行国际协调。这是 ISO、IEC 及其他国际标准制定组织必须承担的任务。

3.5.2　实验室认可和监管

在前面章节中提到的科学问题是 RM，甚至 CRM 生产的必要先决条件。由于显著的研究工作和技术投资，再加上 CRM 的销售数量不多，不可避免导致 CRM 单价很高。也很难论证是否有必要购买昂贵的 CRM。显然，认可实验室出于质量保证的要求需购买 RM。通常，为了在就监管目标而需进行的测量中达标，认可实验室要在正式认可体系下运作。如果纳米技术领域成为特定监管行为的对象，则必然会出现上述特定的测量要求。

3.5.3　合作

世界范围内对 RM 的需求远超出 RM 目前的生产能力。为了提高 RM 的整体效率和质量，欧洲已经有一些 CRM 生产者成立了 ERM 联合体[42]。在该联合体中，LGC、BAM 和 IRMM 进行了深入合作。亚洲也已经启动类似的举措。此外，计量研究院间的双边合作协议通常会互相承诺支持彼此的 RM 研发，如参与 RM 的表征研究。

参 考 文 献

[1] International Organization for Standardization：ISO/IEC 17025：2005 General Requirements for the Competence of Testing and Calibration Laboratories. ISO，Geneva (2005)

[2] Steiger，Th.，Pradel，R.：COMAR Secretariat. http://www.comar.bam.de (2010)

[3] Lövestam，G.，Rauscher，H.，Roebben，G.，Sokull Klütgen，B.，Gibson，N.，Putaud，J-Ph，Stamm，H.：Considerations on a Definition of Nanomaterial for Regulatory Purposes. Publications Office of the European Union，Luxembourg (2010). ISBN 978-92-79-16014-1

[4] International Organization for Standardization：ISO/TS 27687：2008 Nanotechnologies-Terminology and Definitions for Nano-Objects-Nanoparticle，Nanofibre and Nanoplate. ISO，Geneva (2008)

[5] http://cdb. iso. org

[6] The National Nanotechnology Coordination Office: The National Nanotechnology Initiative Strategic Plan December 2007. Subcommittee on Nanoscale Science, Engineering, and Technology, Committee on Technology, National Science and Technology Council, The National Nanotechnology Coordination Office, Washington, DC (2007)

[7] http://www. iso. org/iso/standards_development/technical_committees/other_bodies/iso_technical_committee. htm? commid=55002

[8] International Organization for Standardization: ISO Guide 30:1992/Amd 1:2008, Revision of Definitions for Reference Material and Certified Reference Material. ISO, Geneva (2008)

[9] International Organization for Standardization: ISO/IEC Guide 99:2007, International Vocabulary of Metrology-Basic and General Concepts and Associated Terms (VIM). ISO, Geneva (2007)

[10] Linsinger, T. P. J. , Pauwels, J. , van der Veen, A. M. H. , Schimmel, H. , Lamberty, A. : Homogeneity and stability of reference materials. Accred. Qual. Assur. **6**, 20-25 (2001)

[11] Lamberty, A. , Schimmel, H. , Pauwels, J. : The study of the stability of reference materials by isochronous measurements. Fresenius J Anal Chem **361**, 359-361 (1998)

[12] Emons, H. : The 'RM family'-Identification of all of its members. Accred. Qual. Assur. **10**, 690-691 (2006)

[13] International Organization for Standardization: ISO Guide 34: Reference Materials-General Requirements for the Competence of Reference Material Producers. ISO, Geneva (2009)

[14] International Organization for Standardization: ISO Guide 35: Reference Materials-General and Statistical Principles for Certification. ISO, Geneva (2006)

[15] International Organization for Standardization: ISO Guide 31:2000, Reference materials-Contents of Certificates and Labels. ISO, Geneva (2000)

[16] Linsinger, T. : ERM Application Note 1, Comparison of a measurement result with the certified value. European Reference Materials. http://www. erc-crm. org (2005)

[17] Roebben, G. , Linsinger, T. P. J. , Lamberty, A. , Emons, H. : Metrological traceability of the measured values of properties of engineering materials. Metrologia **47**, S23-S31 (2010)

[18] Emons, H. : Policy for the statement of metrological traceability on certificates of ERM® certified reference materials. European Reference Materials. http://www. erm-crm. org (2008)

[19] Koeber, R. , Linsinger, T. , Emons, H. : An approach for more precise statements of metrological traceability on reference material certificates. Accred. Qual. Assur. **15**, 255-262 (2010)

[20] Wang, C. Y. , Fu, W. E. , Lin, H. L. , Peng, G. S. : Preliminary study on nanoparticle sizes under the APEC technology cooperative framework. Meas. Sci. Technol. **18**, 487-495 (2007)

[21] ASTM Committee E56 on Nanotechnology: Interlaboratory Study to Establish Precision Statements for ASTM E2490-09 Standard Guide for Measurement of Particle Size Distribution of Nanomaterials in Suspension by Photon Correlation Spectroscopy (PCS). Research Report E56-1001, ASTM Committee E56 on Nanotechnology, Subcommittee E56. 02 on Characterization: Physical, Chemical, and Toxicological Properties, April 2009

[22] Lamberty, A. , Franks, K. , Braun, A. , Kestens, V. , Roebben, G. , Linsinger, T. : Interlaboratory comparison of methods for the measurement of particle size, effective particle density and zeta potential of silica nanoparticles in an aqueous solution. JRC Scientific and Technical Reports, IRMM Internal Re-

port RM-10-003, 2010

[23] Koenders, L., Dziomba, T., Thomson-Schmidt, P., Wilkening, G.: Standards for the calibration of instruments for dimensional nanometrology. In: Wilkening, G., Koenders, L. (eds.) Nanoscale Calibration Standards and Methods: Dimensional and Related Measurements in the Micro-and Nanometer Range, pp. 245-258. Wiley-VCH, Weinheim, Germany (2005). ISBN 3-527-40502-X

[24] http://www.nano-refmat.bam.de

[25] https://www-s.nist.gov/srmors/view_detail.cfm?srm=8011

[26] https://irmm.jrc.ec.europa.eu/rmcatalogue/detailsrmcatalogue.do?referenceMaterial=I-0304

[27] International Organization for Standardization: ISO 13321:1996, Particle Size Analysis-Photon Correlation Spectroscopy. ISO, Geneva (1996)

[28] International Organization for Standardization: ISO 22412:2008, Particle Size Analysis-Dynamic Light Scattering (DLS). ISO, Geneva (2008)

[29] International Organization for Standardization: ISO 13318-2:2007, Determination of Particle Size Distribution by Centrifugal Liquid Sedimentation Methods-Part 2: Photocentrifuge Method. ISO, Geneva (2007)

[30] Kestens, V., Braun, A., Couteau, O., Franks, K., Lamberty, A., Linsinger, T., Roebben, G.: The use of a colloidal silica reference material IRMM-304 for quality control in nanoparticle sizing by dynamic light scattering and centrifugal sedimentation. Presented at the 6th world congress on particle technology, WCPT6, April 2010

[31] http://www.nmij.jp/english/service/C/crm/2_E.pdf

[32] https://irmm.jrc.ec.europa.eu/rmcatalogue/detailsrmcatalogue.do?referenceMaterial=0261T

[33] https://www.webshop.bam.de/product_info.php?cPath=2282_2315&products_id=3225&PHPSESSID=qgckabxnhs

[34] http://www.vlsistandards.com/products/dimensional/ststandards.asp?sid=47

[35] https://rproxy.nist.gov/srmors/view_detail.cfm?srm=8820

[36] http://www.m2c-calibration.com/index.php?top=2&lang=2

[37] http://www.spmtips.com/pa

[38] Cheng Sui, Y., Saniger, J. M.: Characterization of anodic porous alumina by AFM. Mater. Lett. **48**, 127-136 (2001)

[39] https://www.webshop.bam.de/product_info.php?cPath=2282_2304_2305&products_id=3673&PHPSESSID=1557431f1e94a62fecb4c015498a94f1

[40] http://www.erm-crm.org/ermcrmCatalogue/list.do

[41] Braun, A., Kestens, V., Franks, K., Couteau, O., Lamberty, A., Linsinger, T., Roebben, G.: Validation of dynamic light scattering and differential centrifugal sedimentation methods for nanoparticles characterisation. Presented at the 6th world congress on particle technology, WCPT6, April 2010

[42] http://www.erm-crm.org

第4章　纳米尺度计量学及对新技术的需求

Jennifer E. Decker，Alan G. Steele

4.1　引　　言

纳米技术的定义通常为对于尺度在1～100 nm范围内的物质进行研究、开发或操纵的技术。纳米技术主要聚焦于传统物质具有纳米尺度结构时所表现出的新颖性质和新型功能。科学发展不断推进到知识的前沿，要通过深刻的理解和预见性模型将科学转化为技术的基础，这必须借助广泛可靠和可比较的测量结果来达到。因此，测量科学和计量学是新材料、器件和产品的纳米尺度制造业的基础。计量学，即测量的科学，与测量本身不同。计量的特性包括：定量知识、溯源性、测量不确定度评估、可重复性和再现性。测量的溯源性定义为[1]“测量结果的性质凭借完整的记录在案的校准链与标准物质联系起来，校准的每一环节都会对测量不确定度产生影响”。单一标准物质的溯源性意味着通过不同测量技术得到的结果彼此间可以在同一尺度下比对。当前，国际单位制（“SI”）提供了这样一个全球性参考的框架。

溯源到国际标准的测量是通往材料可靠表征和评价——形状、尺寸、性质如硬度、稳定性、亲水/疏水性及熔点的基础——使制造商得到可信和可重复的结果。由此导致了在全球市场中得到广泛认可的优质产品的产生。而且，对导致富有想象力的附加价值应用的新性质的理解的揭示和加强，在很大程度上依赖于能够提供可重复的和可再现的测量结果，这些结果可与全球其他制造商互相替换。拥有最好的测量工具和计量“诀窍”的制造商在开发高级创新技术方面具有领先优势。

各国国家计量院（NMI）的测量能力一直保持在最高水平以便支持新技术的商业化和国际贸易的需求。贸易协定要求买方和卖方国家的测量标准和认可体系经证实对等，因此，计量对于贸易监管、解决贸易争端和减少贸易技术壁垒① 至关

J. E. Decker (✉)
Institute for National Measurement Standards，National Research Council of Canada，
Building M-36，1200 Montreal Road，Ottawa，ON K1A 0R6，Canada
e-mail：Jennifer. Decker@nrc-cnrc. gc. ca

① 世界贸易组织（WTO）和技术性贸易壁垒方面：
http://www. wto. org/english/thewto_e/whatis_e/tif_e/agrm4_e. htm#TRS

重要。

纳米技术产品贸易的首要工作是论证涉及人类健康和环境的产品安全。纳米材料可靠的检测和表征，对我们在研究其毒理学行为时的理解以及得到全球认可的结论而言势在必行。在商业应用之前，计量工具和技术需要用来进行安全的实验论证。

在这点上，纳米技术遇到了独一无二的挑战，因为当前实验室使用的许多工具很难转用于生产车间，这里有许多原因，如设备的精密性、所需的操作者经验。实验室目前使用的工具需要改进和/或开发新的工具以满足工业应用的需要。

4.2 国际合作

考虑到纳米技术的广阔范围，国际社会日益加强在计量方面的合作努力，以便在新的测量领域，尤其是纳米技术领域开展和促进良好的计量实践。NMI 通过国际度量衡委员会(CIPM)的咨询委员会(CC)以及 ISO/TC 229 和 IEC/TC 113 联合工作组的方式在国际层面进行合作。各国 NMI 共同致力于建立纳米技术原始测量标准，并日益向着有计量内容的文件标准发展。NMI 通过国际测量比对研究进行合作，开发和协调精确的测量技术和校准技术，从而建立国际认可的客户服务和测量能力。合作和伙伴关系加速了对快速发展及国际接受的知识以及优势资源和纳米技术产品和服务所需要的测量能力的积累。而且，原始测量技术和能力的协调一致支持环境、健康、安全和贸易领域纳米产品规章的建立，这些规章正处于讨论的早期阶段。合作还存在另外一个重要的优点，在此期间通过迅速将相关校准服务设置就位并且为考虑未来的资本投资争取时间，从而有潜力为客户提供服务。知识的建立和共享，在用于经济体之间能力相互认可和校准服务的科学基础的建立中非常重要。CIPM 的相互认可协定(MRA)[2]考虑到了对 NMI 提供服务的等效性认可。它基于国际比对和验证工作的结果，这些结果令我们相信这些测量确实是像我们设想的那样等效。

从研发概念论证到“工作场所”的测量和文本标准的全过程之中贯彻计量的考量可以加快纳米技术应用。然而，制定通行的纳米技术全球计划是个挑战，因为各个经济体有各种各样的优先次序，纳米技术的发展某种程度上同工业“相比”是一个不确定的目标；但是，保持在国际活动，诸如标准和计量发展与管理中的交流和积极参与，对于确保纳米技术商业发展的协调和合作大有裨益。各个实验室和赞助机构意识到并加强纳米技术的科学测量项目方面的发展，以应对客户对时下的热门领域——环境和职业健康、安全(EHS)、毒理学和商业化的特别兴趣。

不同科学技术领域的交流和合作正在加强，如毒理学家和计量学家已经一起讨论、理解和确认分歧及推动纳米科学向前发展的需求。NNI 系列研讨会[3]致力于一些应用领域，它们对基础科学、健康、安全和监管问题是重要的。在国际场合，交流、协调和合作也逐渐增多，最近的 BIPM 纳米尺度计量研讨会即是证明[4]，与会者一部分是计量学家，另一部分来自于对基础和应用纳米科学有其他特定兴趣领域的专家。类似地，第四届纳米技术标准三方国家研讨会[5]将国际上的参与者集合在一起，目的是随着对毒理学和识别被测量的应用领域的关注度增加而协调预监管测量标准。基于基础科学和应用的会议，如纳米管科学和应用国际会议[6]，也认识到科学进步中良好的计量实践的必要性。这方面发展中的投资的主要驱动力并不一定是商业利益，也可能是政策和监管利益。作为 OECD 和 ISO 项目的一部分，国际合作激励进一步的合作和参与，文档和数据的产出是纳米科学与技术专注领域渐增的动力。在计量学悠久的历史中，纳米是第一批真正的新领域之一，计量学家正在学习如何在看上去非传统的组合中与其他技术群体合作。展望未来，计量和应用将会日益紧密的合作。

4.3 测量不确定度评估

不确定度的陈述提供了测量结果的质量。测量不确定度表达指南(GUM)[7,8]为评价测量不确定度提供指导，以便测量结果和不确定度陈述之间可以相互比对。化学计量和物理计量在方法上是不同的，已经建立了溯源到标准物质的方法，针对化学测量的详细操作说明概括在指南 34 中[9]。这些评估不确定度方面的指南提供讨论和一些特定的说明性例子，目的是为了执行常用方法，以便使测量结果质量的解释协调一致。测量不确定度定义为一个表征归属于一个被测量的量值的分布参数，基于所用的关于测量影响的信息。计量溯源性要求一个确立的校准等级。通常时间是在与溯源链单位的直接实现最为密切相关的测量中的最小不确定度值。测量不确定度通常沿测量链向下增加。随着比对测量进一步沿链向下进行，由于实验不确定度成分的引入，测量不确定度变大。

该指南也阐明了一些通常的惯例，如报告包含因子 $k=2$ 的扩展测量不确定度的习惯，意味着被测量的真实值有 95%的概率落在宣称范围之内。其他的包含因子能否实际应用，取决于应用和不确定度值预期的最终用途。

指南以通用的格式编写，以便在从原始标准的研发测量到车间例行测量的所有测量能力中应用。指南的广泛贯彻，促进了其他专门用于校准实验室的更有针对性的指南文件的编订。例如，欧洲认证委员会(EA)提供的指导性文件和许多与校准实验室相关的起作用的实例[10]。所有测量领域的指导性文件的一份有用的纲要和特定实例都可以在 BIPM 网站找到[11]。

尽管纳米材料和纳米物体测量正处于发展阶段，类似地，不确定度评估的模型也处于发展的初期阶段，纳米尺度测量的不确定度评估在文献中并不是非常普遍，通用指南的定向实施仍在发展。许多使用者——包括基础的研发和应用的——将从如何在溯源链中使用不确定度评估的指导中受益。在合适的测量不确定度规划中所付出的努力可以用于改进测量,也就是说,确认和减小对总体不确定度中影响最大的因素。相应地,这些实践可用来改进产品和过程的质量和一致性。随着更多实验室对测量的理解和实施作出贡献,纳米尺度测量不确定度应用的实践终将变得更为人熟知,并在细分应用领域中发展,如碳纳米管和其他与工业应用相关纳米材料的表征。

测量结果和不确定度陈述都是通过"比对"实验确认的。多个实验室对同一个人工制品或样品依次进行规定的测量,对结果进行相互比对。国际计量界已经为CIPM 关键比对先试者和参与者准备了指导方针[12],其中一些方针对工业循环也是实用的。比对确认特别适用于那些有非常低的不确定度的测量和/或实现 SI 单位制的绝对测量,尽管比对测试对评估工业化水平技术的进展情况也有价值。比对数据可通过对绘制成图的数据进行简单目测来分析,以证实所有实验室得到了如同预期的在他们报告的测量不确定度界限之内的相同结果。当数据疑似有差异时,可以利用统计方法和工具做更彻底的分析[13-16]。确认差异或离群数据背后的技术原因可对我们理解测量方法和样品作出重要贡献。

4.4　计量和工业:以长度校准为例

计量学是从科学到技术的桥梁。仪器设备的校准和性能评估对制造商来说具有极高的优先度,以便保证他们生产高质量的产品以及在全球范围内进行高技术部件贸易。纳米技术新产品的创新和商业化能力取决于提供科学的测试结果和精确表征的测量工具的发展。在一些应用中,由于现有的方法不能满足显现出的要求,需要创造新的工具。ISO/TC 229 第四工作组(WG4)被委以重任,为纳米材料工业表征制定规范和指导性文件。第四工作组(WG4)正在考虑制定一些用于粒度表征的测量方法,概要如下。

扫描探针显微镜(SPM)设备被应用于几乎所有的纳米技术领域,因此加强我们对 SPM 测量和校准的了解,直接有助于广泛的技术领域。SPM 测量和技术的"确认"测试证实了准确测量的能力,工业可以从中受益,因为这意味着相应地,用这些仪器表征的所有广泛的专门设备和物品,可被全球市场认为是经校准的并且可接受。SPM 和扫描电子显微镜(SEM)设备通常经过光栅校准,被测量为栅距,定义为邻近线之间的距离。测量比对提供数据和技术咨询,用以改进测量方法,从而提高产品质量。光栅栅距测量比对由工业实验室进行,包括各国国家计量院(NMI)提供给那些工业实验室的测量结果并附有其测量质量的标示,此外直接的权威证据是他们的测量结果与 SI 定义一致。除了 NMI 的光栅栅距校准的国际比对之外，已经开展了一些工业循环光栅栅距和粒度研究[17-20]。对一些差异结果的观察表明需要研制样品、发展文件标准和测量方案来改进测量的可比性。

4.5 当前使用计量的关键要素

对于多数纳米材料而言，测量溯源到SI非常困难。此时，经过持续可能找到能广泛应用的溯源到SI的技术，确定的测量方法将可能重复溯源。毒理学文献的一篇最近的社论引起人们对粒度规范的潜在误解及对更清晰定义需求的关注[21]。物理化学表征是一个可能建立溯源性的领域，而且看起来似乎是建立标准协议和方法的合理起点。以粒度测量为例。许多技术可用于测量粒度，包括扫描探针显微镜(SPM)、扫描电子显微镜(SEM)、透射电子显微镜(TEM)、静电迁移率分析仪(DMA)和利用光散射技术的方法如动态光散射(DLS)和X射线衍射(XRD)。直接溯源到SI单位制米是当前许多此类测试面临的一个挑战，因为计量仪器并非随处可得，且技术正在发展中。对颗粒直径测量，一个定义明确的被测量(定义了精确测量的边界条件)的重要性以NIST生产的金标准物质进行说明，在此观察到同一颗粒样品测得的粒度差异取决于测量方法。当前的经验提供了对一些差异的解释，但一些差异仍然无法解释，成为一些正在进行的有趣的研究项目的主题。在此期间，许多NMI正在开发计量显微镜仪器，正在从相似的宏观尺寸计量和粒度表征中改造技术。

测量或表征方法选择的一个重要依据是预期的最终用途。如果纳米材料将在水基溶液中使用，那么干燥样品的测量可能具有非常有限的价值，正是因为颗粒在溶液中的粒度才使其与所研究的系统发生相互作用。在研究的过程中和终点需要进行进一步的测量以便监控变化。表征纳米材料或纳米物体的测量方式需要与预期的研究一致。目前，普通的粒度测量的SI溯源链是不清晰的，且多半取决于实践中使用的方法。无论使用哪种测量方法，重要的是表述方法和相关的细节信息，如校准、测量不确定度评估和其他相关观测结果。

为了快速增进我们关于纳米科技知识的了解，对于表征和国际标准实验室尤为重要的是能够互相合作和共享结果，以便建立标准化的表征协议和条款，从而可以由此确定纳米材料的相关行为。反应尺度的制定，要求可信的测量结果和标准物质作为行为尺度的参考点(毒性或其他想得到的性质)。建立一个尺度需要正反特性的材料例子。一个容易获得的数据库将加速支持行为预测模型的尺度或系统的国际发展，从而可为监管机构所用。共同的方法允许实验室影响材料科学信息的知识基础——材料表征与一组标准化检验对比，并以此促进纳米材料向应用发展和转化。事实上，纳米技术面临的挑战之一是相关计量技术参考标准的发展和毒理学研究所需的被测量验证之间公认的差距。与之类似，建立详细的标准生物化验协议和生物介质、边界条件应用规范，将是朝着“相对”广泛的毒理学研究比对结果迈进的一步。

标准物质、校准和测试实验室的基础设施的建立，可供实验室间比对所用的容易获得的数据的提供，以及哪家实验室的数据可供比对，这些问题取决于可靠的测量和国际合作。NMI 有在传统计量领域合作的文化，以及在文件标准组织中的参与，可以加速工具和机制的形成，为纳米技术的发展提供支撑。例如，首批步骤之一是经认可的测量能力基础建设。

继续以粒度和形状为例，粒度测量典型地参考长度单位米；但是，溯源到 SI 的纳米尺度上的粒度测量不是直接的[22]。具有已知计量完整性的仪器，是非常精密的，并非随处可得。例行测量和商业应用的常规方法和定义仍然在发展中。例如，DLS 进行的粒度测量联系到米的国际单位制定义的直接推导链是很有挑战性的。参考标准必须用来校准仪器，诸如实际的“马铃薯形状”颗粒与理想的球形标准物质形状差异所引入的误差需要考虑。这个领域研究的研发持续开展，同时，基于方法的标准将可能用来填补空白，直到 SI 溯源链建立起来。如何将一些测量溯源到 SI 尚待观察。例如，光散射技术将用于测量亚纳米级分辨率的表面特征。此时，“物质量咨询委员会-化学计量学”（CCQM）和“长度咨询委员会”（CCL）正在考虑这些方法。显微尺度校准的长度测量学界正在开发标准物质和测量方法。通过光学和力学方法，协调实现 SI 非常重要，以便可以理解偏差，结果之间可以相互进行比对。

通过教育和培训养成这样一种计量文化——使用材料前对其进行测量，为不可预期的改变进行结果检查，与标准进行比较以及评估测量不确定度，从有用的数据常取自广泛来源的角度来看，将会使合作研发从中受益。

4.6 冗余及重复

标准物质提供了建立基准结果的方法，或同其他以同种方式测量的材料进行比较的基点。对于在同一个设备或由其他实验室独立进行的测量结果间的可信比对，描述详细的样品制备和测量方法的协议[23-25]作出了重要贡献。协议内容的建立是基于实验室内部的测量可再现性和同等实验室间结果的可复制性。在知识的形成阶段，同样结果的独立证明并不仅仅是多余的，相反，它验证了对测量和不确定度模型的理解，在协议和方法的稳固性方面提供可信性。不同实验室间测量结果可以进行比对的能力对推动科学和技术向前发展是必要的；甚至到了这种程度，以至于计量学界已经发展出了专门针对比较测量的统计学方法[13]。当越来越多的实验室建立了这种方法或技术的能力并且它们可以出具等价的结果时，特定的测量就变为“标准”或“常规的”。建立广为人知的可靠的常规方法是实现纳米技术的一个重要步骤。良好的计量实践在推动这些发展前进的每一步中都是必要的。

4.7 当前进展和趋势

纳米尺度应用的计量处于早期发展阶段。许多测量并不能直接溯源到 SI 单位制,遵循 GUM 的测量不确定度陈述在文献中很少见。在长度计量方面,可以提供直接溯源到 SI 单位制米[26]的计量显微镜和测量技术仅几个实验室有——大部分为 NMI,而且向使用者宣传 SI 溯源性通常是具有挑战性的。标准方法和校准样品正在发展中,这些主题是长度计量研发的焦点。NMI 的工作集中在衍射仪、SPM 和特征尺寸扫描电子显微镜(CD-SEM)。ISO 技术委员会致力于制定描述人工制品的方法、定义、术语和质量规范的文件标准[27]。SI 溯源性传播面临的一个挑战是许多仪器使用者认为他们不需要溯源性。设备运行良好,因此使用者通常会忽略溯源校准和测量验证。溯源性的需求变得更加重要,如当加工实验室需要改变一种工具时,才意识到新制造的部分不适合过程的其余部分,原因是新工具没有用同一种标准物质测量。

纳米尺度科学的总趋势仍然处于有待发现的过程中,确定可以描述任意一种纳米材料的单一的被测量子集很困难。纳米尺度计量显现出的普遍问题包括:显微工具标准化、材料机械性质、表面相互作用/化学、薄膜、空气和水中的粒度、纳米材料生物学相互作用。了解人类健康和环境的毒性,是获得计量和设备研发基金的关键驱动因素[3],也是监管机构和国际政策制定者的关注焦点[28]。

与毒理学研发相关,在描述纳米材料特性的文献和资助建议书中特别报道了测量的量或被测量。这向科学和技术界提出了挑战,因为纳米材料不完整或不可靠的表征导致毒理学数据前后矛盾或无法解释。纳米技术利益相关方群体被持续要求投入和分享经验,以加速发展与毒理学专家需求匹配的测量能力,反之亦然。现在的会议和专题讨论会包括工业界、学术界和政府科学家讨论材料表征要素的最低限度需求。同时,NMI 和 ISO/TC 229 工作组正在制定测量和表征的指导性文件。ISO/TC 229 第三工作组文件促进确定一个被测量的基本集合(尺寸、表面电荷、粒度、聚集/团聚状态、成分)。据估计,许多被测量,如果不是全部的话,随着纳米技术毒理学领域的发展,将用于纳米材料表征。被测量基本集合的概念和实际应用正在讨论中——列出被测量和在系统中的最佳贯彻。"参数列表"[29]的网址提供了最新信息和当前事件以保持在此重要议题上的开放交流。ISO/TC 229 和 IEC/TC 113 第二联合工作组所属的计量研究组的目标之一是促进和创造机制,通过该机制,ISO 文件中的计量学内容在支撑纳米科技可靠测量方面得到改进。文件综述正准备加入计量学核对表,一个提供关于什么是充分的计量学内容标准的更详细的指导性文件正在出版过程中,以便使 ISO/TC 229 之外的更广泛的人群可以获得。简单清晰的指导性文件的设计与执行，以及将影响其他群体接受计量学的可能模式也是讨论的内容。

参考文献

[1] BIPM, IEC, IFCC, ISO, UIPAC, IUPAP, OIML: International Vocabulary of Metrology-Basic and General Concepts and Associated Terms (VIM). International Organization for Standardization, Geneva, Switzerland (2008). JCGM 200:2008 or ISO/IEC Guide 99-12:2007

[2] CIPM mutual recognition arrangement (MRA). http://www.bipm.org/en/cipm-mra/

[3] National Nanotechnology Initiative (USA). http://www.nano.gov/

[4] BIPM workshop on metrology at the nanoscale. http://www.bipm.org/en/events/nanoscale/

[5] Tri-national workshop on standards for nanotechnology: measurement & characterization in support of toxicology R&D. http://www.nrc-cnrc.gc.ca/eng/events/inms/2010/02/03/trinational-workshop.html

[6] 11th International conference on the science and application of nanotubes. http://nt10.org/

[7] BIPM, IEC, IFCC, ISO, UIPAC, IUPAP, OIML: Guide to the Expression of Uncertainty in Measurement. International Organization for Standardization, Geneva, Switzerland (1995). ISBN 92-67-10188-9

[8] BIPM, IEC, IFCC, ILAC, ISO, IUPAC, IUPAP and OIML: JCGM 101:2008 Evaluation of measurement data-Supplement 1 to the Guide to the Expression of Uncertainty in Measurement-Propagation of distributions suing a Monte Carlo method.

[9] International Organization for Standardization: ISO Guide 34:2000(E) General requirements for the competence of reference material producers. ISO, Geneva (2000)

[10] http://www.european-accreditation.org/content/publications/pub.htm

[11] http://www.bipm.org/en/publications/guides/wg1_bibliography.html

[12] http://www.bipm.org/en/cipm-mra/guidelines_kcs/

[13] Steele, A. G., Douglas, R. J.: Extending chi-squared statistics for key comparison in metrology. J. Comput. Appl. Math. **192**, 51-58 (2006)

[14] Cox, M. G.: The evaluation of key comparison data. Metrologia **39**, 589-595 (2002)

[15] Wood, B. M., Steele, A. G., Douglas, R. J.: http://inms.web-p.cisti.nrc.ca/qde/downloads/index.html

[16] Decker, J. E., Lewis, A. J., Cox, M. G., Steele, A. G., Douglas, R. J.: A recommended method for evaluation for international comparison results. Measurement **43**, 852-856 (2010)

[17] Decker, J. E., Pekelsky, J. R., Eves, B. J., Goodchild, D., Kim, N., Bogdanov, A., Wingar, S., Gibb, K., Pan, S. P., Yao, B. C.: Comparison testing of pitch measurement capability on nanoscale length calibration artefacts in industry. Conference on Nanoprint & Nanoimprint Technology, San Jose, CA, 2009

[18] Wang, C. Y., Fu, W. E., Lin, H. L., Peng, G. S.: Preliminary study on nanoparticle sizes under the APEC technology cooperative framework. Meas. Sci. Technol. **18**, 487-495 (2007)

[19] Decker, J. E., Buhr, E., Diener, A., Eves, B. J., Kueng, A., Meli, F., Pekelsky, J. R., Pan, S. P., Yao, B. C.: Report on an international comparison of one-dimensional (1D) grating pitch. Metrologia **46**, 04001 (2009)

[20] Meli, F.: Nano4: 1D Gratings Final Report, CCL-S1 (2003). http://kcdb.bipm.org

[21] Maynard, A. : Editorial, Nanoparticles-one word: A multiplicity of different hazards. Nanotoxicology **3** (4), 263-264(2009)

[22] Ehara, K. , Sakurai, H. : Metrology of airborne and liquid-borne nanoparticles: current status and future needs. Metrologia **47**, S83 (2010)

[23] Decker, J. E. , Hight Walker, A. R. , Bosnick, K. , Clifford, C. A. , Dai, L. , Fagan, J. , Hooker, S. , Jakubek, Z. J. , Kingston, C. , Makar, J. , Mansfield, E. , Postek, M. T. , Simard, B. , Sturgeon, R. , Wise, S. , Vladar, A. E. , Yang, L. , Zeisler, R. : Sample preparation protocols for realization of reproducible characterization of single-wall carbon nanotubes. Metrologia **46**(6), 682-692(2009)

[24] NIST Nanotechnology. http://www.nist.gov/public_affairs/nanotech.htm; Best practice guides. http://www.nist.gov/public_affairs/practiceguides/practiceguides.htm

[25] National Cancer Institute Assay Cascade. http://ncl.cancer.gov/working_assay-cascade.asp

[26] Picotto, G. B. , Koenders, L. , Wilkening, G. : Proceedings of nanoscale metrology workshop. Meas. Sci. Technol. **20**(8)(2009)

[27] Ichimura, S. , Nonaka, H. : Current standardization activities of measurement and characterization for industrial applications. In: Murashov, V. , Howard, J. (eds.) Nanotechnology Standards. Springer, New York (2010). Sect. 4. 2

[28] Organisation for Economic Co-operation and Development (OECD) Working Party on Nanotechnology. http://www.oecd.org/document/8/0,3343,en_21571361_41212117_41226376_1_1_1_1,00.html

[29] The parameters list: recommended minimum physical and chemical parameters for characterizing nanomaterials on toxicology studies. http://characterizationmatters.org/parameters/

第5章 性能标准

Werner Bergholz，Norbert Fabricius

5.1 性能测试的预期标准化对纳米技术成功工业化的支持：总体框架

5.1.1 为何需要性能标准？

纳米技术作为一项正从基础研究阶段中兴起的技术，一个显而易见的问题就是：纳米技术的标准化是否为时尚早？这个问题的答案将会是明确的不！

对一项处于工业化门槛的技术进行标准化，显而易见的第一项工作就是术语和命名(第2章)。科研的一个常见且不可避免的特征是拥有定义新的科学和技术术语的相对自由。这一点在学术的语境中也许没有问题。然而一旦进入工业化，需要建立供应链和质量管理体系时，缺乏明确的术语和定义是不利于生产的，甚至可能是危险的。此外，社会期待在控制对于人类健康和环境的潜在风险的情况下负责任和可持续地应用新的技术。因此，政府、国家及国际组织必须启动监管行动。这就需要术语体系以便用一种清晰和科学上正确的方式描述监管对象。

与此类似，新的技术通常需要新的手段进行测量和表征(第3、4和6章)。与术语和定义一样，高技术产业的经验表明标准化的表征手段是管理创新技术生产的一个关键组成部分。这包括基本材料性质的测量以及相关的制备步骤和测试结果的报告。

鉴于纳米技术的环境、健康和安全(EHS)受到广泛公开的讨论，这些事项需要纳入首批行动范围之内。正如欧盟委员会在其409号授权中所陈述的，标准化是实现"安全、完整和负责任的"纳米技术的方法的基本要素之一。毒理学和筛选工作主要是在OECD(经济合作与发展组织)范围内进行的。化学品风险评估工作由涉及REACH(化学品注册、评估、许可和限制)实施的监管机构同ECHA(欧洲化学品管理局)合作进行。在此背景下标准化组织扮演着关键角色，要提供标准化工具以监测新材料/器件的暴露，以及评估潜在的负面影响。具体如：

(1) 毒性和生态毒性测试之前制品中纳米材料的表征方法学；

W. Bergholz(✉)

Jacobs University, Bremen, Germany

e-mail: w.bergholz@jacobs-university.de

(2) 工作场所、消费者和环境受纳米材料暴露的取样和测量；

(3) 纳米材料暴露的模拟方法。

值得说明的是，EHS方面已经得到了高度关注，而且此领域的标准化得到了政治上的有力支持(第7至9章)。

以上这三方面工作已经在如下工作组中开展：

(1)ISO/TC 229和IEC/TC 113的第一联合工作组(JWG 1)“术语与命名”；

(2) ISO/TC 229和IEC/TC 113的第二联合工作组(JWG 2)“测量与表征”；

(3) ISO/TC 229第三工作组(WG 3)“环境、健康和安全”。

所有这三个标准化领域的天然起点和基础是由科学界，以及在低得多的程度上由工业界所支持和进行的基础研究。

纳米技术标准化的实际结构由另外两个工作组所完善：

(1) ISO/TC 229第四工作组(WG 4)“材料规范”；

(2) IEC/TC 113第三工作组(WG 3)“性能评价”。

根据IEC/TC 113的实际商业计划，建立更多的工作组已在考虑中。它们是：

(1) IEC/TC 113第四工作组(WG 4)：“产品设计”；

(2) IEC/TC 113第五工作组(WG 5)：“可靠性和(材料)FMEA(即failure mode and effect analysis，失效模式与影响分析。——译者注)”

(3) IEC/TC 113第六工作组(WG 6)：“(纳米)组件和设备”。

此结构如图5.1所示，它一方面表明所牵涉的利益相关方(政界、社会、行业公会、非政府组织和产业界)建立一个尽可能协调的标准体系的意愿；另一方面，专注于不同工业和产品领域的特定要求也是重要的。对于来自化学工业界的大规模纳米颗粒的生产者，相比于拥有良好控制的洁净间生产环境的电子工业界，特别是如果纳米物体是密封地封装起来的器件的一部分时，EHS问题更为重要。

本章内容主要集中在IEC/TC 113/WG 3“性能评价”范围内的性能标准。这些标准是要支持应用纳米技术而拥有超凡高性能的创新产品的制造。因此，这些标准通过提供标准化的方法以使纳米材料达标，以及控制纳米相关生产过程来支持科学成果的商业化。使用纳米技术的产品因特殊目的而开发和制造。换句话说，产品必须根据其“从顾客/使用者观点的性能”来指定，对于纳米技术材料或产品，这是一个与“工程师或科学家的观点”截然不同的观点。

为了说明这一点，我们考察应用纳米技术的电池的例子。从使用者的观点，主要相关性能指标为储能电容、充电时间和电池所能输出的最大功率。此外，使用者也许对于耐久性感兴趣，即上述性能指标随充/放电循环次数的衰减[①]。为了设计

① 耐久性(在IEC 60896-21 Ed. 1.0中定义)：一件物品(电池)在给定的使用和保管条件下，直到极限状态所表现出所需功能的能力。注：一件物品(电池)的极限状态可描述为有效寿命的终结，由于任何经济或技术原因或其他相关因素而不适合。定义根据IEC 60896-21 Ed. 1.0 (2004)

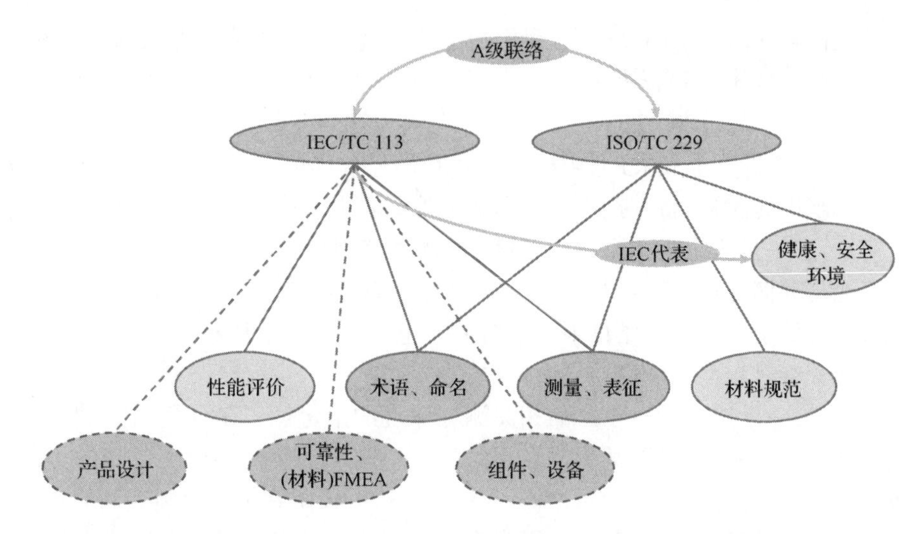

图 5.1(另见彩图) IEC 和 ISO 的两个联合工作组、分属于 IEC/TC 113 或 ISO/TC 229 的三个工作组(实线椭圆)以及三个未来规划中的 IEC/TC 113 工作组(虚线椭圆)共同组建起纳米技术标准化的整体架构。在 IEC/ISO 指导方针中,两个技术委员会合作方式已描述为一个 A 级联络。此外,IEC/TC 113 还有一位技术专家,他/她同时也是 ISO/TC 229/WG 3 工作组"环境、健康和安全"的成员

和生产这样的电池,必须要有把纳米材料性质与生产这种具有超级性能电池的过程参数之间相关联的模型。正如我们将要看到的,有一种系统的方式来实现这一点。两个工具被命名为产品质量先期策划(APQP)和质量功能展开(QFD)。

QFD 将在 5.2.3 小节中详细解释。现阶段需要着重指出的是在"基本表征"和"性能表征"之间存在着本质差别:

(1) 在本章中,我们将基本表征理解为对于纳米材料或纳米物体的主要特性进行的测量,如碳纳米管的长度和直径或者银纳米颗粒的直径和形貌。而且我们称这些表征方法为"技术取向"的,因为它们聚焦于材料本身,而非其在最终产品中的功能。所使用的方法通常是透射电子显微镜或拉曼光谱等标准手段,修改后用于特定纳米物体的表征。这些方法是科学家们用来了解纳米材料和纳米物体的典型方法。从这一角度来说,这些方法是技术突破和创新产生的基础。非常普遍地,这些方法不适合于制造控制和质量评价。

(2) 制造业的需求是完全不同的。在一条生产线上,我们可以假定所用的材料是已经或多或少了解的,并且是以按照材料规范可以接受的质量交付的。我们所需要额外做的是,依据纳米物体期望达到的特定的应用纳米技术的最终产品的性质,以一种快速和易于实现的方法来控制在生产线上的这些材料的质量。这些方法需要对那些直接影响产品性能的材料性质变化敏感。因此,我们称这些测试为面向产品的性能测试。常有这种情况,性能表征方法对于纳米技术的产品应

用[1]具有特异性。为说明这一点,我们给出几个这样的性能表征方法的特定例子。假定应用纳米技术的产品是在一个电极中加入纳米材料,以提高其能量密度的电池。

第一,一个同产品相关的“阳极”部件测试方法可以是一种标准化的简单快速生产测试阳极的流程,将其插入一个标准电池试验组件,随后表征储能电容。

第二,进一步假定由纳米技术所赋予的特性为所用纳米材料的表面密度。一项间接地与存储容量相关,但对面积体积比直接敏感的“替代”测试是可以应用的,如(也许是)处于标准测试条件下的电解质中电极的电流电压特性,或者事实上任何其他依赖绝对表面积的性质。

第三,另一个这样的对于产品相关测试体现的给定例子是任何对于纳米材料的面积体积比敏感的测试,甚至需在当纳米材料刚从供货商那里接收到的早期阶段进行。在那个阶段,可以设想这样一种形式,一种吸附在纳米材料表面的物质加入可以溶解该纳米材料的溶剂中,吸附率用一个合适的量,如溶液的电导率、颜色或 pH 来监测。

(3) 所有这些性能测试的共同之处在于它们都快速且易于实现,而且它们会得出一个对于想要获得的产品性质的预测性控制参数。这样一个参数称为关于最终产品的关键控制特性(KCC)。不同生产阶段中的 KCC 与期望的最终产品性质之间的相关性,显然是需要首先建立的。

工业生产最重要的“真理”之一是质量,即符合规格的产品的性能,不能到某一个产品里面去测试。反之,必须管理制造过程,以确保产品具有期望的性能。这就是“间接相关性能测试参数”或者关键控制特性①(KCC)的目的(见后)。

这些应用纳米技术的电子和电工产品的间接性能标准,即制造和材料相关性能参数是 IEC/TC 113/WG 3 的范畴(图 5.2)。

与增值链上每个阶段有关的标准都有需求。WG 3 目前覆盖材料参数和对于产品性能参数有显著影响的生产过程参数。在不久的将来,其他阶段也必将会涉及。

采用纳米技术的部件,如由纳米物体制成的光伏电池,以及采用纳米技术的产品,如由采用纳米技术的光伏电池装配的光伏模块也需要标准。这样的标准制定已在 IEC/TC 113/WG 5 中加以规划。

除性能之外,另外两个关键的产品特性是“可靠性”和“耐久性”。规划中的 IEC/TC 113/WG 4 工作组将负责可靠性和耐久性标准,其与制造业的性能标准之间的逻辑关联是显而易见的。只有当涉及所有影响最终产品参数的生产过程被

---

① 关键控制特性(此术语将在 IEC/TS 80004-9 中定义)处理必须将那些参数控制在围绕一个目标值上下变动以确保显著的特性保持在其目标值

注:KCC 需要依照一个经批准的控制计划进行不间断的监控,且应该考虑作为过程改进的候选者

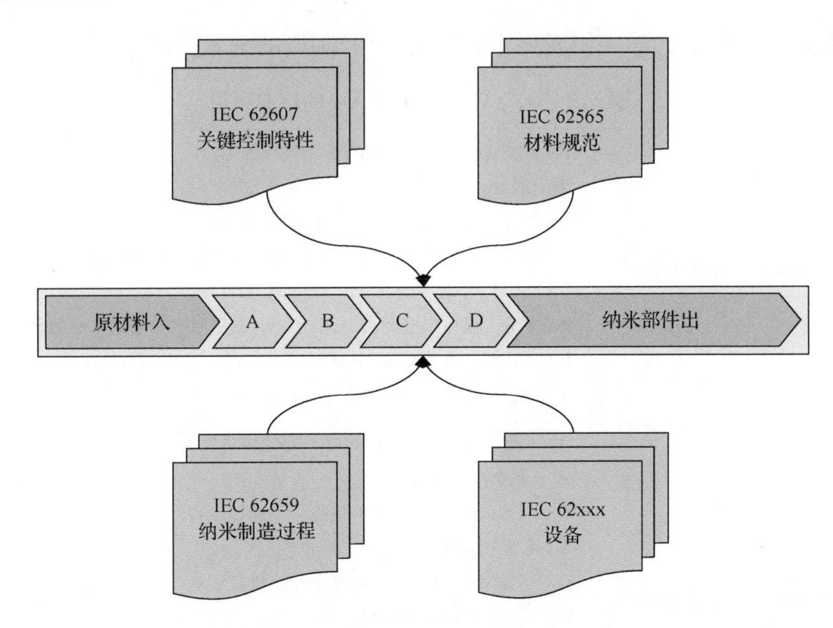

图 5.2(另见彩图)　高质量纳米制造需要同时使用四组标准:材料规范、关键控制特性、设备和过程。因为应用纳米技术的产品性能很大程度上由纳米材料的使用,或者更普遍地,由纳米物体材料规范所主导,且伴随的关键控制特性在这一方案中扮演着一个特别的角色。实际项目见表 5.1

明确定义时(即标准化的,至少在公司内部),进行可靠性和耐久性测试才有意义,而且稳妥。

高质量制造的另一个原则是优良品质始于对产品和生产过程的"稳健的设计",因此规划了 WG 6 用以补充贯穿一个应用纳米技术的电子产品的整个生命周期的"性能管理",遵照质量管理标准 ISO 9001 第 7 条款的方法建立一个设计过程的原理/需求的标准[2]。

5.1.2　先期标准化

标准的不同类型已经在其生命周期中解释过了,仍需指出的一点是先期标准化是一个好想法。应用纳米技术的产品的工业生产还处在早期阶段,预测它们的产量和广泛性是很有意义的。

为避免对于"非生产"的疑惑,我们强调使用标准的平面光刻技术制造的,最小特征尺寸小于 100 nm 的"普通"微电子产品,它们自大约 2005 年就已生产,但不在本章的范围内。对于那些产品,已存在着数百个标准,IEC 和 SEMI 在其序列中有大约 700 个联盟标准,其中大多数在半导体工业中得到集中的应用。本章的范围将是那些使用自下而上技术(即始自纳米物体并组装它们)而非自上而下技术

（即创造一个宏观层，然后用光刻工具形成结构）制造的纳米技术产品。

表 5.1 IEC/TC 113/WG 3 中的现有项目

纳米制造—材料规范	IEC/TR 62565-1：纳米制造—材料规范 第一部分：基本概念 IEC 62565-2-1：纳米制造—材料规范 2-1 部分：碳纳米管材料—单壁碳纳米管空白的详细规格 IEC 62565-2-2：纳米制造—材料规范 2-2 部分：碳纳米管材料—用于 *xyz* 应用的单壁碳纳米管的详细规格 IEC 62565：纳米制造—材料规范 3-1 部分：材料 3—空白的详细规格
纳米制造—关键控制特性	IEC/TR 62607-1：纳米制造—关键控制特性 第一部分：基本概念 IEC/TS 62607-2-1：纳米制造—关键控制特性 2-1 部分：碳纳米管材料—膜电阻 IEC/TS 62607-2-2：纳米制造—关键控制特性 2-2 部分：碳纳米管材料—KCC 2-2 IEC/TS 62607-3-1：纳米制造—关键控制特性 3-1 部分：发光纳米颗粒—量子效率测试 IEC/TS 62607-3-2：纳米制造—关键控制特性 3-2 部分：发光纳米颗粒—KCC 3-2
纳米制造—工艺规格	IEC 62659：大规模电子制造[10] IEC 62624：测量碳纳米管的电学特性的测试方法
纳米制造—设备规格	未来要创建的项目

注：现存项目用宋体，近期规划用楷体

虽然我们不涉及微电子学，它仍可作为先期标准化支持一项新兴技术的工业化的一个好例子。在 20 世纪 60 年代和 70 年代初，新兴的微电子工业事实上几乎没有标准化。其结果是，当生产量扩张后，问题开始积聚，如材料短缺，材料和工艺流程不相协调，不必要的高昂交易成本，以及质量问题[4]。随着时间推移，才得以吸取教训，而且在 20 世纪 90 年代后半期，当微电子工业从 200 mm 直径晶片转向 300 mm 直径晶片时，价值链中的必要步骤在试生产之前甚至是研发开始前就得以标准化。据估计，这一先期标准化节省了数十亿美元。当前，光伏产业正经历着相同的“痛苦”的学习过程，在初始工业化时期之后（以 45％的年增长率发展超过了 10 年），却没有任何明显的标准化。现在该产业正在合作建立一套标准来支持工厂中年产量达到千兆瓦级的大规模生产的下一波浪潮。

因此在应用纳米技术的电子产品中运用这一“成功秘诀”就不仅是看上去合理了。关于标准的一个普遍的成见是其减缓了创新。微电子是一个高度创新的产业，因此是一个标准化支持而非阻碍创新的无可辩驳的例子。

除了要覆盖价值链的所有阶段以管理终端产品从设计到部件的性能需求之外，以及理想情况下，在大规模生产之前就存在标准这一议题，还需要在明确标准化工作框架时涉及第三个重要方面，也就是现有标准和新标准如何实现无缝链接？这个话题将在第5.1.3节中分析。

5.1.3　纳米技术标准和现行标准

在不久的将来，纳米技术将应用于许多不同类别的电气和电子产品，如显示、储能设备（电池、电容器）、产能设备（如光伏电池）及其他产品。对于大多数此类产品，都已存在IEC的技术委员会，所以在很多情况下最终产品的性能标准也已经存在了。

为确保不白费工夫，有必要在IEC、ISO以及其他如IEEE、SEMI等标准化组织的所有相关技术委员会之间建立起深入的交流，如图5.3所示。

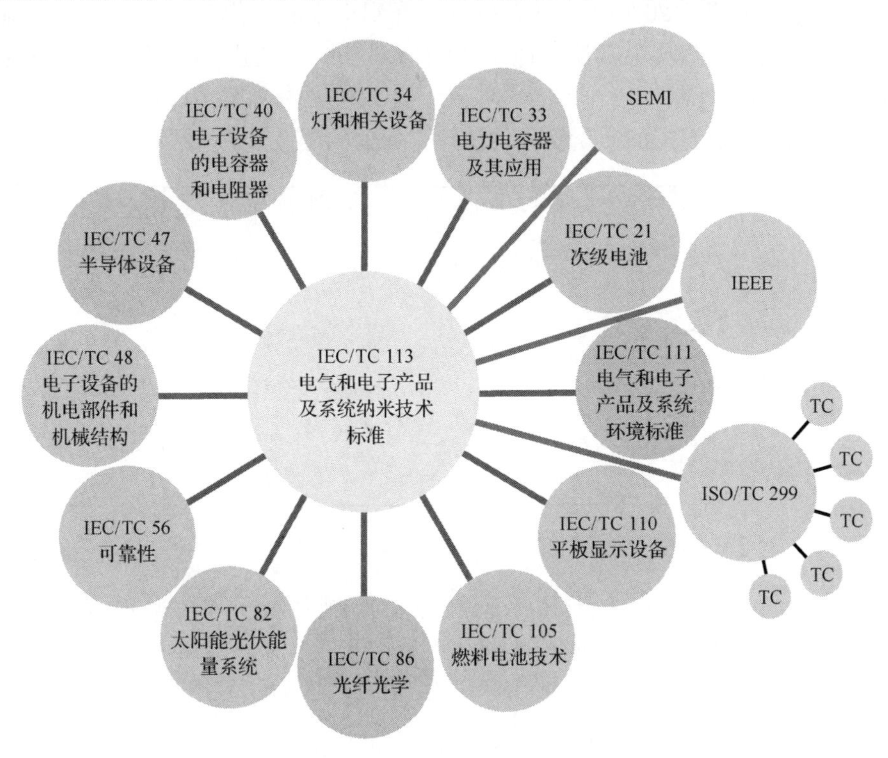

图5.3（另见彩图）　IEC技术委员会以及其他同纳米技术潜在相关的组织概况。IEC的技术委员会为蓝色和绿色（现有的正式联络）。也同SEMI和IEEE建立起正式的外部联络。同ISO/TC 229之间非常紧密的联系确保了在纳米技术联络协调组（NLCG）之内的同ISO/TC的交流

这反映了一个事实，即纳米技术是一个跨领域技术，它可以潜在地应用于大量不同的产品类别(总括技术这一术语在第1章中使用过)。在此时把所有相关的技术委员会联系起来将会很复杂，而且也不尽合理。相反，必须关注诸如因产业化迫在眉睫而需要优先处理，以及已经在各自的技术委员会建立和保持了联络的那些产品类别的实用标准化工作。

类似的推论也应用于其他交叉领域技术，如洁净间技术、废弃物处理等。

5.2 如何建立完整的增值链/供应链的标准

5.2.1 质量和过程管理

在电工和电子工业中，如果以交付有缺陷的产品或者早期故障数量(运行头1000小时内的故障率)[5]来衡量，质量水平提高了100倍或更多。如图5.4所示，这两项指标在1985～2000年从数百持续下降到很小的个位数。这一令人吃惊的进展从根本上说要归功于质量管理体系(如ISO 9001)的进步以及对于质量管理工具[如统计过程控制(SPC)]的严格应用。建议读者参考第10章，在该章中阐述了一些与纳米技术有关的质量管理的法律方面的问题及其含义。

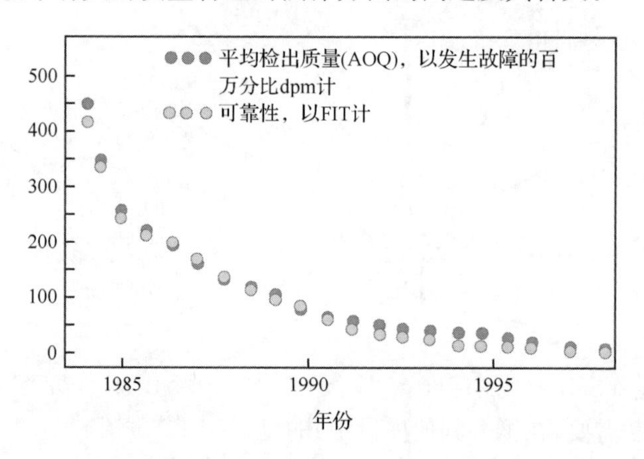

图5.4 芯片行业的质量改善，由西门子半导体事业部为他们的微电子产品而发表[5]。可靠性由以FIT(失效时间)来衡量的故障率进行量化。1 FIT等于每10^9设备小时一次故障。平均检出质量(AOQ)以每百万件交付顾客手中的产品存在一个缺陷部分来计

一个必要的且不可或缺的质量管理(QM)工具是过程管理。它由过程的技术说明构成，包括性能参数的定义以及如何对其进行测量。换言之，总体生产过程和制造过程中的单独过程步骤由公司标准所描述。这也适用对于采购中所使用的材料参数规格。公司的采购规格也是公司标准。

支撑纳米技术产业化、描述部分供应链和/或生产过程的标准和公司标准是一

样的，其区别只是对于ISO、IEC和SEMI标准而言，在全球层面上是整个行业的共识性文件。这意味着这一类型标准的创建也应该遵循相同的质量管理原则。

这样的标准中的必要技术内容是材料或过程参数(KCC)，该参数代表了那些决定和确保最终需要的产品性质的材料或生产过程的特性。因此，先期标准化最重要的任务之一就是确定和描述KCC，以及用标准支持在实践中实施KCC。

因此在接下来的第5.2.2节中，我们将描述与应用纳米技术的电子产品制造相关的必要的直接以及间接性能参数的确认方法。

5.2.2 作为直接和间接性能参数的关键控制特性，及其在质量管理体系中的角色

我们看到，电子产品必须符合高质量标准，这也适用于未来的应用纳米技术的产品。显然，如果纳米电子产品的工业生产想要成功，从开始销售产品时起，其质量水平就必须要可与现有产品相比。为了以一种最佳方式支持工业化，务必强调标准应当符合相关质量管理标准且与其兼容。此外，因为质量管理标准可被看做一种关于如何确保产品质量的"最佳实践架构"，在纳米技术的先期标准化中考虑那些标准就是近乎强制性的。

虽然ISO 9001标准是最广泛运用的质量管理体系标准，但在某些行业中并不认为是足够的，因为它要么在安全/环境方面制定了宽松和非特定的要求，要么就特定要求而言是务必确保一项操作符合经济可行性，如航空航天工业、医药食品工业以及同样重要的汽车工业标准。在电子工业中最为重要和广泛使用的标准之一是ISO/TS 16949，它是全球汽车工业的质量管理标准。TS 16949包含完整的ISO 9001质量管理标准，但拥有大量额外特征和质量管理工具，根据作者的经验，这对于增进从设计阶段到大规模生产的质量非常有帮助[6]。

大部分可能从纳米技术材料或部件的应用中受益的电子产品类型都将用在汽车行业中，并符合TS 16949的强制性要求。因此，将我们的纳米技术性能标准实现策略与这一特定标准的规定进行对标是有意义的，这将确保公司几乎"自动地"应用这些遵循TS 16949的标准。

TS 16949需要(在很多其他项目中)的是：

(1) 顾客所期待的，即产品性能参数必须定义清晰。

(2) 确认决定产品性能参数的制造过程参数(如质量功能展开QFD方法)，且用统计过程控制(SPC)原则定义，过程稳定。这样的参数是早前提及的关键控制特性(KCC)。细节可在TS 16949的附录——生产件批准程序(PPAP)文件中找到。通常，这些参数被称为特殊特征。

(3) 决定产品性能参数的材料参数以同样方式确认和控制。

(4) 产品和过程设计以这样的方式进行：即产品设计确保质量、耐久性和可靠性已经在技术概念、构造详图以及生产过程中"设计"了，包括先期的KCC确认以

及制造过程和材料能否在增值链中各个阶段均符合 KCC 指定的范围。在 TS 16949 的另一个附录文件(APQP,即 Advanced Product Quality Planning,产品质量先期策划。——译者注)中描述了这一过程。因此 APQP 过程像一幅在规划或设计阶段就被设计到产品中以确保最终产品质量的蓝图。换言之,它是一部经验证的“宝典”,能确保在最有效的时候(即从一开始)就将必需的质量设计到一个应用纳米技术的产品中。

TC 113 中现有的和未来的工作组结构反映出这一点(参见图 5.1)。

对基于质量管理的先期标准化战略的描述余下的一点是对于如何确定产品性能——生产过程和材料的敏感参数的描述。早前提到的 QFD 方法是一个已为人所接受的实施方法,将在第 5.2.3 小节中描述。

采用这一概念且围绕 KCC 的标准工作已经在进行中,详情将会在 5.3 节中予以说明。

5.2.3 确定 KCC 的质量功能展开方法

QFD 方法[7]本质上是一种矩阵方法,用户对于最终产品的性能需求写在矩阵的第一列中,纳米组件的技术规格要求则写在第一行中,如图 5.5(a)所示。矩阵元素代表每一技术组件参数对于每一最终产品参数有多强的影响(用 0 到 9 之间的数字来表示)。具有最高列之和的技术参数对于性能参数显然有最大的影响。以这种方式,可以制定出一个依据参数与最终产品性能之间相关度的系统性优先次序。给每一个矩阵元素赋予恰当的数值需凭借工程专业知识。

如何选择 KCC 参数没有“机械的”规定。然而需要注意的是,也应该确保能够选出那些总和相对较低,却是代表一项产品性能参数的唯一纳米部件参数。

确认参数的程序应从表现出相关性的所有技术参数开始(以便没有忽略重要的参数),但最终目标是确定只有少数应定义为 KCC 的参数。作为一个产品的例子,我们考虑一种在一个(或是两个)电极中含有纳米材料的电池。产品性能参数可以是存储容量、最大负载电流以及到存储容量下降 50%时的充/放电循环数。这个特定的例子中的部件是其中一个电极。电极部件的 KCC 可以是在标准测试电池装置中的电极性能。一旦纳米部件的 KCC 得以确认,下一阶段就是确认制造过程的 KCC,如同在图 5.5(b)中画出的。现在技术部件参数在第一列中,制造过程 KCC 在第一行中,列和行的总和用以确认作为 KCC 最重要的过程控制参数。

下一步[图 5.5(c)]是以一种类似的方式确认纳米材料 KCC 参数。在图 5.5(d)中给出了一个这样的级联 QFD 过程。如果需要,此过程可以进一步与在纳米材料生产商的生产场所的制造过程进行级联。

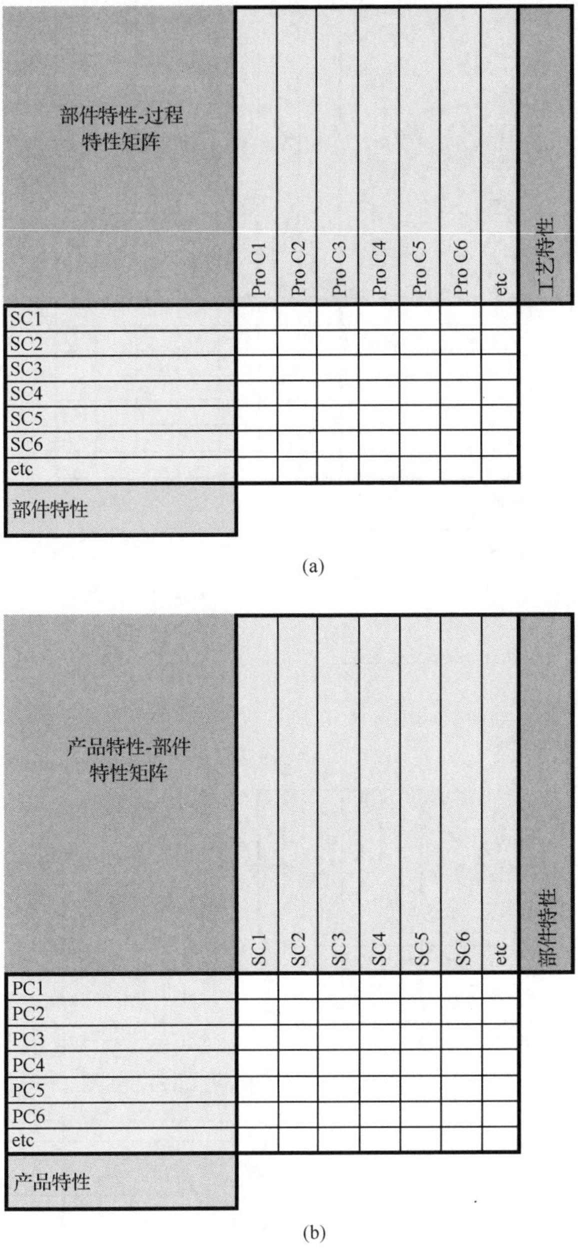

部件特性-过程特性矩阵	Pro C1	Pro C2	Pro C3	Pro C4	Pro C5	Pro C6	etc	工艺特性
SC1								
SC2								
SC3								
SC4								
SC5								
SC6								
etc								
部件特性								

(a)

产品特性-部件特性矩阵	SC1	SC2	SC3	SC4	SC5	SC6	etc	部件特性
PC1								
PC2								
PC3								
PC4								
PC5								
PC6								
etc								
产品特性								

(b)

图 5.5 KCC 的级联 QFD 矩阵

(a)确认应用纳米技术部件 KCC 的 QFD 矩阵，以应用纳米技术的产品参数作为输入；(b)确认部件生产过程 KCC 的 QFD 矩阵，以部件 KCC 作为输入；(c)确认纳米材料 KCC 的 QFD 矩阵，以纳米制造过程参数作为输入；(d)完整的 QFD 流程概观

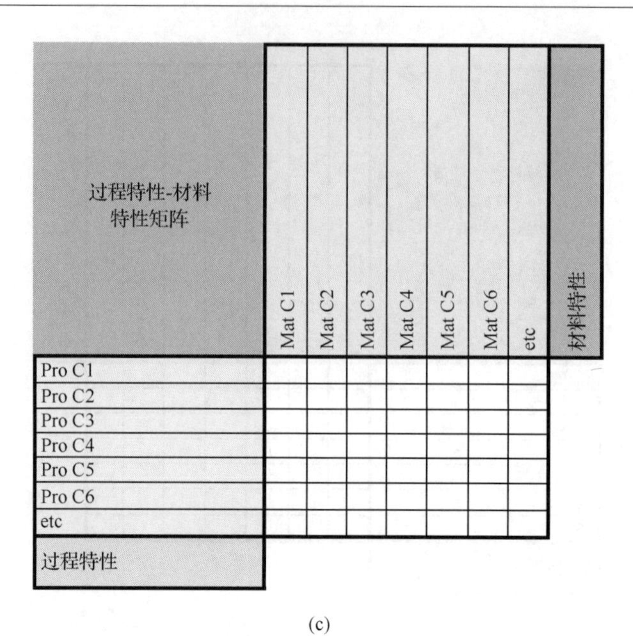

(c)

产品特性-部件特性矩阵
SC1 SC2 SC3 SC4 SC5 SC6 etc
部件特性
PC1 PC2 PC3 PC4 PC5 PC6 PC7
产品特性

部件特性-过程特性矩阵
Pro C1 Pro C2 Pro C3 Pro C4 Pro C5 Pro C6 etc
过程特性
SC1 SC2 SC3 SC4 SC5 SC6 etc
部件特性

过程特性-材料特性矩阵
Mat C1 Mat C2 Mat C3 Mat C4 Mat C5 Mat C6 etc
材料特性
Pro C1 Pro C2 Pro C3 Pro C4 Pro C5 Pro C6 etc
过程特性

(d)

图 5.5　KCC 的级联 QFD 矩阵(续)

此时我们不知道这样任何一个应用纳米技术的电子产品的KCC被证实的具体例子。因而我们以阐述为目的使用一个微电子学的实际例子。

在这一例子中的产品是PC机的一个内存模块。部件为装入一个内存模块的八个DRAM(动态随机存取存储器)微芯片。产品性能参数是DRAM模块的早期故障率,大多数失效是由模块中一个存储单元的栅氧化层击穿所导致的。部件KCC是在晶片层次上对各个DRAM芯片测试中的保留时间失效统计。相关的生产过程参数是栅氧化过程的金属污染值和栅氧化之前的洁化过程步骤的清洁效率。第三个生产KCC是栅氧化前的氧化腐蚀率的稳定性。最后,相关的材料KCC之一是硅晶片起始物料的空隙密度。长期以来难以测定此量,事实上在1995年之前,它是一个“隐藏的”材料参数。

作为一种“替代”测试,开发出对原料晶片的短期栅氧化测试,这一快速测试的结果与产品的早期故障率相关,因此用做与最终产品可靠性高度相关的材料KCC[8](图5.6)。

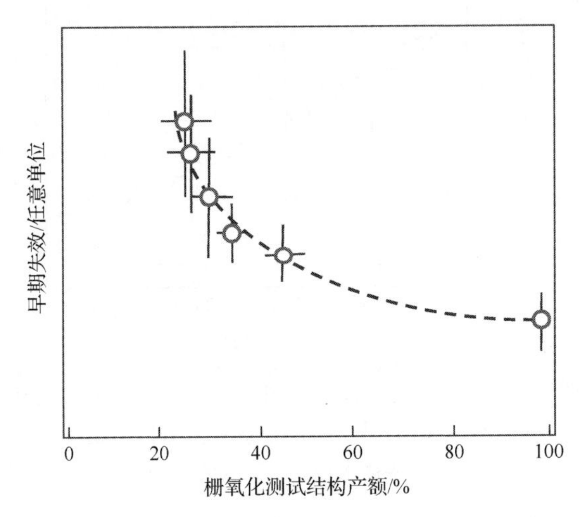

图5.6　DRAM早期故障率与硅材料质量的短期栅氧化测试之间的相关性[8]

这一建立较晚的KCC可与制造晶片的硅晶体的拉晶速率联系起来。

5.3　纳米电子学标准化:最初的步骤与实践经验

在本节中,我们将详细描述在纳米电子学标准化中已经发生了什么,与此同时要记住在纳米电子学中得到的经验对于其他工业部门的那些应用纳米技术的产品也将有用。因此在某种程度上,实施性能标准和基于质量管理QM的标准化策略,可以看做纳米技术其他领域标准化的一个“先导项目”。

5.3.1 微电子工业:高质量标准和高创新率

一个引起频繁争论的问题是,在一个运用新技术的新兴产业中,标准化会减慢技术进程,且应当积极避免。所以我们回到这一点,并且给出更多证据以证明事实刚好相反。

在前一节中提到一点,电子工业中的质量标准同其他许多产业相比是非常高的。质量管理的“中心”,即产品性能与特定的性能参数相符是 KCC 的概念,以及对于一个给定的产品,如何以一个系统化的方式来确认。这里给出一个证据,即对于质量管理 QM 原则和标准的严格运用导致可观的质量提高(图 5.4)。

同时,微电子是最具创新性的产业之一,从摩尔定律中最能看到这一点(图 5.7[9])。

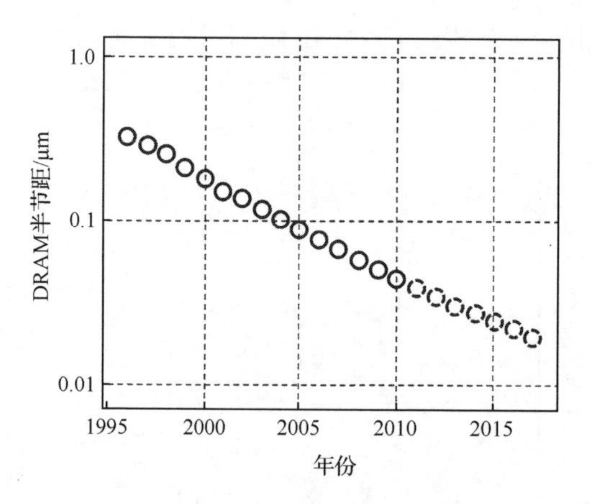

图 5.7 摩尔定律图解:通过最小特征尺寸在过去 20 年中的缩减,每个芯片上晶体管(功能)的数量每 18 到 24 个月翻一番,同时产品价格基本上保持不变甚至下降。数据检索自国际半导体技术规划 ITRS 的出版物[9]

在将近 40 年的时间里,如果没有材料、工艺流程以及设备上持续的创新,最小特征尺寸的下降是不可能的。总之,标准化支持而非阻碍了创新[4]。

由于纳米技术的情况非常类似于微电子产业 40 年前的面貌,因而选择电子和电工技术产业作为最合适的纳米技术标准化“先锋”工业部门是很恰当的。

5.3.2 安全性方面:洁净间技术、少量纳米材料、纳米组件封装

在将我们的注意力转向 KCC 概念在 IEC/TC 113 的工作中是如何得以实施的具体细节之前,按次序应提及电子工业也可以对环境、健康和安全(EHS)领域的进步产生贡献(第 1 章、8 至 10 章)。这一点很显著,因为公众对于纳米技术存在着潜在的负面印象和接受问题。尽管截至目前没有强有力的证据证明纳米物体

对于人类健康和生态系统有害。正相反,许多无意中制造出来的纳米材料已经存在了数十年,如炭黑和用于抛光硅晶片的硅溶胶抛光剂,没有关于有害效应的证据。然而,公众当中仍有一种日益增长的感觉:纳米技术不是真正安全的。

设想的以及在ISO/TC 229第三工作组项目中着手解决的风险是:

(1) 当纳米物体处于分散状态的工作场所暴露(职业风险);

(2) 应用纳米技术的产品使用中的暴露(消费者风险);

(3) 应用纳米技术的产品在生命周期终点或意外破损时的负面生态效应(环境风险)。

对于全部三种风险模式,电子产品都提供了比其他应用纳米技术的普通产品类别更好的例子:

工作场所的暴露通常不容易测量,因为在正常工作环境中,环境空气中就已经有高浓度的纳米物体了,在交通繁忙的地方、人们吸烟的地方或者燃烧或是增加粉尘的行为发生地就更是如此。因此对纳米物体暴露测量而言,工作场所有着很严重的本底问题。

电子材料的生产多数情况下是在洁净车间中,或者至少是在一个受控环境中进行的,在那里纳米物体的本底水平是已知的,因而非常灵敏的暴露测量是可行的。另一个好处是,洁净室技术中有设置屏障以阻止小颗粒的切实可行的方法。通常,其目的是保护产品与颗粒(主要是人体脱落的、也包括设备或其他来源产生的)隔离。相同的技术和实践经验可以用于在工作环境中保护工人免受可能从纳米材料或者部分加工的纳米部件或产品中“逃脱”的纳米物体伤害,因为屏障功能对双方向都起作用。

来自产品的纳米物体用户(消费者)暴露很轻微,因为大部分产品仅含有微量纳米材料,而且应用纳米技术的设备通常情况下会密封以同环境隔绝,因为除非与环境,特别是湿气隔绝,否则物品将不会保持功能。

纳米物体“寿命末期的环境释放”不太可能,因为一般说来,如今电子废料是从普通垃圾中分离出来循环再利用的。意外破损中的泄露在绝大多数情况下不太危急,因为要么是纳米物体将处在一个聚集状态,要么即便在事故中分散了,释放的物质量在绝大多数情况下可以忽略。

因此,应用纳米技术的产品也可以作为一个低风险先导产品类别在工作场所和野外中测试如何控制纳米物体,以及作为是否有同纳米技术有关的未被发现的风险的测试案例。

5.3.3 迄今为止的经验:IEC/TC 113中的现有项目

如果仍然记得在前面各节中概述过的情节,IEC/TC 113“电工和电子产品及系统的纳米技术标准化”创建于2006年。可交付使用的标准将会集中于由纳米尺度材料生产的零件或中间组件以及加工过程在电工或光电子中的应用。

潜在的应用包括电子、光学、磁学、电磁学、电声学、多媒体、通信以及能源生产和存储。如图 5.8 所示，IEC/TC 113 集中在一个或多个部件或在制造工艺中使用了纳米电子技术的产品。委员会将制定标准、技术规范和技术报告以便当有必要在缺乏完整知识时应用一项新兴技术的情况下指导生产商和消费者。为做到这一点，产品应当在如下方面优化：

(1) 生命周期性能；

(2) 可靠性；

(3) 使用安全性；

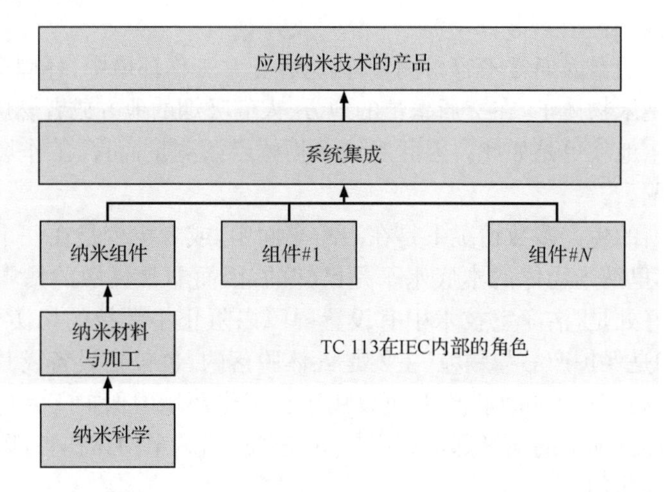

图 5.8 IEC/TC 113 在电子和电工技术产品标准化中的基本角色概览

IEC/TC 113 开发的标准将致力于经济模型的所有阶段：

(1) 基本(竞争前)技术研究；

(2) 从初始设计到原型制造的产品开发；

(3) 包括初始调度和大规模高产量生产的制造；

(4) 顾客/消费者的最终使用(操作)；

(5) 产品寿命终止处置和回收。

标准化策略是基于如前面两节概述过的，以质量管理 QM 为基础的策略来支持应用纳米技术的电子学产业化的概念。

基于工程常识，决策不是从供应链终端，而是在增值链的最初两个阶段就开始活动。这项工作被分配给 IEC/TC 113/WG 3，该工作组要致力于纳米制造当中最重要的要素。

(1) 材料。今天纳米结构材料是纳米技术的首要部分。几乎所有的现有纳米技术产品的性能都源自纳米结构材料的使用。这种结构是纳米尺度的，或是因为这种结构形成于:①材料加工过程中;②材料用在某些类型基底(均质薄层/纳米结构层)中;③对均质材料进行化学或者物理表面处理(如用原子力显微镜尖端去除材料);④由纳米物体(如颗粒、纳米管、纳米棒)在溶液、混合物中或者以团聚物或聚集体形式沉积在基底上。

到目前为止,尚无系统性方法能够明确说明哪些材料可通过ISO 9000认证,因为通过该认证需要很高的制造水平。

IEC/TC 113/WG 3解决这一问题的途径是下文描述的“空白详细规格”与“关键控制特性(KCC)”相结合这一概念。

(2) 设备。纳米结构材料的制造和使用也许需要特殊设备。如今能够获得这样的设备,而且已经在化学工业、微电子工业和微系统工业应用了。到目前为止,IEC/TC 113中没有关于设备的项目。这一情况也许很快就会改变。在远景展望中可以预期,自组装过程,以及在非常遥远的时期,纳米装配的使用将会开启这一领域的标准化活动。

(3) 过程。过程是需要关注的。即使今天纳米材料的制造过程是公司的知识产权和机密,如果主要附加值来自于产品设计以及纳米材料的特殊应用中,我们认为将来会有所改变。公司将需要与其他充分确定的过程相容的专门标准化过程。这个方向的第一步是一个致力于纳米材料在大规模芯片设备中应用的IEC/IEEE联合标准化项目。已解决问题的一个例子是与传统的CMOS加工过程的互换性。它不被接受是很容易理解的,因为存在纳米材料污染价值数十亿美元的设备、扰乱生产流程以及减少芯片制造产量的风险。

(4) 关键控制特性。材料规范是一个困难的问题。特别是如果质量要求非常高的时候,材料的微小偏差将很可能影响产量以及最终产品的性能和可靠性。甚至在众所周知和确定的用于微电子制造的晶体硅的案例中,也有影响最终产品制造、性能和可靠性的隐藏参数(参照之前给出的图5.6中的例子,一个重要的隐藏参数在经过大约20年深入工作之后才发现)。隐藏参数对纳米结构材料可能更为重要。这类材料的性质不仅取决于它们的化学成分,更取决于它们纳米结构中的缺陷以及极少量杂质。策略是对于这些材料描述得越详细越好,或者是实践。此外,对于影响最终产品预期功能的材料变化敏感的特殊性质应当予以测量。这些性质是“实用的”或者特定的产品相关“关键控制特性”,因为如在图5.9中指出的那样,它们直接同应用相关。意在使材料规范和这样的产品相关“关键控制特性”的结合能够在高质量制造中“足够好”地界定材料。

1. 例1:IEC 62565-2-1纳米制造—材料规范 第2-1部分:单壁碳纳米管的空白详细规格

这些活动集中在碳纳米管这一材料,它被许多专家看做将最有可能出现其工

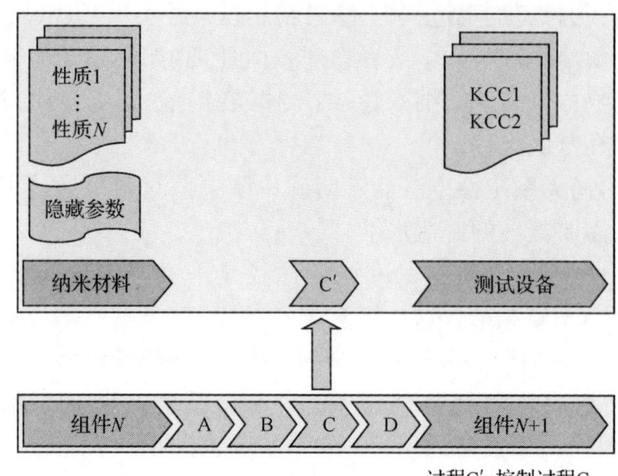

图 5.9 “隐藏”材料参数角色的可视化

这些参数难以直接进行表征，但可以用一个特定的产品相关(实用的)控制过程 C′来筛选，它生成一个容许预测纳米材料是否适合用于产品生产的 KCC

业应用的候选者。最早的调查（所有世界范围内主要的碳纳米管生产商的技术规格和能力)揭示了如下状况：

(1) 任何一个生产商的格式和特定的参数都不相同。一个生产商甚至声称指定任何参数都没有意义，因为生产过程不可能真正受到控制。

(2) 生产商之间的能力存在很大差异，作为一个例子，碳纳米管的平均长度按照不同生产商绘制成图(图 5.10)。

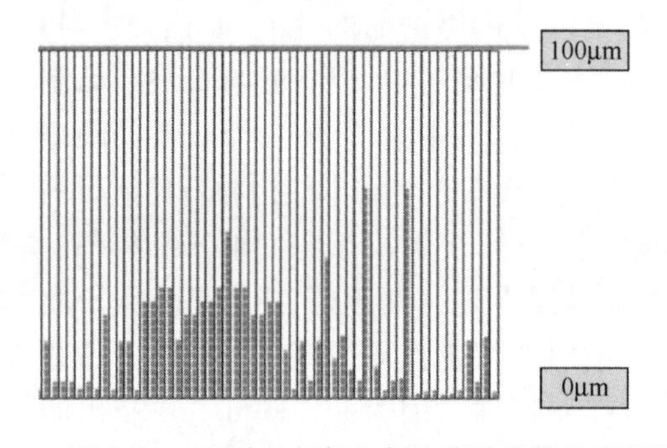

图 5.10 不同生产商生产的碳纳米管长度概览

各个生产商分别列示。每一条柱代表一个公司

(3) 据报道，在 2008 年 11 月，于马里兰州盖瑟斯堡(美国)举行的 TC 113 第三工作组会议上[8]，一个对用于 CMOS 的碳纳米管(CNT)进行的系统性筛选过程中，在 20 多家 CNT 生产商中，仅有两家通过了全部评判标准。没有现场净化过程，就没有合适的 CNT 材料。

(4) 对于 CNT 材料参数报告，没有一个统一的格式，更不用说标准化的材料表征方法了。

(5) 用户报告说对于重复的订货，在批次之间，CNT 的性质存在着显著的差异，如果终端产品必须拥有可重复和可预见的性能参数，则这种情况是绝对令人无法接受的。

作为帮助着手解决这些缺点的第一步，TC113 第三工作组已经决定开始关于CNT 材料规范标准的工作。

回顾一下微电子行业的经验，该行业长期的硅晶片短缺因第一个硅晶片标准（参数的例子：晶片直径、厚度、形状及纯度）的建立而得到了补救，IEC/TC 113 中的第一个项目是建立一个 CNT 在电工技术中应用的技术规格的指导原则。在格式、结构及内容设计中，借鉴了来自硅晶片标准 SEMI M1 的经验[11]。

该指导原则的核心是一个与最终产品潜在相关的参数表格，表格摘录如图 5.11所示。这个包含参数的表将高低限分隔开，且首选的测量方法在表中没有

5 Basic Specification Requirements

A basic specification is one that describes a commercially and technically appropriate single walled-carbon nanotube product having stable quality and parametric control. Single walled-carbon nanotubes produced to this specification shall be qualified through routine process checks (in the manufacturing process of the carbon nanotubes), demonstrating that the process is in a state of control.

The list of characteristics provided in the table 3 should be used as the basic specification requirement.

6 Recommended single-walled carbon nanotubes specification format

6.1 General Procurement Information

Table 2 - Format for general information

ITEM	INFORMATION	Date
General Specification Number		
Revision Level Part Number / Revision		
Growth Method	[ ] Laser ablation; [ ] High pressure carbon monoxide process; [ ] CVD; [ ] Arc synthesis; [ ] Combustion [ ] Other (specify):	
Functionalization (details to be provided)	Covalent [ ] non-covalent functionalization [ ] end / tip functionilazation [ ] side wall functionalization [ ]	
Dispersion Agent		
Dispersion Method		

6.2 Single-walled Carbon Nanotubes Characterization

6.2.1 General Characteristics

Table 3 - Format for general characteristics (after Saito et al, ref. 1)

ITEM		SPECIFICATION	Recommended Method (s)	Other MEASUREMENT METHODs
3-1	External Diametre	[ ] Nominal [ ] ± Tolerance [ ] nm	TEM	AFM, Fluoresecence, SEM; SPM; Raman;PL
3-2	Length	[ ] Nominal [ ] ± Tolerance [ ] μm	SEM	TEM; SPM; Raman;

图 5.11 摘自 PT 62625 的委员会草案，其中以图示阐明空白详细规格的概念

具体的数值。这一表格概念被称作“空白详细规格”,它提供了一个报告和记录相关 CNT 材料参数的统一格式。经验显示,这样的标准化格式显著缩短了撰写此类规格所花费的时间和工作量(也就是降低了交易成本),而且令采购过程对错误更有稳健性,即提高了质量。

图 5.11 的译文如下。

5 基本规格要求

一个基本规格是描述一个拥有稳定质量和参数控制,在商业上和技术上适当的单壁碳纳米管产品。按照这一规格生产出的单壁碳纳米管应当合乎例行过程检查标准(在碳纳米管制造过程中),以证明该过程处于受控状态中。

在表 3 中提供的特征列表应当用作基本规格要求。

6 推荐的单壁碳纳米管规格格式

6.1 总采购信息

表 2 一般信息格式

项目	信息	日期
总规格号		
修订级别 部分编号/修订		
生长方法	[ ] 激光消融;[ ] 高压一氧化碳处理;[ ] CVD;[ ] 电弧合成; [ ] 燃烧 [ ] 其他(详细说明):	
功能化 (需提供细节)	共价 [ ] 非共价功能化 [ ] 末端/尖端功能化 [ ] 侧壁功能化 [ ]	
分散剂		
分散方法		

6.2 单壁碳纳米管表征

6.2.1 一般特征

表 3 一般特征格式(Saito 等,参考 1)

项目		规格	推荐方法	其他测量方法
3-1	外径	[ ] 名义 [ ] ± 公差 [ ] nm	TEM	AFM,荧光,SEM; SPM;拉曼;PL
3-2	长度	[ ] 名义 [ ] ± 公差 [ ] μm	SEM	TEM; SPM; 拉曼

除这一核心内容之外,空白详细规格还包含关于 CNT 结构的一般信息,如怎样定义手性(图 5.12)。

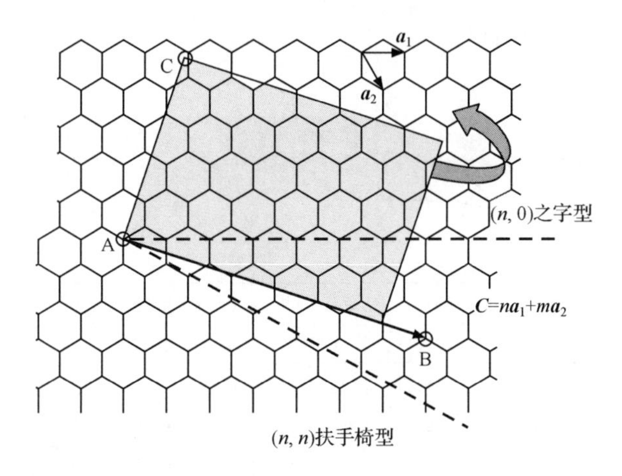

图 5.12 摘自 PT 62625 委员会草案中给出关于 CNT 参数一般信息的部分，本摘录解释了草案文件图 5.1 中碳纳米管的手性概念

空白详细规格未来将成为详细规格的“父辈”标准，详细规格将包含那些与保证最终产品的性能参数达标相关的参数的实际数值。换言之，即材料 KCC。

根据 QFD 原则，KCC 可以进一步回溯并与 CNT 生产商级联，在此必须认定 CNT 制造过程的 KCC。最近一个例子是在 CVD 制造过程中加入一定量的氦以便将金属 CNT(相对于半导体 CNT)的百分比提高到超过 90%[12]。这是很理想的，如应用 CNT 的导电性使一个绝缘聚合物基体导电，又如在用作显示的透明薄膜或者是基于二氧化钛的光伏电池的 CNT 添加剂情况下。

公布标准草案文件前的最后一步是询问生产商和用户以求得其反馈，以此来验证此标准。结果将产生新草案，其中在可以预见的将来，关联性不大的参数将被省略，以令文件更加“用户友好”。

2. 例 2：IEC 62607-2-1 纳米制造—关键控制特性 第 2-1 部分：碳纳米管材料—膜电阻

CNT 在电子产品中的最初应用之一可能会是用于柔性显示的透明和柔性衬底。该产品的一个 KCC 是薄片电阻率。由来自韩国的 Ha Jin Lee 领导的 PT 62607 项目正在发展一种用 CNT 供应商提供的材料生产 CNT 薄膜的标准化制备方法，该方法得出膜电阻值，此值在不同供应商之间变化相当大。这一测到的“复合”参数受到许多基本材料参数的影响(如单根管的电阻、管的平均长度、管的表面性质及其分散状态)。测量所有这些基本材料参数并且从中得出一个 CNT 薄膜(条带)的薄片电阻率值将会相当复杂。再者，一些很有可能出现的“隐藏”参数将令这一任务成为不可能。因此唯一可行的途径是使用实际的且与产品相关的 KCC。试运行结果(图 5.13)表明，这一间接性能表征方法相对而言是稳妥的，而且与柔性透明薄膜的应用相关。

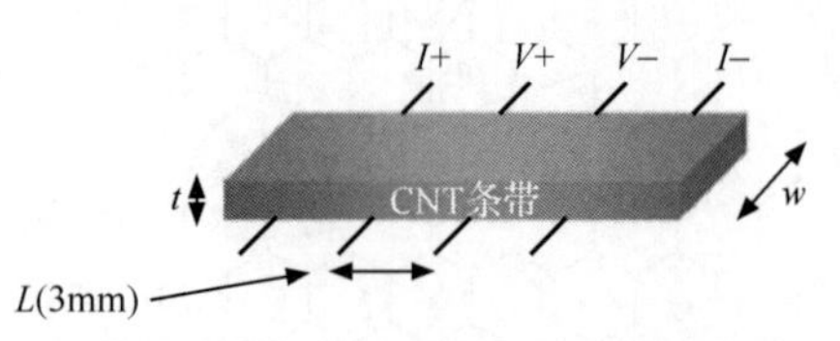

CNT	量与单位	1	2	3	4	5	平均值
MWNT(A)	$R(\Omega)$	19.03	27.27	27.04	20.83	20.38	
	$\rho_s(\Omega/sq.)$	5.45	5.45	5.41	5.42	5.43	5.43±0.02
MWNT(B)	$R(\Omega)$	2080	1920	1860	1680	1310	
	$\rho_s(\Omega/sq.)$	693.3	672.0	620.0	616.0	679.5	656.17±35.7
MWNT(C)	$R(\Omega)$	226.8	185.6	210.3	225.4	202.6	
	$\rho_s(\Omega/sq.)$	83.92	89.09	92.53	78.89	83.07	85.50±5.35
SWNT(D)	$R(\Omega)$	9.55	7	7.4	7.6	6.4	
	$\rho_s(\Omega/sq.)$	1.43	1.40	1.53	1.52	1.79	1.53±0.15
SWNT(E)	$R(\Omega)$	38.9	36.0	52.1	38.2	36.1	
	$\rho_s(\Omega/sq.)$	14.00	12.60	18.24	16.43	14.44	15.1±2.21

图 5.13 来自几个供应商的 CNT 样品制备的 CNT 条带(16)的四接触测量装置图示
结果证明,该方法给出相对稳妥的结果,并且显示 CNT 供应商之间存在着显著差异
(报告由 PT 62607 项目主管在 2009 年 4 月的第三工作组会议上作出)[16]

5.4 未来发展

如果基于质量管理(QM)的标准化策略对纳米电子生产是合理的,该策略适用于其他纳米技术产品吗?

对于任何对安全性和/或质量敏感的工业部门,如汽车、航空航天或者医药行业供应的产品,答案必然是肯定的。因为在这些领域里,对由纳米技术所带来的巨大飞跃和突破的期望很高,应当强制使用诸如以质量管理(QM)为中心的策略以保证及时且平稳的产业化。在这一背景下,应当注意的是,QFD 和其他 QM 工具的使用已经缩短了在汽车和其他行业中 50%的研发时间[13, 14],并且显著地降低了对在生产启动后无计划的最后一刻的改变的需求。

对于既对质量也对安全性不敏感的日用产品而言,乍一看,对遵循 QM 策略没有强烈需求。然而,一个有着良好架构的,在某种程度上由 KCC 控制的 QM 体系,适应了简化的要求(更少的 KCC 和更宽的规格限度),仍然会有经济上的益处,如同在一个基于 ISO 9001 的 QM 体系的经济利益的综合研究中显示的那样[15,17]。

因此,我们的结论是,对日用品部门而言,如果QM原则运用于这些产品部门的标准化,仍将是有益的,在确定KCC这一问题上付出的努力与预期利益是一致的。在电子产品的案例中,绝对有必要同现有的标准化活动同步。

因为在第5.3节中概述过的电子产品标准化策略处于起始阶段,而且只是部分实施,不用说在接下来数年里,该初步概念将会经历几个学习周期。所以在第5.3节中提议的标准化的系统化不应被视为最终的"事实",而是"正在进行的工作"。

与纳米制造相关的标准的实际结构如表5.1所示。基本想法是,材料采购、纳米制造过程及制造设备都需要一个成熟的高质量制造标准。对材料采购和过程控制,还额外需要意义明确的关键控制特性。期望在不久的将来,一小批明确定义的材料和过程将用于电子产品的大规模制造。为了支持这一发展,IEC/TC 113开发了一套用于解决前述的纳米制造四个方面的标准编码方案,该方案结构严谨,但对更多材料、过程、KCC及设备的增加是没有限制的。这些可以根据工业中利益相关方的要求而加入。

5.5 结　　论

在本章开头几节中回答的首批问题之一是关于应用纳米技术的产品性能的先期标准化是否有意义,先期标准化对一个关键可行技术,如纳米技术中的创新和技术进步绝没有害处。曾经提到过,电子工业这一毫无疑问属于最具创新性的产业,几乎无所不在的标准应用在两位数的百分比范围内节省了成本,而且先期标准化是促进该产业从晶片直径200 nm向300 nm的转变。

事实上,在更普遍的宏观经济背景下,一幅新图景正在浮现。在拥有超过大约1000亿美元销售额的巨型工业门类当中,微电子产业拥有最高增长率,这主要归功于其高创新率。与此一致,一个由AFNOR[18],即法国国家标准化机构所做的研究显示,标准对经济增长的贡献率是1%,即成熟的OECD经济体(在通常情况下)典型的经济增长数字3%中很可观的一部分要归功于标准化。引人注目的是,一项由DIN,即德国国家标准化机构所做的标准的经济影响的研究表明,标准对经济的影响大于所有专利的影响。

因此,得出的第一个结论是:早期阶段的先期标准化是有意义的。

回答第二个问题"如何应对预期的产品性能相关规格"的指导原则是以用户为中心,以及如何保证应用纳米技术的产品的特定性能而不仅仅止步于测试。纳入管理的性能,可靠性和耐久性(可以看作是一个对应用纳米技术的电子产品质量的"长期"描述)是依照已经在对质量和安全性敏感的行业中成功使用了几十年的质量和过程管理原则来实施的。中心思想是KCC概念的实施,即识别那些对保证最终产品性能参数符合技术规格很关键的材料和过程参数。换言之,质量等于不能在产品中检查但可以由KCC积极管理的性能。

KCC模型已经用于CNT规格,以及一个适合于进厂检验或嵌入式过程控制的测试,其他针对增值链所有阶段的项目处于初始阶段。

这一KCC模型不仅可用于纳米电子学,而且可用于应用纳米技术的产品制造的所有其他领域。KCC参数的数量和每一参数的"允许"限度当然要取决于应用。如果没有对关键工艺和材料参数的管理,以及严格的过程和质量管理,将会发生什么?一个有教益的例子是光伏产业现在的状况。到目前为止,光伏是真正的大规模生产行业。光伏模块生产商屡次面对"不受控制的"材料变化,如用于印刷前格栅指状物的银焊膏。会在极大程度上影响焊接性质,以至于无法将晶片焊接到弦上,反之,使用老式焊膏就没有问题。情况类似,用于电池的纳米材料的任何改变都能对最终产品的性能和耐久性产生深远影响,即使改变按照最好的意图进行。很明显,在大规模生产阶段改正此类问题更加困难和昂贵,不如建立一个系统化的KCC模型在第一时间避免此类问题。

超越纳米技术,我们建议,对于所有与产品制造相关的ISO和IEC标准都应该有一个系统性的研究,不论那些标准是否有改进的潜力,也不论是否可以整合KCC原则。

参考文献

[1] http://www.nanotechproject.org/inventories/

[2] Li, Y., Tan, B., Wu, Y.: Mesoporous Co_3O_4 nanowire arrays for lithium ion batteries with high capaciy and rate capability. Nanoletters **8**, 265-270(2008)

[3] ISO 9001:2008. ISO Standards Development Organisation, Geneva. http://www.iso.org

[4] Bergholz, W., Weiss, B., Lee, C.: Benefits of standardization in the microelectronics industry and its implications for nanotechnology and other innovative industries. In: International Standardization as a Strategic Tool. Commended papers from the IEC Centenary Challenge, pp. 35-50(2006)

[5] Geleng, J.: Infineon Technologies. Private communication(2000)

[6] ISO TS 16949:2009. ISO Standards Development Organisation, Geneva. http://www.iso.org

[7] Cristiano, J., Liker, J., White III, C.: Customer-driven product development through quality function deployment in the U.S. and Japan. J Prod Innov Manage **17**, 286-308(2000)

[8] Winkler, R., Behnke, G.: Gate oxide quality related to bulk properties and its influence on DRAM device performance. In: Huff, H.R., Bergholz, W., Sumino, K.(eds.) Semiconductor Silicon 94, p. 673. The Electrochemical Society, Pennington, NJ(1994)

[9] http://www.itrs.net/news.html

[10] Segal, B.: Minutes of the IEC TC 113 Working Group 3 Meeting in Gaithersburg, Washington, DC, Nov 2008

[11] Semiconductor Materials and Equipment International, San Jose, CA. http://www.semi.org

[12] Harutyunyan, A. R. , Chen, G. , Paronyan, M. , Pigos, E. M. , Kuznetsov, O. A. , Hewaparakrama, K. , Min Kim, S. , Zakharov, D. , Stach, E. A. , Sumanasekera, G. U. : Preferential growth of single-walled carbon nanotubes with metallic conductivity. Science **326**, 116-120(2009)

[13] Clausing, D. : Total Quality Development. American Society for Mechanical Engineers Press, New York(1994)

[14] Slabey, W. R. : QFD: A basic primer-excerpts from the implementation manual for the three day QFD workshop. Transactions, second symposium on QFD, Novi, MI, 18-19 June 1990

[15] Lo, C. K. Y. , Yeung, A. C. L. , Cheng, T. C. E. : Impact of ISO 9000 on time-based performance: an event study. Int J Humanit Soc Sci **1**, 35-40(2009)

[16] Lee, H. -J. : Private communication

[17] Terziovski, M. , Power, D. , Sohal, A. S. : The longitudinal effects of the ISO 9000 certification process on business performance. Eur J Oper Res **146**, 580-595(2003)

[18] AFNOR: The Economic Impact of Standardization-Technological Change, Standards Growth in France. AFNOR, Paris(2009)

第6章 工业应用领域纳米技术表征与测量的标准化动态

一村信吾，野中秀彦

6.1 引　　言

本章简要描述目前在各标准化组织中开展的与纳米技术测量和表征相关的标准化活动，重点强调国际标准化组织(ISO)的工作。自从2001年美国提出国家纳米技术计划(NNI)以来，工业化国家和发展中国家都在加速对纳米技术的研究和开发(R&D)方面的投资[1]。对应着全球范围内持续增长的对纳米技术的关注，对纳米技术标准化方面的兴趣也自2004年起变得显著，并形成了包括美国、欧洲和亚洲在内的三边框架。

2004年3月欧洲标准化委员会(CEN)的技术委员会(BT)成立了纳米技术的工作组(WG)——BT WG 166。其主要任务是分析在这新的领域里的标准化活动需求并开始开展相关活动(见http://www.cen.eu)。这项任务随后由2005年建立的新的纳米技术委员会(TC)352继承。2004年8月，美国国家标准学会(ANSI)建立了一个纳米技术标准委员会(NSP)，它作为跨部门协调机构，促进在纳米技术领域标准的发展(见http://www.ansi.org)。2004年11月，在日本应经济产业省(METI)的要求，日本标准协会(JSA)也建立了一个纳米技术标准专家组(NSP)，着手讨论并准备纳米技术的标准化草案路线图。在所有这些活动中，纳米技术测量和表征的标准化都是关键问题。

纳米技术的测量和表征标准化不仅是促进纳米技术工业应用的决定性因素，而且也可以使纳米技术容易为社会接受。众所周知，对于纳米技术已经有了消极的社会反应[2,3]，对于纳米材料的处理采取事先预防措施是必要的[4]。这种消极的社会反应源自于一些认为包括碳纳米管(CNT)在内的纳米材料(纳米物体)对

S. Ichimura(✉)
National Institute of Advanced Industrial Science and Technology (AIST),
1-1-1, Umezono, Tsukuba 305-8568, Japan
e-mail: s. ichimura@aist. go. jp

于人体健康和/或对生态系统有害的报道[5-7]。然而，对纳米材料的效应的精确调查，必须基于共同的测量方案和标准物质。因此，测量和表征的标准化是提高公众对于纳米技术风险意识的关键问题。

在前述活动基础上，2005 年 ISO 成立了纳米技术标准化技术委员会 TC 229。自从 2005 年 11 月在伦敦举办的第一次会议以来，截至 2009 年年底，ISO/TC 229 已召开了 9 次全体会议（2009 年 10 月在以色列特拉维夫举行第 9 次会议）。目前，有 33 个国家成员体（即国家）为 P 成员，他们为标准化活动作出积极贡献并享有投票权利，以及 11 个国家成员体为 O 成员（观察员）。应该强调的是，不仅是主要工业国家而且新兴发展中国家也对 TC 229 有积极贡献。

ISO/TC 229 的范围中明确指出，它的标准化工作的重点在纳米技术领域，其中包括：

（1）对于纳米尺度的物质和加工过程的控制和理解，特别是（但不限于）在一维或多维尺度上小于 100 nm 的情况下，尺寸依赖效应常常会产生崭新的应用。

（2）利用纳米尺度的材料不同于单个原子、单个分子和块体材料的性质，制造充分利用这些新特性的改进材料、设备和系统。

在纳米技术领域的标准化过程中要体现纳米技术的两个主要方法的差异，即“自上而下”和“自下而上”的方法。众所周知，“自上而下”的方法是建立在目前的微加工技术的进一步发展的基础上。该方法的目标是用纳米技术取代传统的工业技术，可被称为“进化性的纳米技术”。其年度研发的目标，如在信息和通信技术（ICT）和电子工业中所给出的例子一样，往往通过有量化指标的路线图表示。通过这种方法，可以较为容易地识别何时应该修订现存标准或者建立一个新的标准。因此，与这种方法相关的纳米技术标准化可被称为“待命”类型，这类纳米技术标准主要在国际标准化组织现有的标准化委员会内讨论，而不是在 TC 229 中讨论。此类标准化的一个典型例子，将可能是根据国际半导体技术发展路线图（ITRS）发展建立的一套纳米尺度的标准。图 6.1 形象地显示了现存标准组织和新建立的纳米技术标准组织（如 ISO/TC 229）的标准活动的发展方向。

“自下而上”的方法主要基于自组装机制来组装原子水平的结构，旨在开辟一个新的工业技术的阶段，可被称为“革命性的纳米技术”。人们总是不得不在发现和/或组装（创造）出新的纳米材料/纳米结构后等待创新的应用。因此，这类方法的标准化可以被称为“跟进”类型，在“我们如何称呼它”、“我们如何测量它”和“它可能有什么效应”等项目上应该有更高的优先权。

图 6.2 显示了 ISO/TC 229 的结构。2006 年 5 月在东京举行第二次会议后，成立了三个工作组（WG）：第一工作组（WG1）为术语和命名法，第二工作组（WG2）为测量和表征，第三工作组（WG3）为环境、健康和安全。随后，WG1 和 WG2 决定和国际电工委员会（IEC）/TC 113、电气和电子产品及系统纳米技术标

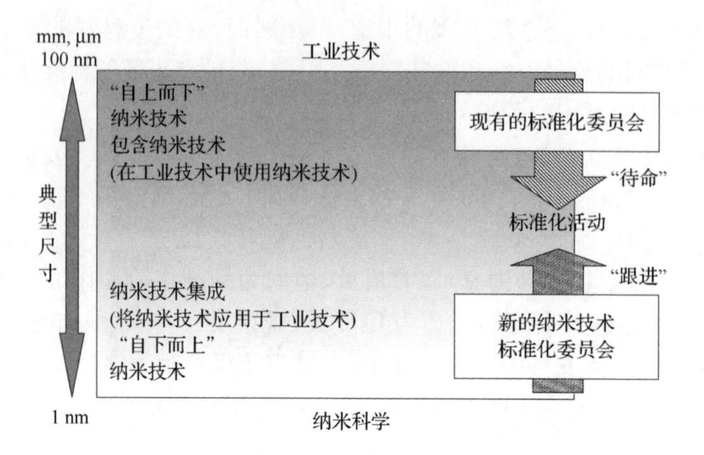

图 6.1　和纳米技术有关的标准化活动示意图

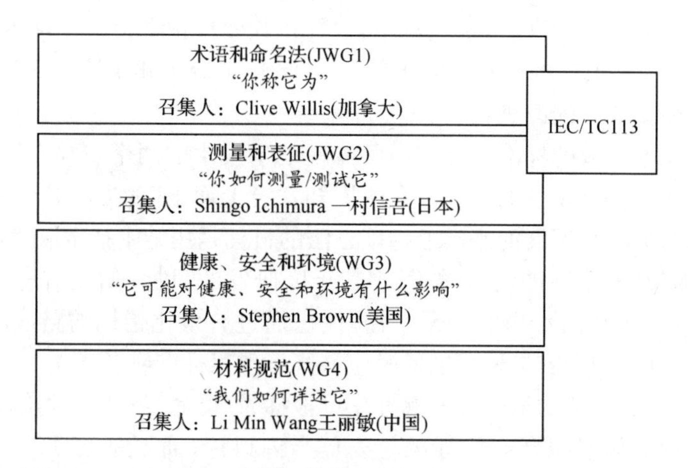

图 6.2　ISO/TC 229 目前的结构及其与 IEC/TC 113 之间的关系

准化委员会联合工作。2007 年 12 月在新加坡举行的第五次大会上举行了联合工作组(JWG)会议。除此之外，ISO/TC 229 又成立了有关材料规范的第四工作组(WG4)，并于 2008 年 11 月在上海举行的第七次大会上召开了第一次会议。ISO/TC 229 成员组织提交给第一联合工作组(JWG1)或第二联合工作组(JWG2)的新标准化工作项目(NWI)，要同时在 ISO/TC 229 和 IEC/TC113 的各国家委员会内传阅投票。由 IEC/TC 113 的成员组织提交的 NWI 以相似的方式处理，只要内容在 JWG1 和 JWG2 工作范围内，也必须在 ISO/TC 229 内传阅和投票。

ISO/TC 229/WG 2(JWG 2)的工作范围于 2006 年 5 月在东京举行的第二次大会上确定，即“制定纳米技术的测量、表征和测试方法的标准，同时也顾及计量学和标准物质的需要”。

从 ISO 的概念数据库中，我们可以找到 37 个“测量”的定义和 3 个“表征”的定义。“测量”的定义的典型例子是“通过实验获得一个或多个量值的过程，结果可合理地归结为一个量值”（ISO 18113-1:2009）。而“表征”的定义是“将依赖于设备的特征值与不依赖设备的特征值相关联的过程”（ISO 12646:2008）。相比使用这些定义，参考以下的考虑可能更为合适。此处，“测量”可能被视为“将某些物质、物体或系统的可变特性、性质或属性和某些基准进行定量比较的过程”（NIST USMS 评估报告中的图 6.2），而美国国家科学研究委员会材料咨询理事会则将“表征”定义为“……材料的那些组成和结构（包括缺陷）特征，这些特征是在某些特定的制备、性质研究或使用上有显著意义的，并且足以实现该材料的重复制备”[8]。

因此，测量和表征标准化的第一步可能有所不同，这取决于 ISO/TC 229/WG 2 是把测量放在更高的优先地位还是把表征列为更高的优先地位。如果测量具有更高优先权，则与纳米技术有关的必要“基准”（或标准单位）以及准备这些基准的测试方法的优先权更为重要。而如果表征有更高优先权，则纳米技术领域的重要“材料”以及准备表征这些材料的技术和协议的优先权则更为必要。在东京举行的 ISO/TC 229 第二次会议上，ISO/TC 229/WG 2 讨论了这一问题，并决定首先关注纳米材料的表征，特别是对于碳纳米管（CNT）的表征。

在讨论碳纳米管的表征的同时，ISO/TC 201/WG 2 成立了由英国 Kamal Hossain 博士以及从成员组织提名的专家领导的战略研究组（SG）。该 SG 调研和讨论了纳米技术对于测量和表征的需求，基于如下的目标：

（1）需要制定工业界所用的纳米技术产品的测量和表征标准；

（2）通过制定必要的表征、测量和测试标准，与 ISO/TC 229 和 IEC/TC 113 的所有工作组紧密合作，制定拥有紧迫共同利益的标准；

（3）确保与其他 ISO/TC 以及其他制定测量和表征标准的标准化组织的 TC，以及如果适当的情况下，与经济合作与发展组织（OECD）委员会相关工作的协调；

（4）促进利益相关方参与标准化活动和预先研究；

（5）收集相关信息，为标准化需求规划系统性的优先处理方法，以支持制定有效的 JWG 2 工作程序。

SG 向 ISO/TC 229/WG 2 提交的报告中，基于 ISO/TC 229 问卷调查结果，提出了具有较高优先级别的 6 个关键领域以及可能的标准化主题。表 6.1 列出了拟议中的具有高优先级别的领域[9]。

以下将简要介绍目前工程纳米材料（6.2 节），以及涂层/纳米结构方面（6.3 节）的测量和表征标准化活动。在 6.2 节中将特别关注 ISO/TC 229/WG 2 基于碳纳米材料（纳米管）方面的标准化活动，而在 6.3 节中则是 ISO/TC 201，表面化学分析标准化委员会，在涂层和/或纳米结构的分析技术方面的活动。除了 ISO/TC 229 和 ISO/TC 201 外，也将简要介绍诸如 ISO/TC 24/SC 4、IEC/TC 113 和 IEEE 以及区域性的标准组织，如 CEN/TC 352、ASTM E42 和 E56 的工作（6.4 节）。

表 6.1　基于 ISO/TC 229/WG 2 中 SG 提出的策略报告中纳米技术测量和表征方面的优先领域

编号	优先领域
A	碳纳米管和相关结构的测量和表征标准
B	工程纳米颗粒的测量和表征标准
C	涂层的测量和表征的标准
D	纳米结构材料的测量和表征标准(复合材料和多孔结构材料)
E	纳米尺度的基本计量学标准
F	标准物质的表征、规范和生产导则

6.2　包括纳米管在内的工程纳米材料的测量/表征标准化(ISO/TC 229/WG 2 在纳米技术领域的活动)

6.2.1　代表性的工程纳米材料

为了创造新的功能,已经制造和使用了多种纳米材料。表 6.2 列出了日本在 2006 年进行的一项调查所得出的代表性工程纳米材料及其使用量[10]。炭黑在世界范围内的使用量最大,约为 83 万吨,主要用于汽车轮胎,以增加耐久性。二氧化硅(硅土)的使用量则为第二(约 13 500 吨),主要用做硅橡胶膜添加剂、纤维增强塑料等。二氧化钛(约 1250 吨)紧随其后,主要应用在化妆品和色粉等领域。表 6.3 总结了 2006 年对一些选定的纳米材料欧洲市场规模的估计值,该数据可以在 NanoRoadSME 网站上获得。尽管市场规模以重量或金额两种不同方式表述,预计所有材料的市场规模到二十一世纪一十年代中期时迅速发展,并将形成巨大的市场。

表 6.2　代表性的工程纳米材料以及它们 2006 年在日本的使用量　(单位:吨)

纳米材料	使用量
碳纳米管(CNT)	
单壁(SWCNT)	0.1
多壁(MWCNT)	60
碳纳米纤维	60~70
炭黑	8.3×10^5
富勒烯	2
树枝状聚合物(dendrimers)	50
氧化锌	480
二氧化钛	1.25×10^3
二氧化硅	1.35×10^4

表6.3　2006年评估的欧洲纳米材料市场的估计规模

纳米材料 \ 时间段 \ 年份	2006	2007	2008	2009	2010	2011	2012	2013	2014
	短期		中期		长期				
炭黑	约960万吨								
碳纳米管	约7亿美元		约36亿美元		约130亿美元				
疏水二氧化硅纳米颗粒	约1000万美元		约1300万美元		约4000万美元				
纳米蒙脱土(片状)	约1000万美元		约1300万美元		约4000万美元				
碳纳米颗粒/填料聚合物(块状)	约2100万美元		约3000万美元		约7500万美元				
碳化硅纳米纤维	约150吨/年		约1500吨/年		约3000吨/年				
纳米钛颗粒	约1500吨/年		约3500吨/年		约7500吨/年				

注：引自NanoRoadSME图3，并有所修正

CNT的使用量只有60吨，主要以多壁CNT(MWCNT)的形式为半导体行业制造防静电托盘。然而，ISO/TC 229/WG 2在东京举行的ISO/TC 229第二次会议上，决定把CNT标准化列为最高优先级，该决定基于以下的原因：自从第一次经由透射电子显微镜(TEM)发现碳原子可以排列成管状[11]，各种亚结构的CNT(单壁、双壁、多壁)及其同质异形形式如石墨烯、纳米号角(nanohorns)及其他形式得到确认；基于其手性，CNT可以兼具金属和半导体的特性；此外，现已查明CNT具有高拉伸强度(比铁高出100倍)、高电子迁移率(比传统的半导体材料高1000倍)、高电子发射率(比传统的电子束源大100倍)、高热导率(比钻石高出几倍)、高氢吸收度(比金属高出5倍)以及低密度(金属铝的一半)等特性[12,13]。

最近的报道显示，CNT有诱发间皮瘤的可能性[6,7]，因而除了工业中的重要性，CNT的潜在风险评估方面的标准化工作是非常重要和紧迫的。上述SG的战略报告中同样指出迫切需要关于风险评估的标准化项目，如图6.3所示。这项需求基于ISO/TC 229关于标准编制优先级和迫切性的排名次序的一次问卷调查结果。针对CNT的调查结果明确显示具有最高优先级和最紧急的项目是吸入测试。同时，其他项目，诸如毒理学测试、暴露确定和安全操作等，与直径分布、采样方法、长度分布和化学结构的表征同样具有高优先级别和紧迫性。值得一提的是，与工程纳米材料毒理学评估相关的理化特性表征方法的导则，当前正在ISO/TC 229/WG 3和WG 2之间通过针对环境、健康和安全(EHS)问题的测量和表征联合任务组进行讨论。该任务组由美国的Angela R. Hight Walker博士领导，以协助OECD的活动。

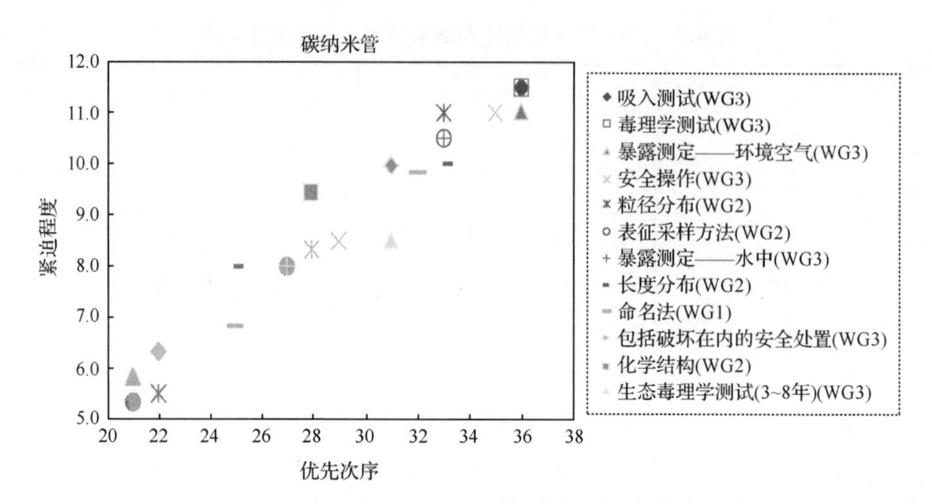

图 6.3　与碳纳米管相关的可能新工作项目的优先次序分析[9]
该优先次序基于 ISO/TC 229 向成员组织提出的问卷调查的结果

6.2.2　MWCNT 表征的标准化

为了提高 CNT 的纯度和结晶度(石墨化),已经研究了许多复杂的合成方法。随着合成方法的改进,相关测量和表征技术也在同步发展和改进。因此,ISO/TC 229/WG 2 在成员组织的专家中开展了关于表征 MWCNT 时必须测量的性质和可能的测量方法的问卷调查。该问卷调查询问每一种性质的测量对于供应商和用户适当的质量控制而言是否重要,以及某种给定的测量方法是否已经牢固确立可用于表征 MWCNT 的性质。

表 6.4 表示了从 6 个国家挑选的 25 名专家的回答。对于问卷中列出的 15 个测量性质,专家回应表 6.4 中列出的 13 个性质最为重要:即专家们赞同灰分、金属残留量、挥发物含量、多环芳烃含量以及除 MWCNT 之外的碳材料的含量的测量对于纯度控制是至关重要的。专家还认为,测量无序态、燃烧性、内/外径、长度和形貌对于 MWCNT 物理和几何性质的控制是必要的。专家们同时回复大部分建议的测量方法,如电感耦合等离子体原子发射光谱(ICP-AES)、X 射线荧光分析(XRF)、扫描电子显微镜(SEM)、透射电镜(TEM)、热重分析/差热分析(TGA/DTA)和比表面积测量(BET)等已经很实用了,但是他们认为其中有一些方法还没有充分建立起来。

根据问卷调查,日本工业标准协会(JISC)提交了新的工作项目建议,将 MWCNT 的表征作为一份技术规范(TS),作为准标准出版。该提案是为了响应对导则的紧迫需求,该导则可满足一种已经确定的需求。TS 文件通常会在此文件公布 3 年后,经评估并考虑其是否可以再增加内容进而转化为国际标准(IS)。

表 6.4　MWCNT 表征的测量性质和测量方法，来自对 ISO/TC 229/WG 2 专家的问卷调查结果

性质	测量方法	在 TR 10929 中的方法
灰分	失重法	同左
金属残留量	ICP-AES 或 XRF	同左
挥发物含量	失重法	同左
多环芳烃	体电阻率测量	HPLC-MS
MWCNT 之外的碳材料	SEM 和/或 TEM	同左
无序态	Raman[a]	同左
燃烧性	TGA/DTA	同左
堆叠性质	XRD[a]	XRD 或 TEM
内径	TEM	同左
外径	SEM 和/或 TEM	同左
长度	SEM[a]	SEM or TEM
形貌	SEM 和/或 TEM	同左
表面	BET	[b]

注：ICP-AES 电感耦合等离子体发射光谱，XRF X 射线荧光分析，HPLC-MS 高效液相色谱-质谱法，SEM 扫描电子显微镜，TEM 透射电子显微镜，TGA/DTA 热重分析/差热分析法

a 一些专家认为该方法还未很好建立起来(适合)；

b 该性质没有列入 TR 10929

根据成员组织的投票结果，此建议项目由原来的技术规范文件(TS)改为技术报告(TR)10929。JISC 在提案中增加了一个性质的测定(用失重法测量含湿量)，删除了另一个性质的测量(表面积)，并为表 6.4 列出的一些性质的测量提供了多种可选择的测量方法。原则上，在 TR 10929 中，要对每一组测量性质和测量方法的实验过程和实验结果的表述进行解释并建立规则。该 TR 将在采纳了成员组织的意见并修改后发布。

除了表 6.4 中列出的表征 MWCNT 的特性，韩国技术标准局(KATS)还提出了关于表征 MWCNT 弯曲率的新提案。用化学气相沉积(CVD)法合成的 MWCNT 有沿其轴线的静态(稳定)的弯曲点的随机分布，大规模生产的 MWCNT 的物理和化学特性强烈地依赖于单个 MWCNT 颗粒的介观形状的统计分布和粒度，这些颗粒组成了宏观的 MWCNT 产品。因此，对于 MWCNT 产品性能的重复性，以及它们在复合物和溶液中的应用，甚至对环境、健康和安全方面的评价来说，表征 MWCNT 的介观形状是至关重要的。该提案已被批准，编号为 TS 11888，并由 H. Sang Lee 博士领导的 ISO/TC 229/WG 2 项目组(PG)负责制定。除了在表 6.4 中列出的用 ICP-AES 测定金属残留量的标准外，JWG 2 开始讨论由中国的陈

春英博士领导的 PG 关于 ICP-MS(质谱)的标准。表 6.5 列出了当前 ISO/TC 229/WG 2 中有关 MWCNT 的表征的项目。

表 6.5　当前 ISO/TC 229/WG 2 中有关 MWCNT 表征的项目列表

文件	新工作项目	成员组织
TR 10929	多壁碳纳米管(MWCNT)表征-测量方法总汇	JISC
TS 11888	多壁碳纳米管(MWCNT)的介观形状因子的测定	KATS
TS 13278	用感应耦合等离子体质谱(ICP-MS)测定碳纳米管(CNT)中的金属杂质	SAC

6.2.3　SWCNT 的表征的标准化

对于 SWCNT 的表征的标准化,美国国家标准学会(ANSI)提出根据表征级别分类。也就是说,第 1 级别为纯度和结构特性的分析;电、磁、力学性质、光学特性和其他性质为第 2 级别;功能性质分析为第 3 级别;与其他材料的相互作用,如生物分子相互作用分析则为第 4 级别。此外,ANSI 建议在第 1 级别的表征里,将形貌、长度和直径、管型、分散性/溶解度作为结构特性表征的主要目标,并且提出将采用 5 个作为初步筛选步骤的测量方法(A 部分),6 个更为详细的分析方法(B 部分)以及另外 6 个补充分析方法(C 部分)作为第一级别表征的一部分。表 6.6 中列出了 A、B 和 C 各部分中的分析方法。在这里,“×”标志意味着该测量方法可应用于性质的表征。

表 6.6　ANSI 提出的测量性质和测量方法一览表

级别 1：纯度和结构性质

表征步骤	表征手段	形貌	纯度	长度和直径	管型	分散度/溶解度	其他
A 部分:初步筛选步骤	SEM/EDX	×	×	×		×	
	TEM	×	×	×			
	Raman		×	×	×		
	UV-Vis-NIR 吸收		×	×	×	×	
	TGA		×				×
B 部分:进一步详细分析	荧光光谱			×	×	×	
	表面积测量						×
	XPS		×				×
	AFM			×		×	
	FTIR						×
	ICP		×				

续表

级别 1：纯度和结构性质							
表征步骤	表征手段	形貌	纯度	长度和直径	管型	分散度/溶解度	其他
C 部分：附加分析	STM				×		
	XRD						×
	XRF		×				
	EXAFS						×
	电子束衍射				×		
	光、X 射线、中子衍射			×		×	

注：XPS X 射线光电子能谱，AFM 原子力显微镜，FTIR 傅里叶变换红外光谱，STM 扫描隧道显微镜，XRD X 射线衍射，EXAFS 扩展 X 射线吸收精细结构

表 6.6 中列出了形貌表征的主要方面，即分析管的结构、管束的厚度，用扫描电子显微镜(SEM)和能量色散 X 射线分析(EDX)方法确定管的取向，用透射电子显微镜(TEM)分析管壁的结构以及无定形碳和金属催化剂被覆层。为了获得附加的表征信息，还建立了以下目标项目：用热重分析法(TGA)分析氧化/转变温度；用表面积测量分析表面积和孔径；用 X 射线光电子能谱(XPS)分析化学键联状态；用傅里叶变换红外光谱(FTIR)分析官能团和挥发成分；用 X 射线衍射(XRD)分析结晶度；用扩展 X 射线吸收精细结构(EXAFS)分析化学键联状态和邻近的原子信息等。

基于 2006 年 12 月在韩国首尔举行的第三次 ISO/TC 229 会议上的讨论，TC 229/WG 2 决定将标准化的第一步集中于 A 部分所列的 5 个测量方法，并增加两个额外的测量方法，即近红外光致发光吸收光谱(NIR-PL)及逸出气体分析气相色谱质谱(EGA-GCMS)。NIR-PL 的目标是提供一个"在某一样品中半导体性的 SWCNT 的手性指数测量方法，和它们的相对 PL 强度"，而 EGA-GCMS 旨在提供"表征 SWCNT 的挥发性杂质的导则"。

表 6.7 列出了当前与 SWCNT 的特性表征相关的工作项目以及提出这些项目的成员组织名称。所有的项目都将发布 TS 文件作为第一步目标。应当强调的是，在首尔会议上，还决定其中有两个项目将在两个成员组织共同领导下进行，即 PG1(TEM)由 ANSI 和 JISC 共同领导，PG7(TGA)则由 ANSI 和 KATS 共同领导。会议还商定需和其他成员组织共享文档的准备过程，以尽早提供最后的文件(作为 IS)。

值得注意的是，表 6.6 中的多种测量方法被认为适用于测量一种特定的性质，如纯度、长度和直径等。以纯度为例，每一种测量方法可以给出下列信息(表 6.8)。

表 6.7　目前 ISO/TC 229/JWG 2 中有关 SWCNT 的特性表征项目

文件	工作项目	成员组织
TS 10797	透射电子显微镜(TEM)表征单壁碳纳米管(SWCNT)	ANSI 和 JISC
TS 10798	扫描电子显微镜(SEM)和能量色散 X 射线分析(EDXA)表征单壁碳纳米管(SWCNT)	ANSI
TS 10868	UV-Vis-NIR 吸收光谱表征单壁碳纳米管(SWCNT)	JISC
TS 10867	近红外光致发光光谱(NIR-PL)表征单壁碳纳米管(SWCNT)	JISC
TS 11251	逸出气体分析气相色谱质谱(EGA-GCMS)表征单壁碳纳米管(SWCNT)	JISC
TS 11308	热重分析(TGA)表征单壁碳纳米管(SWCNT)	ANSI 和 KATS
TS 10812	拉曼光谱表征单壁碳纳米管(SWCNT)	ANSI

表 6.8　测量方法和该方法提供的纯度信息的关系

项目	方法	纯度分析的目标
TS 10798	SEM/EDX	非碳杂质
TS 10797	TEM	管表面洁净度
TS 10812	Raman	纳米管和非纳米管碳含量
TS 10868	UV-Vis-NIR 吸收	碳质含量(定量)
TS 11308	TGA	非碳含量(定量)
	XPS	元素成分(表面)
TS 13278	ICP	元素成分(定量)
	XRF	元素成分(定量和非破坏性的)
TS 10867	NIR-PL	半导体性的 SWCNT 的相对质量浓度
TS 11251	EGA-GCMS	挥发性杂质(定性,失重法定量测量)

基于每个项目的当前工作草案,下面简单总结了使用每种 SWCNT 纯度评估方法预期可获得的特性。需要注意的是,在 TS 最终出版之前,部分内容可能根据专家讨论而有所修改。

扫描电镜/能谱分析 SEM/EDX(TS 10798),特别是能谱分析(EDX),可应用于测定 SWCNT 中非碳杂质的元素成分。它对诸如残留催化剂、表面活性剂和酸官能化产物等杂质具有良好的敏感性。它通常用于产生定性的数据,某些情况下,若采用先进的软件程序,也可用于计算半定量的数据。它主要用于提供一个平均成分,而在如需要确定碳纳米管材料中的催化剂颗粒的情况下,则必须使用专用的 TEM/EDX 系统。

透射电子显微镜(TS 10797)可应用于 SWCNT 纯度的定性目测估计。而杂质诸如(金属)催化剂残留物和其他典型的副产品,如多壁碳纳米管、碳纳米纤维、富勒烯、无定形碳和洋葱状富勒烯(graphite onion)等,则也可以经由目测和仪器估计。无机杂质如金属、金属氧化物、碳化物以及氮、硫或氯等杂原子信息,可结合 X 射线能谱分析(EDX)和电子能量损失能谱(EELS)经由光谱分析得到。

紫外-可见-近红外吸收光谱(TS 10868)可以从光吸收峰的面积来测量相对纯度,也就是样品中总碳含量中 SWCNT 的含量。SWCNT 的两个特定吸收都起源于带间跃迁,通常可以在 VIS-NIR 区域观察到,连同源自 SWCNT 及含碳杂质的 ∏等离子基元吸收形成的无特征背景信号一起被用于纯度分析。由于通过线性基线扣除法估计峰面积强度时,存在统计不确定性之类的许多因素,因而该方法只能给出定性结果。

TGA(TS 11308)提供了定量测量 SWCNT 材料中非碳杂质(如金属催化剂颗粒)水平的方法,用于估计 SWCNT 在给定样品中的净含量(质量分数)。这种方法还可以通过提供残留物质的质量和氧化温度来对 SWCNT 进行质量评价。

NIR-PL(TS 10867)方法用于从测量到的 PL 积分强度和它们的横截面信息估算样品中半导体性 SWCNT 的相对质量浓度。

EGA-GCMS(TS 11251)方法通过比较测得的质谱和质谱数据库中标准化合物的质谱给出 SWCNT 中挥发性杂质的定性信息,也可以用微天平测量加热前后的质量损失给出用于质谱分析的 SWCNT 样品中逸出气体成分的定量信息。

拉曼(TS 10812)和 ICP-MS(TS 13278)的工作草案尚未编制。

6.2.4 其他工程纳米材料的表征标准化的必要性

图 6.4 为 ISO/TC 229/WG 2 目前的路线图。正如上文所述,TC 229/WG 2 的活动始于对碳纳米材料的关注。因此,可能的下一步将是对富勒烯和炭黑的测量和表征,因为如表 6.9 所示,除了 SWCNT 和 MWCNT 工作项目外,OECD 也将

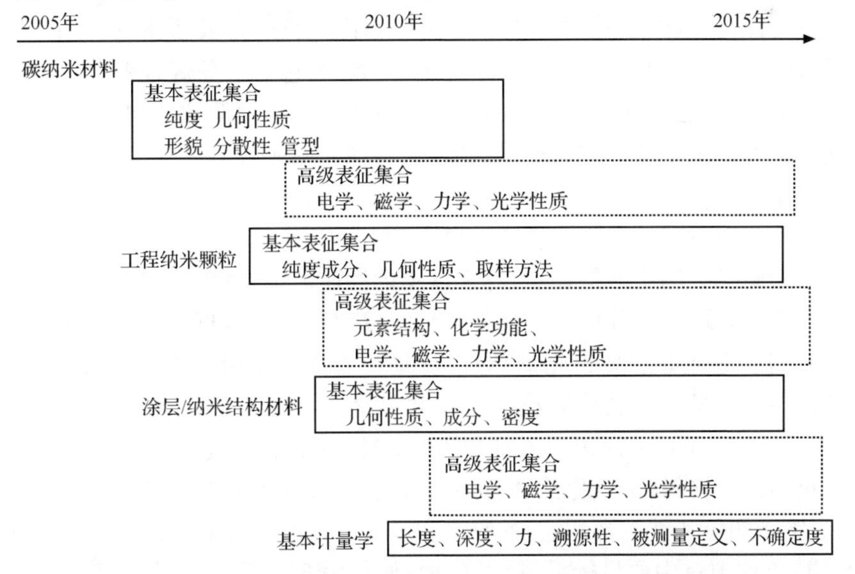

图 6.4　基于 ISO/TC 229/WG 2 战略纲要,WG 2 的路线图草案和未来计划[20]

它们列为目标材料项目。

表 6.9　被选入 OECD 赞助计划的工程纳米材料

富勒烯(C_{60})	氧化铝
SWCNT	氧化铈
MWCNT	氧化锌
银纳米颗粒	二氧化硅
铁纳米颗粒	聚苯乙烯
炭黑	树枝状聚合物(dendrimers)
二氧化钛	纳米黏土(nanoclay)

众所周知,由碳原子排列组合成一个足球状的球状物称为富勒烯。1970 年理论上预言了这种物质结构的存在[14],并在 1985 年实际发现了其存在[15]。自从它的首次发现后,迄今为止已合成了各种衍生结构。富勒烯和各种富勒烯衍生物都是刚性的球形分子,可溶于有机溶剂,并且具有金属包裹的可接受性[16]。因此,期望通过掺杂金属元素将它们用做具有超导性的电子受体以及强光吸收材料。

一个富勒烯应用的很好的例子是,它是作为燃料电池中质子输运膜主要材料的优良候选材料[17]。由于许多极性官能团可以被接入富勒烯的紧凑表面,质子可以在没有水的条件下迁移。这意味着有富勒烯膜的燃料电池可在低于 0℃或如 120℃及更高的温度下使用[18]。富勒烯的另一个应用是作为有机半导体器件的关键材料。已知特别是在超高真空条件用沉积法制备时,富勒烯薄膜具有优异的 n 型半导体特性,其电子迁移率可以和非晶硅相比。通过合成新富勒烯衍生物 C_{60} 融合吡咯烷元 C_{12} 苯基($C_{60}MC_{12}$),并且在富勒烯中包含一条烷基链[19],仅采用简单的旋涂法,目前已经开发出了高品质晶体薄膜。由于镀膜法既可以获得 n 型也可以获得 p 型高电子迁移率有机半导体,这将加速富勒烯在小型有机电子电路中的实际应用。

如表 6.4 中对碳纳米管的表征一样,TC 229/WG 2 专家也对富勒烯表征的标准化进行了调研。调研结果显示,对于富勒烯性质的表征,如富勒烯成分(液相色谱)、热性能(热重/差热分析)、表面积(BET)、溶剂残留量(气相色谱)和金属杂质(ICP-AES 法和/或原子吸收光谱)等性质是可能的重点项目。该调研还表明,粒度、粒度分布、孔径分布也是重要的问题,虽然这些性质的分析测量方法尚未建立。目前,在 TC 229/WG 2 尚未开展富勒烯的表征标准化工作。

氧化物纳米材料(二氧化钛、氧化铝、氧化铈、氧化锌和二氧化硅)和金属纳米颗粒(银纳米颗粒和铁纳米颗粒)的测量和表征也是重要的工作目标。它们也被选作 OECD 工作项目中的目标材料(表 6.9),而如表 6.2 所示,其中有些材料的产量大于碳纳米管。

ISO/TC 229/WG 2 已经开始开展与工程纳米颗粒的表征相关的项目 ISO 12025,即《用气溶胶生成法确定在纳米材料中纳米颗粒含量的总体框架》。该项目的目标是“测量尺寸范围从 1 nm 至 100 nm 的颗粒的数目”,这些颗粒“由确定的纳米材料用确定的处理过程产生”,考虑到“在测试前接收到的纳米材料中的主要纳米颗粒还未在样品制备和检测过程中发生显著改变”,因此“产生的气溶胶应该代表可释放的纳米颗粒的成分”。由于气溶胶的产生及其表征与 ISO/TC 24/SC 4 在方法上紧密相关,只是筛分步骤不同,此项目当前正在与该 SC 进行合作。

应该强调的是,在 ISO/TC 229/WG 2 工作范围内的计量学 SG 研究小组提出了一个计量学检查清单,规定为了提高提交的新工作项目报告的质量,任何新的项目提案的提交人必须考虑该清单的要求。表 6.10 为计量学检查清单纲要[20]。

表 6.10　计量学研究小组准备的计量学检查清单纲要[20]

序号	检查项目
1	是否清楚地描述了将被纳入测量过程的系统/主体/物质,包括它们的状态?
2	对系统/主体/物质的定义是否有不必要的限制?
3	是否清楚地描述了被测物理量?
4	是否清楚地表示了被测物理量是由操作定义的或是由方法定义的?或者被测物理量是一种固有的由结构定义的特性?
5	是否定义了测量单位?是否可以获得所需要的具有计量学溯源性的测量工具?
6	测量方法的有效性是否已经在一个或多个实验室得到验证?
7	是否可以获得任何质量控制工具,能够证明实验室对于该检测方法的熟练程度?
8	使用建议的测量方法得到的测量结果是否已经由多个实验室发表在由同行评审的期刊上?
9	需要的测试仪器是否是广泛使用的?
10	文件是否提交了测量的不确定度概算?

在这一章中介绍了 ISO 的工程纳米材料自身的测量和表征的标准化,但纳米材料的功能和性能可能强烈地依赖于它们的表面和界面性质。接下来在 6.3 节中将以表面化学分析的观点介绍表面和界面结构的测量和表征的标准化。

6.3　用于纳米涂层/结构测量的分析技术的标准化(ISO/TC 201 关于表面化学分析的活动)

6.3.1　为将表面化学分析用做表征纳米涂层/结构的表面和界面性质的工具的 ISO/TC 201 标准化

目前,对材料表面与界面的分析不仅对于工业产品的研发,而且对于产品本身的质量和性能评估都是必不可少的。这是由于很多产品的主要功能和性能通常和它们的表面及界面性质相关,最典型的是硅器件的性能取决于不同材料层的界面状态。然而,由于表面化学分析的分析方法和仪器的历史相对较短,有必要建立国际公认的正确使用规则和评估方法。因此,1992 年成立了 ISO/TC 201 以发展表面化学分析(SCA)的国际标准,其目标是“表面化学分析领域的标准化,检测电子、离子、中性原子(或分子)、或光子入射到样品材料的表面上,并探测由此引起的电子、离子、中性原子(或分子)、或光子的散射或发射”,并指出“使用当前的表面化学分析技术,可以得到靠近样品表面的区域(一般为 20 nm 以内)的成分信息,而当表面层被移除后,可通过表面分析技术获得成分-深度信息。”

自 ISO/TC 201 成立以来,已经开展了 9 个主要方面的技术标准化工作——其中 8 个被分别授权给表 6.11 中列出的分技术委员会(SC)。表 6.11 中还列出了包括 SC 9 和 WG 3 在内的分技术委员会的工作范围,其中 SC 9 和 WG 3 分别成立于 2004 年和 2008 年。

表 6.11 ISO/TC 201(2009 年)的结构

SC/WG	名称	范围
SC 1	术语	表面化学分析中使用术语定义的标准化
SC 2	通用规程	共用于两个或两个以上的 ISO/TC 201 的 SC 中的规程的标准化,如样品的制备和处理、标准物质的定义和制备、结果报告方法等
SC 3	数据管理和处理	数据库设计的标准化,用于在设备之间传送数据以及明确说明用于表面化学分析的算法的性质
SC 4	深度剖析	使用表面分析技术时,用于仪器规格定义、仪器校准、仪器操作、数据采集,以及确定成分随深度变化的数据处理方法的标准化
SC 5	俄歇电子能谱(AES)	在使用俄歇电子能谱进行表面化学分析时,用于仪器规格定义、仪器校准、仪器操作、数据采集、数据处理、定性分析及定量分析方法的标准化
SC 6	二次离子质谱法(SIMS)	在使用二次离子质谱、溅射中性质谱和快速原子轰击质谱的方法进行表面化学分析时,用于仪器规格定义、仪器校准、仪器操作、数据采集、数据处理、定性分析以及定量分析的方法的标准化
SC 7	X 射线光电子能谱(XPS)	在使用 X 射线和其他光子源的电子能谱进行表面化学分析时,用于仪器规格定义、仪器校准、仪器操作、数据采集、定性分析和定量分析的方法的标准化
SC 8	辉光放电光谱(GDS)	在使用辉光放电发射光谱和辉光放电质谱进行表面化学分析时,用于仪器规格定义、仪器校准、仪器操作、数据采集、数据处理、定性分析和定量分析的方法的标准化

续表

SC/WG	名称	范围
SC 9	扫描探针显微镜(SPM)	在使用扫描探针显微镜进行表面化学分析时,用于仪器规格定义、仪器校准、仪器操作、数据采集、数据处理、定性分析和定量分析的方法的标准化
TC 201/WG 2	全反射 X 射线荧光光谱(TXRF)	在使用全反射 X 射线荧光光谱进行表面化学分析时,用于仪器规格定义、仪器校准、仪器操作、数据采集、数据处理、定性分析和定量分析的方法的标准化
TC 201/WG 3	X 射线反射谱(XRR)	在使用 X 射线反射谱进行表面化学分析时,用于仪器规格定义、仪器校准、仪器操作、数据采集、数据处理、定性分析和定量分析的方法的标准化

纳米技术最近的发展已将很多纳米结构材料的制造和控制推入了实用阶段,使用表面化学分析方法表征这些纳米结构材料的需求在不断上升。为了处理这些需求,ISO/TC 201 在 2005 年修改了其工作范围,将其中的表面化学分析重新定义以包含"使用探针扫描表面并检测到表面相关信号的技术",并且加注表示"使用当前的表面分析技术,可以得到近表面领域(一般在离表面 20 nm 内)的分析信息,使用更大深度的表面分析技术可以获得随深度变化的分析信息"。由于扫描电子显微镜已经在 ISO/TC 202(微束分析)的工作范围内,它不在此修改的范围内。

在修改上述工作范围的同时,ISO/TC 201/SC 9,扫描探针显微镜(SPM)分技术委员会也成立了,它的工作范围是对使用扫描探针显微镜进行表面化学分析时用于仪器规格定义、仪器校准、仪器操作、数据采集、数据处理、定性分析和定量分析的方法的标准化。2004 年在韩国的济州举行了 SC 9 第一次的会议,韩国是 SC 9的主席和秘书的祖国。在第一次会议讨论的问题是:①用人工制备的可溯源的长度标进行可溯源校准的方法;②选择合适的人工制备的校样测定原子力显微镜(AFM)实验参数的导则;③测量模式中的 SPM 悬臂的规格,包括其尺寸大小和物理性质;④SPM 仪器的规格,评估不同仪器获得的数据的兼容性;⑤近场扫描光学显微镜(NSOM)实验参数测定的导则,包括探针的形状和间隙控制。SC 9 组织了 5 个研究组(SG)讨论这些问题。这 5 个研究组升格为工作组(WG)后仍继续讨论这些问题。SC 9 的 6 个特定议题工作组正在发展很多有关 SPM 的标准化项目(表 6.12)。其中,已经在 ISO 中央秘书处登记的项目列于表 6.13 中。预计由 SC 9制定的新 ISO 标准最早有望在 2011 年出版(截至 2013 年 5 月 14 日,SC 9 已经出版了两个标准:ISO 27911:2011 和 ISO 11039:2012。——译者注)。

表 6.12 SC 9 中的工作组(WG)(2010 年 1 月)

WG	名称
1	NSOM/SNOM 的使用
2	测量条件的影响
3	SPM 的基本维度校准
4	SPM 应用型维度校准
5	探针的校准
6	用于电学 SPM(ESPM)(如用做二维掺杂成像或其他用途的 EFM、SCM、KFM 和 SSRM)的标准物质和导则

表 6.13 SC 9 正在进行中的 ISO 项目

注册号	名称
27911	SCA-SPM-近场光学显微镜的横向分辨率的定义和校准
11039	SPM 漂移率的定义和测量方法的标准
11952	使用 SPM 定义几何量的导则—测量系统的校准
11939	AFM 探针和样品表面之间的测量角的标准和它的有证标准物质
11775	SCA-SPM-悬臂正常弹性常数的测定
13095	SCA-用于纳米结构测量的 AFM 探针的原位表征过程
13096	SCA-SPM-描述 AFM 探针性质的导则
13083	SCA-电扫描探针显微镜(ESPM)(如用做二维掺杂成像或其他用途的 SSRM 和 SCM)的空间分辨率的定义和校准的标准

6.3.2 ISO/TC 201/SC 9 中的 SPM 的标准化

从表 6.13 可以看出,SC 9 内的当前项目都是为了建立一个基本的标准体系而被提出的,以确保 SPM 本身可成为一种可溯源的工具。标准化的基本内容包括术语、仪器组件的说明及导则。在正在进行的项目中,我们简要介绍一个已批准的新工作项目(AWI)13095,《用于纳米结构测量的 AFM 探针的原位表征过程》是一个典型的仪器校准的例子。一旦这个 AWI 成为国际标准,它将定义一种表征 AFM 探针形状的方法,以减少用 AFM 测量纳米结构或纳米材料的不确定度。用 AFM 对尺寸和形状进行精确测量的需求显而易见,这一点已经在日本标准协会(JSA)在 2005 年进行的关于使用纳米技术实现新功能所需的关键因素和关键尺寸的问卷调查的结果中得到论证[21]。图 6.5 显示了调研的结果,表明 AFM 是满足形状和尺寸测量需求的有力工具。

然而,众所周知,在原子力显微镜测量过程中,操作者必须时刻注意观察针尖

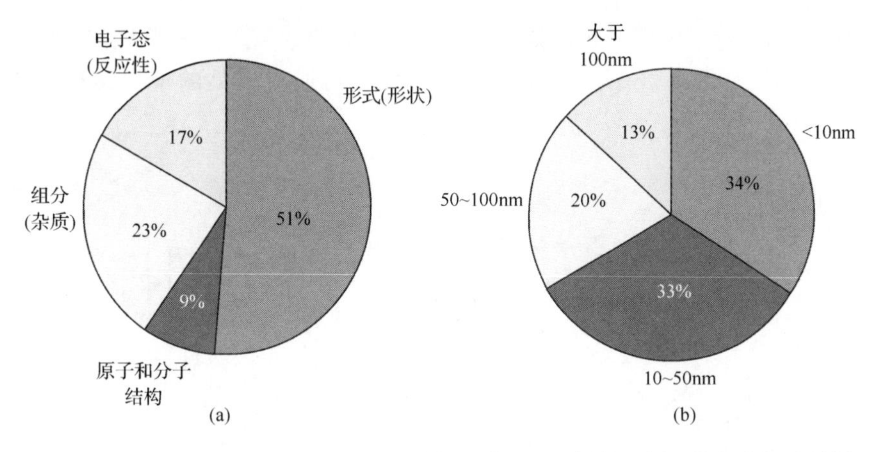

图 6.5　纳米技术实现新功能所需要的关键因素(a)及关键尺寸(b)的问卷调查结果
问卷调查分析基于 27 家日本公司的回答[21]。经 IOP 出版公司的许可复制

形貌引起的假象，而这种假象并不适用于测量目标纳米材料。图 6.6 显示了两个具体例子，说明在 AFM 测量中使用的探针形状如何引起被测纳米结构的宽度或高度的测量值和实际值之间的差异。如图 6.6(a)所示，当测量窄间隙的两个突起纳米结构时，测量到的两个纳米结构之间的深度(H_m)比突起结构的高度(H_o)浅。另一方面，图 6.6(b)则显示在测量一个孤立纳米结构时，测得的宽度(W_m)比真实的宽度(W_o)要宽。

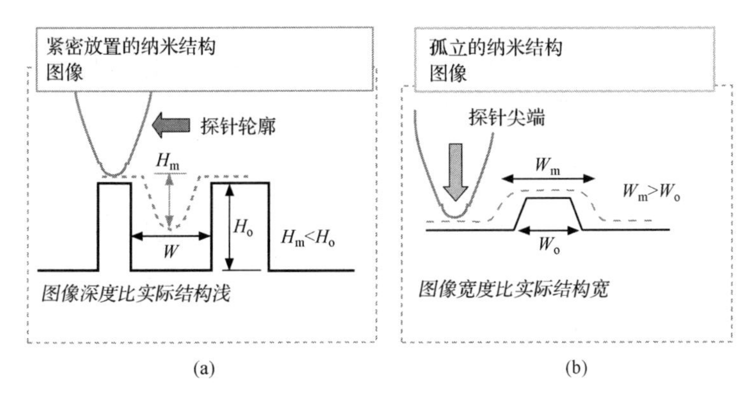

图 6.6　AFM 测量结果的示意图
(a)紧密放置的两个纳米结构；(b)孤立纳米结构
经 IOP 出版公司的同意复制自文献[21]

该工作项目展示了使用一个有着 3～100 nm 尺寸的梳状结构标准样品(标准样品的典型设计参见图 6.7)表征 AFM 探针形状的方法，该方法的定义见图 6.7。在 AWI 的附录里给出了用砷化镓/磷化铟镓超晶格制备样品的例子[22]。探针形状的表观特性可通过标准样品的沟槽结构成像获得，如图 6.8 所示。其中，虚线代

表探针针尖扫描轨迹，为AFM测量矩形沟槽结构的结果。在AFM测量的不同位置的探针形状由虚线表示。而探针形状特性也可通过样品的窄脊结构获得，如图6.9所示。

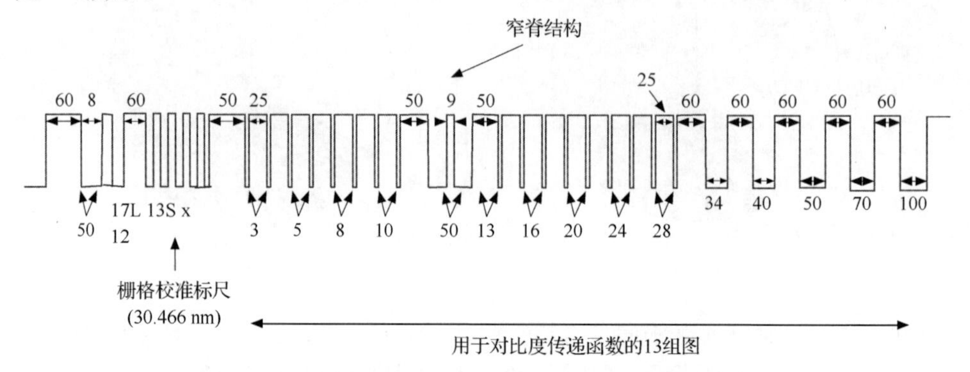

图6.7 带有梳状结构和窄脊结构的标准样品的典型设计

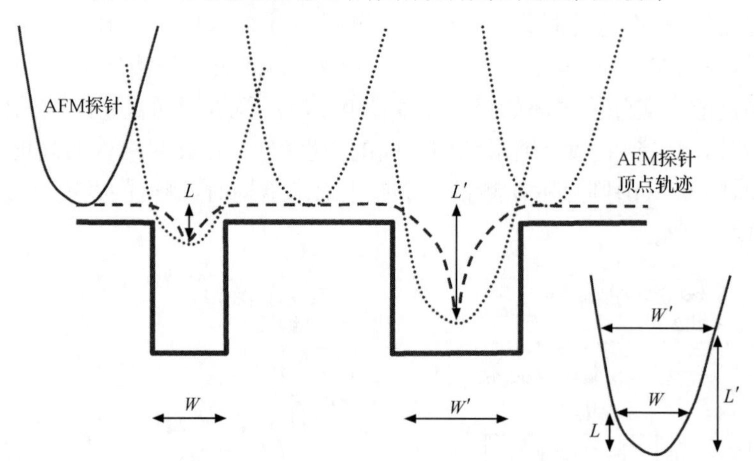

图6.8 AFM探针长度(L)和宽度(W)的定义，以及探针扫描过沟槽结构时得到的顶点轨迹

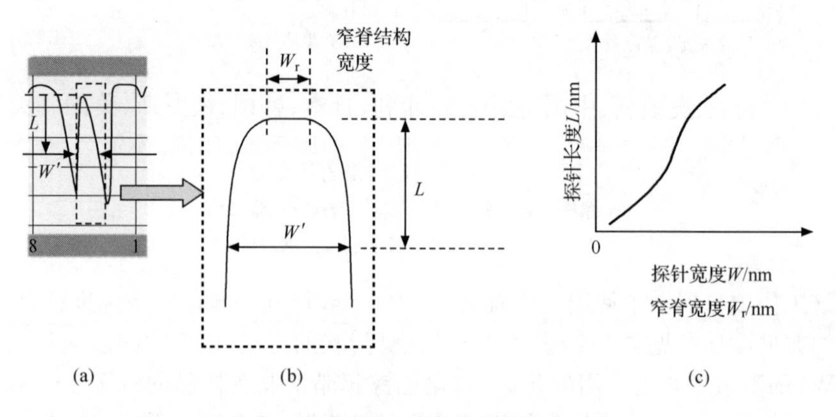

图6.9 由窄脊结构得到的探针形状特性

探针的表观宽度 W 可由窄脊结构的轮廓线获得。W 在减去窄脊结构的宽度之后为实际的探针宽度。AWI 逐点解释了使用沟槽结构或者窄脊结构测量探针形状特性时必须遵循的步骤。由沟槽结构或者窄脊结构获得的两组探针形状特性的平均差值与实际探针形状和表观探针形状的差值同在一个数量级。图 6.10 显示了一个标准样品的 AFM 图像中的梳状结构的断面轮廓线，以及由该轮廓线估计的描述探针长度和宽度关系的探针响应函数。AFM 探针的长宽比(L/W)可由响应函数估算。

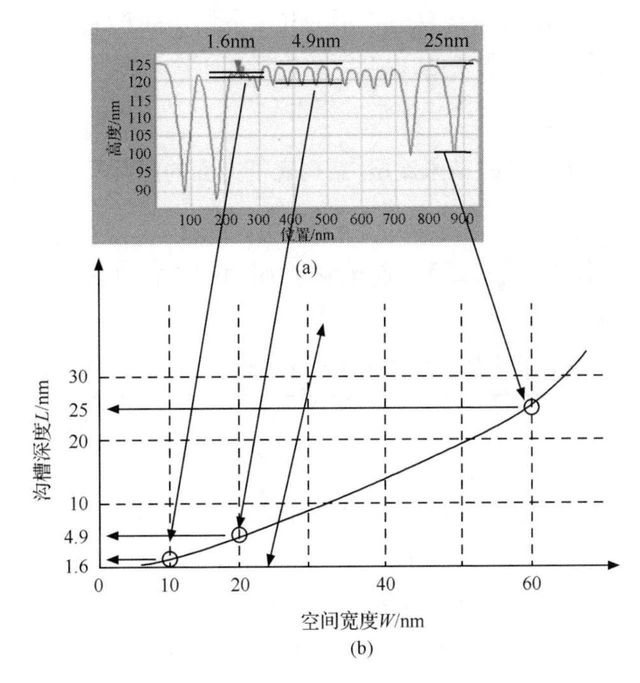

图 6.10　梳状结构的 AFM 断面轮廓线(a)及探针响应函数(b)
经 IOP 出版公司许可复制自文献[21]

至 2010 年 1 月，ISO/TC 201 的主席和秘书都来自日本，由 10 个 P(参与国)成员(澳大利亚、奥地利、中国、法国、匈牙利、日本、韩国、俄罗斯、美国和英国)和 18 个 O(观察员)成员(巴西、埃及、芬兰、德国、中国香港、印度、爱尔兰、意大利、马来西亚、蒙古、菲律宾、波兰、罗马尼亚、新加坡、斯洛文尼亚、瑞典、瑞士和土耳其)组成，并与 ISO/TC 202、IUPAC(国际纯粹与应用化学联合会)、IUVSTA(国际真空科学、技术与应用联合会)和 VAMAS(先进材料与标准凡尔赛合作计划)建立了组织联系。ISO/TC 201 结构现包含 9 个 SC 和 2 个内嵌的 WG。

WG 3 是为了进行与 X 射线反射(XRR)相关的标准化而于 2008 年最新成立的。该技术可用于以很高准确度评价 2～200 nm 范围内的厚度、密度和界面的宽度，即使在多层膜系统中也同样适用。因此，XRR的标准化不仅是在ISO/TC 201的工作范围内，也将提供明确的技术导则，以应用于纳米结构测量和表征。目前，WG 3已经提出的几个有关仪器要求和数据采集的新工作项目正在筹备中。

自1992年在东京召开的第一次会议以来，已举行了18次全体会议，其中最后一次是2009年11月在美国旧金山举行。在旧金山全体会议开会前，为了节省时间，SC 9举行了预备会议讨论了每一个SC 9/WG中的众多议题。在全体会议上，研究小组作了关于补充新的分析技术的报告，建议考虑如激光扫描共聚焦显微镜等新分析技术在表征纳米结构材料上的应用。此外，虽然目前尚未对与ISO/TC 229建立官方联络达成一致意见，但会议上也形成了决议要求为ISO/TC 229工作的ISO/TC 201联络官员每两年汇报一次ISO/TC 229的活动。

6.3.3 ISO/TC 201发布的纳米涂层/结构表征方面的国际标准的潜在用途

截至2009年，ISO/TC 201制定了43项国际标准，包括已发布标准的修正案，技术报告(TR)和技术规范(TS)。表6.14按照制定它们的SC的次序列出了这些标准。

表6.14 截至2009年，ISO/TC 201公布的国际标准

编号	标题
ISO 14606:2000	表面化学分析(SCA)—溅射深度剖析—用层状系统作为标准物质的优化
ISO 14706:2000	SCA—用全反射X射线荧光光谱(TXRF)测定硅片表面元素污染
ISO 14975:2000	SCA—信息的格式
ISO 14976:1998	SCA—数据传输格式
ISO/TR 15969:2001	SCA—深度剖析—测量溅射深度
ISO/PRF TR 16268	SCA—验证离子注入法制备的工作标准物质中保留面剂量的建议程序
ISO 17331:2004	SCA—从硅片工作标准物质的表面采集元素的化学方法以及使用TXRF光谱的测定方法
ISO 17331:2004/DAmd 1	
ISO 18115:2001	SCA—词汇
ISO 18115:2001/DAmd 1	
ISO 18115:2001/DAmd 2	
ISO 18116:2005	SCA—待分析样品的制备和安装导则
ISO 18117:2009	SCA—样品在分析前的处理
ISO 22048:2004	SCA—静态二次离子质谱(SIMS)的信息格式

续表

编号	标题
ISO/TR 22335:2007	SCA—深度分析—溅射速率测量:用机械触针式轮廓仪的网眼复制法
ISO 18118:2004	SCA—俄歇电子能谱(AES)和 X 射线光电子能谱(XPS)—使用实验测定的相对灵敏度因子定量分析均质材料的导则
ISO/TR 18392:2005	SCA—XPS—本底背景测定方法导则
ISO/TR 18394:2006	SCA—AES—化学信息的衍生
ISO 18516:2006	SCA—AES 和 XPS—横向分辨率的测定
ISO 19318:2004	SCA—XPS—荷电控制和校正方法的报告
ISO/TR 19319:2003	SCA—AES 和 XPS—横向分辨率、分析区域和分析器观察的样品区域的测定
ISO 20903:2006	SCA—AES 和 XPS—确定峰强度的方法和报告结果时所需的信息
ISO 14237:2000	SCA—SIMS—均匀掺杂硅材料中硼原子浓度的测定方法
ISO/DIS 14237	SCA—SIMS—均匀掺杂硅材料中硼原子浓度的测定方法
ISO 17560:2002	SCA—SIMS—分析硼在硅中深度剖面的方法
ISO 18114:2003	SCA—SIMS—用离子注入的标准物质测定相对灵敏度因子的方法
ISO 20341:2003	SCA—SIMS—用多重 δ 层的标准物质估算深度分辨率参数的方法
ISO 23812:2009	SCA—SIMS—用多重 δ 层的标准物质校准硅的深度的方法
ISO 23830:2008	SCA—SIMS—静态 SIMS 中相对强度标尺的重复性和恒定性
ISO/DIS 10810	SCA—XPS—分析导则
ISO 15470:2004	SCA—XPS—选定的仪器性能参数的描述
ISO 15471:2004	SCA—AES—选定的仪器性能参数的描述
ISO 15472:2001	SCA—XPS—能量标尺的校准
ISO 15472:2001/DAmd1	
ISO 17973:2002	SCA—中等分辨率 AES—适用于元素分析的能量尺度校准
ISO 17974:2002	SCA—高分辨率 AES—适用于元素和化学态分析的能量尺度校准
ISO 21270:2004	SCA—XPS 和 AES—强度标尺的线性
ISO 24236:2005	SCA—AES—强度标尺的重复性和恒定性
ISO 24237:2005	SCA—XPS—强度标尺的重复性和恒定性
ISO 14707:2000	SCA—辉光放电发射光谱法(GD-OES)—使用介绍
ISO/TS 15338:2009	SCA—辉光放电质谱法(GD-MS)—使用介绍
ISO 16962:2005	SCA—用 GD-OES 分析锌和/或铝基金属涂层

尽管表 6.14 中的标准都是为与表面化学分析相关的用途而制定，但其中有些标准可能涵盖了纳米尺度的测量，从而可以用于纳米结构材料的测量和表征。一个很好的例子是 SC 6 在 2009 年颁布的关于 SIMS 的标准 ISO 23812。标准的标题是《用多重 δ 层标准物质校准硅的深度的方法》，标准化了采用多重 δ 层标准物质来校准硅的深度的方法。一般来说，SIMS 除了对样品的破坏性本质外，它本身是测量硅中掺杂深度剖面的有力工具，但是随着硅器件的小型化已经达到可与纳米结构相比的加工尺度，需要适用于测定与表面距离小于 50 nm 的浅域的掺杂深度剖面的标准。假定深度校准时的溅射率是均匀的，在这样的浅域内，注入的主要离子种类（氧或铯）的积聚诱使溅射速率变化和显著的剖面位移。为了校准这样的浅域内的深度标尺，提出使用多重 δ 层标准物质以精确评估上述剖面位移的程度，见图 6.11[23]。

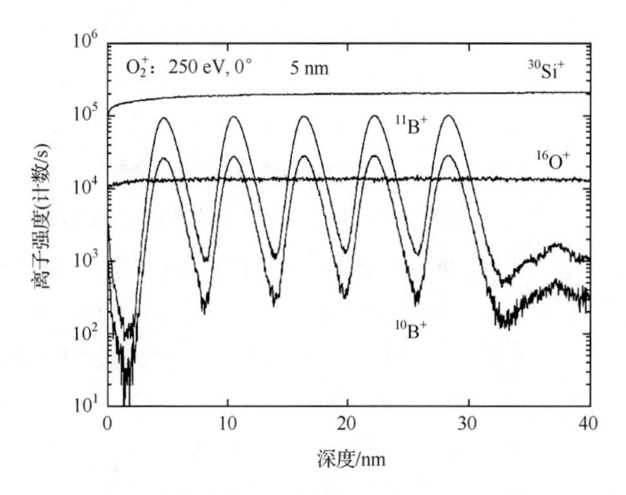

图 6.11　硅中的硼 δ 层的 SIMS 深度剖面[23]

图 6.12 表示了测量多重 δ 层标准物质时，浅层区域溅射深度和溅射时间的关系，L_S表示位移的距离。该图表明，在一般情况下，近表面区域的平均溅射速率较大，但在几纳米后就达到了稳定值 r_S。对于第 n 层或者更深处，当第 i 层的平均溅射速率 r_i 为 r_S时，溅射深度 z 和溅射时间 t 的关系可表示为 $z=L_S+r_St$。此外，也给出了使用不同的溅射率对标准物质校准的方法。在 ISO 23812 的附录 B、C 和 D 中分别详细解释了估算原子混合以及由峰聚并所引起的峰偏移的方法，以及推导分析基于“学生 t 分布（Student's t-distribution）”的方法校准深度时导致的不确定度的方法。

可能的候选标准物质是生长在合适衬底上（如硅片）的硅（Si）和氮化硼（BN）多重 δ 层构成的薄膜样品。硅层的典型厚度设计为 8 nm，而氮化硼层则小于

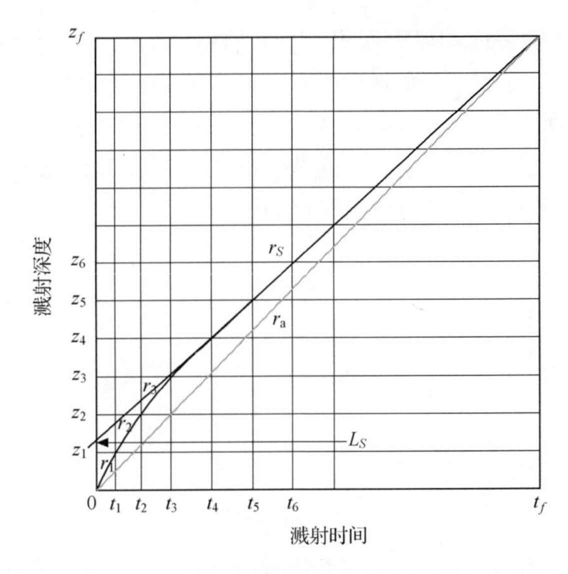

图 6.12　浅层区域溅射深度和溅射时间的关系图示

经国际标准化组织(ISO)同意复制自 ISO 23812:2009。这个标准可以从 ISO 成员获得(日本标准协会：http://www.jsa.or.jp),也可以从 ISO 中央秘书处的如下网址得到:http://www.iso.org。版权仍为 ISO 所有

0.1 nm。样品原型用溅射沉积技术制备而成。使用透射电子显微镜(TEM)图像和 X 射线反射方法对每一层的厚度和密度进行精确的测量,以验证原型的有效性。ISO 23812 最初被考虑为使用 SIMS 测量浅层的深度剖面信息,但因为它也提供纳米深度剖面的重要测量方法,所以可以被合理地用于校准纳米结构材料的测量尺寸。

6.3.4　ISO/TC 201 正在进行中的纳米结构材料的表征项目

最后,我们简要介绍 ISO 技术报告(TR)——表面化学分析—纳米结构材料的表征,该报告目前正在 SC 5(AES)中作为 WD 14187 的工作草案而制定。该工作草案的引言指出,由于大部分的纳米结构材料与表面和界面有关,为表面分析而发展的众多工具均可以应用于这些材料,但是必须解决两个问题:①很多工具需要有必要的三维空间分辨率来分析单个纳米结构材料;②这些工具有时在应用于纳米结构材料时并没有考虑到分析这些材料时会遇到的一系列分析挑战和问题。当该 TR 颁布后,可以给这些问题以技术指导,它将说明表面分析的方法可以提供的纳米结构的信息类型,并检验应用这些表面分析工具表征纳米结构材料时面临的一些技术挑战。

正如在本章前面提到的,表面和界面强烈地影响材料的众多性质。由于表面和界面的重要性,已经开发了一系列的专门工具以测定表面和界面的成分,并用于评价这些表面和界面如何影响天然材料和人工材料的特性。由于纳米结构材料本

身包含很高百分比的表面和界面面积，它们的性质极大地受到这些表面和界面的本质及性质的影响。因此，表面分析技术对于揭示纳米结构材料的性质可以说是必不可少的。在众多的表面分析技术中，该 TR 中突出了 AES、SIMS、SPM 和 XPS 的重要性。在图 6.13 中总结了这些技术可以提供的信息的种类和不同的空间分别率，该图来自英国国家物理实验室的网站[24]。

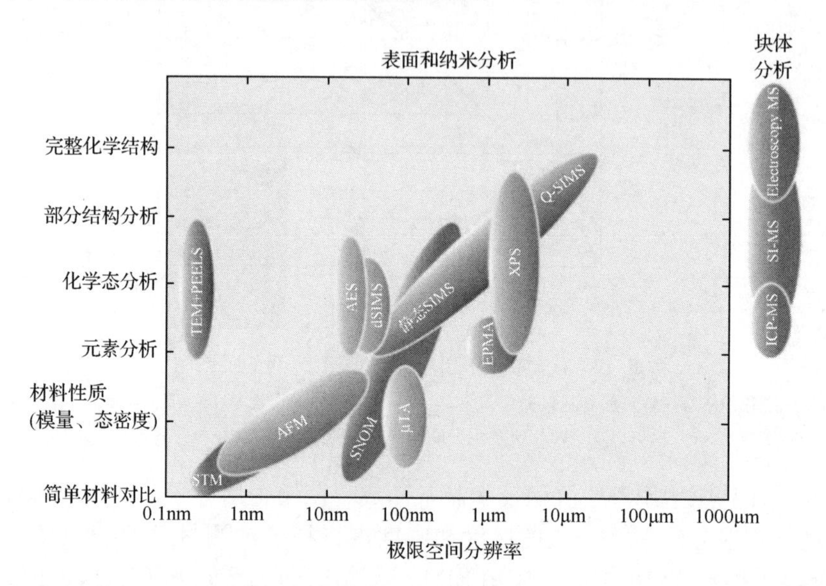

图 6.13(另见彩图) 多种用于纳米结构材料分析的重要工具所能获得的空间分辨率和信息类型概览[24]

蒙英国皇家文书局和苏格兰女王印刷厂惠允复制。Crown© 2003

通过将纳米结构材料分为纳米薄膜(层状或分散态)和纳米颗粒，并列出每种结构可经由特定表面分析技术获得的信息，该 TR 进而讨论了表面分析应用于纳米结构材料的能力。这些讨论归纳如下。

1. 纳米薄膜(层状或分散态)

TR 中考虑的表面分析工具能够表征材料最外层几个纳米的范围，典型深度分辨率小于等于 1 nm。因此，这些技术提供关于表面纳米层的组分、结构、化学态和深度分布的信息，这些信息对于表征微电子等行业中使用的先进材料是必不可少的。应用 XPS 从一个表面抽取元素随深度分布的本质信息的一个成功例子是由 Tougaard 完成的工作。尽管离子溅射深度剖析可得到一些更直观的信息(见表 6.14 中的 ISO/TR 22355:2007)，Tougaard 证明了 XPS 可基于光电子的非弹性散射而获得薄膜纳米结构的定量信息，如图 6.14 所示[25]。当与高横向分辨率方法结合时，Tougaard 背景分析方法可以用来获得复合薄膜或材料近表面区域的三维成分图像[26]。表 6.15 为其他一些应用表面分析方法检测纳米层或薄膜的例子,表中列出了特定材料使用每一技术可以获得的信息。

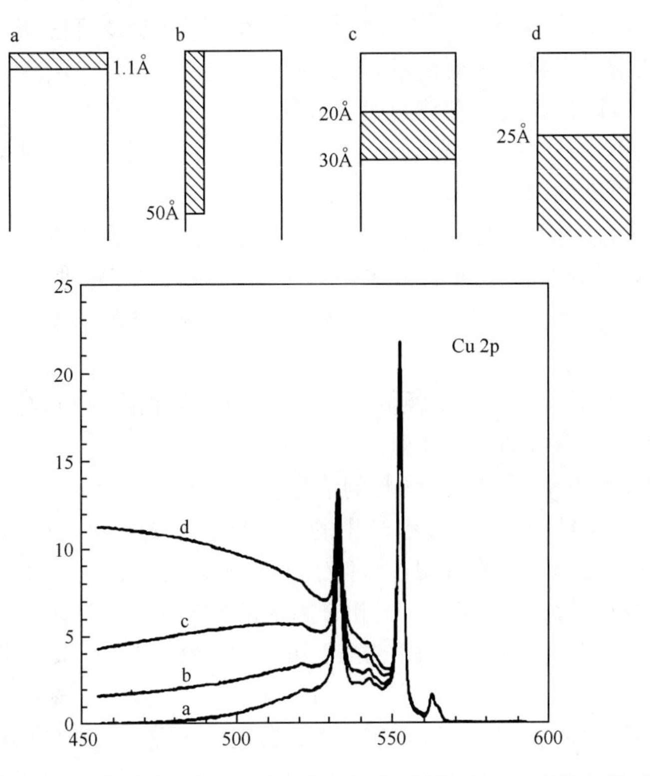

图 6.14 尽管在 Au 中近表面的 Cu 元素分布具有相同的 Cu 2p 峰的强度,但是本底背景中的差异提供了元素随深度分布的信息[25]

表 6.15 应用表面分析表征纳米薄膜的实例

系统	性质	技术
合金	加热诱导偏析	XPS
玻璃上的 LB 薄膜	厚度和结构	XPS
质子交换膜 PEM 燃料电池纳米复合材料	纳米颗粒的分散性和复合物老化	XPS
自组装单层膜	官能团的终端和膜层结构	XPS
自组装单层膜	畴结构	STM
自组装单层膜	覆盖层、衬底相互作用	XPS
SiO_2	超薄层的厚度和均匀性	XPS
NiCr	腐蚀膜的性质	XPS
不能混溶的聚合物	相分离、退火效应、畴结构、表面偏析和形貌	XPS、AFM、TOF-SIMS

2. 纳米颗粒

虽然众所周知SPM方法可以提供物体纳米尺度的众多信息，XPS和SIMS也可以提供有关纳米颗粒的重要信息，如下所列。

(1) XPS可以得到纳米颗粒的如下信息。

· 表面污染物、颗粒涂层和氧化率：如果颗粒形状已知，有可能获得有关污染层或颗粒涂层厚度的定量信息。

· 粒度：来自不同逸出深度的球形颗粒的光电子强度的比值(原文为form，但根据文意，此处疑为from之误。译者注)，可用于近似估算粒度。可以用QUASES程序。了解颗粒的形貌也非常有用，这通常可以由TEM测定，也可能由SPM测定。

· 电学性质：对收集的纳米颗粒加偏压，可以了解纳米颗粒，特别是核壳颗粒或嵌入层中的纳米颗粒的电学性质。

(2) 可从SIMS获得的纳米颗粒的信息包括以下几点。

· 污染物和层结构：熔接过程产生的大型纳米颗粒(300 nm)的表面和核结构。TOF-SIMS被用于检验沉积在氧化铝纳米颗粒上的薄有机涂层。

· 纳米颗粒的表征：TOF-SIMS和金属辅助SIMS一直被用于表征柴油发动机操作中的挥发性纳米颗粒。用SIMS和TEM检测了ZrN纳米颗粒(5.5～6.5 nm)的组分。

· 纳米颗粒的形成：原位热-TOF-SIMS被用于研究纳米颗粒形成过程中乙酸锌脱水的热分解。

该TR中有一章提供了影响纳米结构材料分析的事项，提供给分析者有用和基本的信息。该章分节描述了各个特定主题的基本思路。

(1) 一般性问题，如污染的风险、不稳定性以及纳米结构材料的吸附性。例如，表面层，意外污染或有意的添加物都可能在纳米材料中出现，涂层纳米尺度物体可能影响纳米结构的特性。纳米尺度的物体本质上是不稳定的，只要加入一点能量就极容易变化。纳米结构材料可能会在很高程度上吸附溶剂，从而以不同方式改变它们的性质。

(2) 表面层和表面化学的重要性比起纳米结构材料本身的崭新特性往往重视不够。由于纳米结构材料具有很高比例的表面和界面，表面和界面可以并且也确实能够对这些材料的性能起到格外巨大的作用，如纳米毒性。然而，由于如尺寸诱导的量子态等新颖性质的影响，以及纳米结构材料在“块体”和“表面”性质之间界限模糊，表面层和表面化学的重要性常常或多或少地被忽视。

(3) 将多种形式的能量，包括热、化学、机械、磁和静电能等汇合绘制在共同标尺上，能量标尺可能随纳米结构材料的尺度而汇集(图6.15)。对那些尺寸和纳米技术相关的物体来说，能量标度的汇聚为不同激发模式的耦合提供了许多机会。因此，探测效应、环境效应或临近效应等都有很大的概率影响到纳米尺度物体的性质。

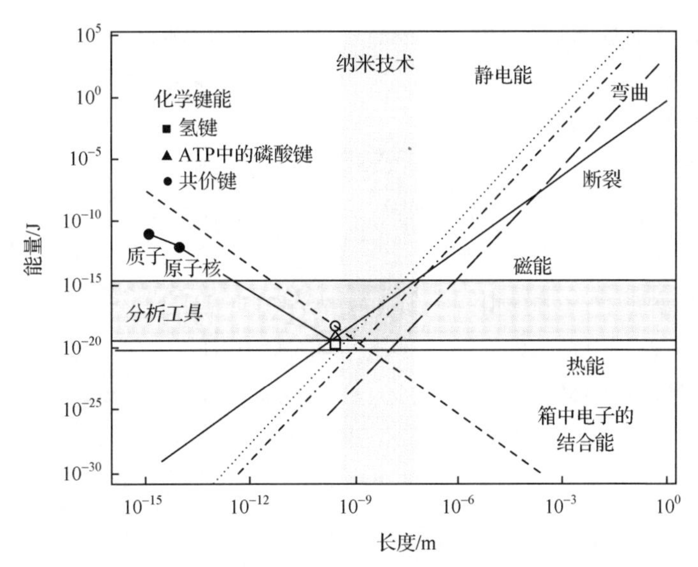

图 6.15　热能、化学能、机械能、磁能和静电能作为物体尺寸变化的函数[27]

蒙英国皇家文书局和苏格兰女王印刷厂惠允复制。Crown copyright 2003

(4) 形状的影响，特别是在用 XPS 测量纳米颗粒时。例如，相对于平面，球形颗粒的均匀涂层将产生不同的表面-基底信号，即当粒度足够小时，一些光电子可以穿过整个颗粒提供更强的信号。对于粒度大于电子非弹性平均自由程的纳米颗粒，可能需要考虑进行集合纳米颗粒的 XPS 分析或者将其近似表征为粗糙表面。

(5) 在形状、晶体结构和电子束损伤方面的颗粒稳定性。对应于不同的结构，纳米颗粒的能量可以有众多局域最低构型，一个小小的激励就可能足够引起颗粒的转变。即使限制在基质中，观察到纳米颗粒的晶体结构也很容易发生改变。有时会发现被检测的材料明显发生了不可逆的变化，而这些变化通常包含了初始颗粒信息的丢失，从分析的角度来看，必须将其考虑为探测损伤。

(6) 环境对纳米材料的结构和性质的影响、时间依赖性、与基底的邻近效应、缓冲层等。有越来越多的实验观察结果表明，纳米结构材料系统的物理和化学性质存在着环境诱导变化。例如，硫化锌纳米颗粒在潮湿和干燥的环境中的结构变化；湿度导致的尺寸减小，如观察到的 Fe_2O_3 纳米颗粒的相变等。当单个纳米尺寸的物体被置于基底上时，它们的特性可以被显著改变，汇集为聚集体，或可能组装为复合材料，这就是所谓的邻近效应。更多的例子可以参照表 6.16 中列出的文献[27]。

表 6.16 探测、环境和临近效应的例子[27]

探测效应	系统或材料	参考文献
电子束对纳米颗粒形状的影响	Au 纳米颗粒	[28, 29]
基质中的纳米颗粒的电子束熔炼、非晶化、结晶化	SiO_2中的 Sn 纳米颗粒	[30]
电子束诱导氧化	FeO/FeO_X核/壳纳米颗粒	[31]
离子束相互作用和小颗粒增强溅射	碳颗粒	[32]
颗粒增强溅射	NaCl 晶体	[33]
陡峭表面特征的溅射增强	金属凹或“反粒子”	[34]
探测和环境		
溶剂效应对纳米多孔材料溅射的影响	纳米多孔硅	[35]
悬浮和有托碳纳米管溅射的区别	碳纳米管(CNT)	[36]
样品历史和涂层对 X 射线损伤的影响	二氧化铈纳米颗粒	[37]
环境效应		
水致结构变化	ZnS	[38]
水对颗粒相变的影响	Fe_2O_3纳米颗粒	[39]
纳米管封装对氧化铁还原温度的影响	Fe_2O_3纳米颗粒	[40]
湿度效应对聚合物纳米结构的影响	聚乙烯醇缩丁醛(PVB)和聚甲基丙烯酸甲酯(PMMA)混合物	[41]
表面吸附物效应对生长形状的影响	溶液生长的纳米颗粒	[42]
表面吸附物效应对颗粒分离的影响	氧化物和金属纳米颗粒	[43]
环境对颗粒化学态的影响	二氧化铈纳米颗粒	[44, 45]
近邻和距离效应		
XPS 分析当中的荷电形成和积累	在绝缘衬底和界面的纳米颗粒	[46, 47]
等离子体耦合-纳米尺的基础	Au 纳米颗粒	[48, 49]
量子态的耦合和参与	量子点分子	[50]
间距和聚集对磁性的影响	氧化铁纳米颗粒	[43, 51]
相间效应对复合物性能的影响	纳米颗粒在复合物中的分散	[52]
“缓冲层”对硅纳米晶体超晶格光学性质的影响	富硅氧化物和 SiO_2	[53]

注：Crown copyright 2003。蒙英国皇家文书局和苏格兰女王印刷厂惠允复制

该 TR 一经发布，就将提供使用表面化学分析工具表征纳米结构材料的实用且必要的导则。

6.4　其他标准组织的应用测量

6.4.1　关于测量和表征的文件标准的国际研讨会

纳米技术测量和表征不仅涉及上述的标准组织，还包括其他标准组织，如关于除筛分方法之外的分选方法的 ISO/TC 24/SC 4 和关于微束分析的 ISO/TC 202。ISO/TC 229 的 ISO 12025 与 TC 24/SC 4 的活动密切相关，ISO/TC 229 以及 IEC/TC 113 的 TS 13126(用于纳米技术的人工光栅：维度品质参数的描述和测量)同 ISO/TC 201/SC 9 扫描探针显微镜的活动有关[8]。关于 SWCNT 的 ISO/TC 229/WG 2 的 TS 10797 以及 TS 10798 项目同 TC 202 微束分析密切相关。

为了促进纳米技术的标准组织之间的合作，2008 年 2 月在美国 NIST 召开了关于测量和表征的文件标准的国际研讨会，这次会议由 ISO、IEC、NIST 和 OECD 共同主办。经过本次研讨会的讨论，认为为了增强纳米技术测量和表征领域相关文件标准的开发、效力、一致性和理解力，下述方面的工作极为重要。

(1) 沟通和协调(在标准制定组织内部和各标准制定组织之间以及有兴趣参与的计量检定机构间)；

(2) 信息库(现有的标准和标准化立项项目)；

(3) 开发术语和定义数据库(可以自由进入并检索)；

(4) 利益相关方的参与(鉴别和验证标准需求)；

(5) 仪器设备的考虑(研究人造纳米材料的人类健康、安全和环境方面的含义)。

就沟通和协调而言，IEEE 同意设立一个不断更新的论坛，在不同的标准制定组织之间共享信息和共同发展。ISO 同意通过新的“ISO 概念数据库”开发一个管理纳米技术术语的平台。此外，也指出好的实用/导则文件与标准文件一样重要，文件标准将涵盖：

(1) 纳米颗粒的处理/使用、稳定性和浓度(以及它们的定义)的信息；

(2) 整套的测量技术(以及关联数据集可能提供的信息)；

(3) 样品制备(考虑分散和聚集/团聚以及用于人类和生态毒理学测试)；

(4) 对纳米颗粒进行表面分析的应用和制约；

(5) 用于体外和体内人类和生态毒理学研究的剂量测量及剂量测定。

其中(2)和(5)涉及人类健康和毒理学的具体领域，需要通过更广泛的社会群体对操作和测试协议以及相关规程作进一步的宣传、检验和确认。

有人提议 ISO/TC 229 建立一个纳米技术联络协调组(NLCG)，该组将整合协调纳米技术领域内的相关 TC 的工作，确定跨领域的挑战和机遇以及解决这些问题的方式。协调组的会议与每次 ISO/TC 229 全体会议联合举行,在这些 TC 之间进行相关项目的讨论,并将从技术委员会成员收集的意见和建议中受益。

6.4.2 ISO/TC 24/SC 4 的活动(颗粒表征标准化)

自 1947 年成立以来,ISO/TC 24(颗粒表征,包括筛分)一直致力于用于颗粒材料的粒度分级设备和使用方法的标准化。在其早期阶段,基于筛分传统概念的设备和方法是其标准化的目标,但持续增长的处理更小尺寸颗粒(纳米技术)的需求促使 TC 24 开发适用于更宽范围的不同类型的仪器和方法的标准。2004 年修订的 TC 24 的商业计划书明确提出了最近在颗粒表征方面的问题以及需要开发新类型标准来解决这些问题:其范围涵盖用于固态和液态中颗粒物质粒度分级的仪器和方法的标准。粒度分析和表征几乎应用在所有的工业过程和生产(如水泥生产)或其他被研磨、碾磨或破碎的加工材料中。化学加工工业包括了大型跨国公司,一些公司约 80%的产品、雇员和国际贸易的成功依赖于粒度分布的精确知识。若工业环保机构、医院和大学要获得对于实现他们的产品、应用或研究功能至关重要的准确粒度分布,他们也都需要优良的处理程序来分散粉体,稳定液体中产生的悬浮物。

在过去 10 年中,粒度测量技术已经发生了相当大的变化,变化如下:

(1) 引入了很多带有新的化学成分的颗粒产品(催化剂、增强纤维、超导体);

(2) 很多重要的产品使用了较小尺寸的颗粒(陶瓷、电子、摄影术、纳米颗粒);

(3) 产品规格变得更为严格,因此现在需要更精确的粒度分析;

(4) 计算机的价格越来越便宜,因而可以使用新颖且更为复杂的方法测量粒度分布;

(5) 引入了新种类的化学品以便于将粉体分散在液体中(星形聚合物、基于基团转移聚合的分散剂和双取代多功能分散剂等)。例如,由于可以获得数千种可能的分散剂以及许多在液体中解聚粉体的技术,这使得分析师在面对一种新的粉体时很难决定使用哪一种解聚方法和稳定剂更可能成功地在液体里均匀分散这种粉体,进而可用于一种特定的粒度分析方法。此外,质量保证、认可和认证也需要适用于粒度分析和表征的检测标准。

TC 24 有一个术语工作组和两个分技术委员会,SC 4 负责颗粒表征,SC 8 负责筛网测试、筛分和工业筛网。在 SC 4 中,成立了 17 个工作组,其中 15 个工作组依然活跃地在开展工作,见表 6.17。

表 6.18 和表 6.19 中总结了 ISO/TC 24/SC 4 已出版的 34 个国际标准(IS)和 5 个正在制定的项目。从列表中可以看到 TC 24/SC 4 的标准化工作领域已从简单的筛分(因已停止活动,没有列出相关的标准)扩大到各种方法,以满足使用新材料的前沿产业的需求。

表 6.17　ISO/TC 24/SC 4 的工作组

分技术委员会/工作组	名称
TC 24/SC 4/WG 1	数据分析的表示法
TC 24/SC 4/WG 2	沉积、分级
TC 24/SC 4/WG 3	孔径分布、孔隙度
TC 24/SC 4/WG 5	电感应法
TC 24/SC 4/WG 6	激光衍射方法
TC 24/SC 4/WG 7	动态光散射
TC 24/SC 4/WG 8	图像分析方法
TC 24/SC 4/WG 9	单粒子光干扰法
TC 24/SC 4/WG 10	小角 X 射线散射法
TC 24/SC 4/WG 11	样品制备和标准物质
TC 24/SC 4/WG 12	气溶胶颗粒的电迁移率和计数浓度分析
TC 24/SC 4/WG 14	声学方法
TC 24/SC 4/WG 15	使用聚焦束技术的颗粒表征
TC 24/SC 4/WG 16	液体中颗粒分散的表征
TC 24/SC 4/WG 17	ζ电位测定方法

表 6.18　TC 24/SC 4 发布的 IS

已发布的 IS	标题
ISO 9276-1:1998	粒度分析结果的表示—第 1 部分:图形表示
ISO 9276-1:1998/Cor 1:2004	
ISO 9276-2:2001	粒度分析结果的表示—第 2 部分:由粒度分布计算平均粒度/直径及力矩
ISO 9276-3:2008	粒度分析结果的表示—第 3 部分:实验曲线根据参考模型的调整
ISO 9276-4:2001	粒度分析结果的表示—第 4 部分:分类过程的表征
ISO 9276-5:2005	粒度分析结果的表示—第 5 部分:使用对数正态概率分布的粒度分析相关计算方法
ISO 9276-6:2008	粒度分析结果的表示—第 6 部分:颗粒的形状和形貌描述和定量表示
ISO 9277:1995	气体吸附 BET 法测定固体物质的比表面积
ISO 13317-1:2001	用重力液体沉淀法测定粒度分布—第 1 部分:通用原则和导则
ISO 13317-2:2001	用重力液体沉淀法测定粒度分布—第 2 部分:固定移液管法
ISO 13317-3:2001	用重力液体沉淀法测定粒度分布—第 3 部分:X 射线重力技术

续表

已发布的 IS	标题
ISO 13318-1:2001	用离心液体沉淀法测定粒度分布—第 1 部分:通用原则和导则
ISO 13318-2:2007	用离心液体沉淀法测定粒度分布—第 2 部分:光照离心法
ISO 13318-3:2004	用离心液体沉淀法测定粒度分布—第 3 部分:离心 X 射线法
ISO 13319:2007	粒度分布测定—电敏感区法
ISO 13320:2009	粒度分析—激光衍射法
ISO 13321:1996	粒度分析—光子相关光谱学
ISO 13322-1:2004	粒度分析—图像分析法—第 1 部分:静态图像分析法
ISO 13322-2:2006	粒度分析—图像分析法—第 2 部分:动态图像分析法
ISO/TS 13762:2001	粒度分析—小角度 X 射线散射法
ISO 14488:2007	颗粒材料—颗粒特性的测定用取样和样品缩分
ISO 14887:2000	样品制备—粉体在液体中的分散方法
ISO 15900:2009	粒度分布测定—气溶胶颗粒的差分电迁移率分析
ISO 15901-1:2005 ISO 15901-1:2005/Cor 1:2007	压汞法和气体吸附法测定固体材料的孔径分布和孔隙度—第 1 部分:压汞法
ISO 15901-2:2006 ISO 15901-2:2006/Cor 1:2007	压汞法和气体吸附法测定固体材料的孔径分布和孔隙度—第 2 部分:气体吸附法分析细孔和大孔
ISO 15901-3:2007	压汞法和气体吸附法测定固体材料的孔径分布和孔隙度—第 3 部分:用气体吸附法分析微孔
ISO 20998-1:2006	利用声学法测量和表征颗粒—第 1 部分:超声波衰减谱的概念和方法
ISO 21501-1:2009	粒度分布测定—单粒子光干扰法—第 1 部分:光散射气溶胶光谱仪
ISO 21501-2:2007	粒度分布测定—单粒子光干扰法—第 2 部分:光散射液体粒子计数器
ISO 21501-3:2007	粒度分布测定—单粒子光干扰法—第 3 部分:消光液体粒子计数器
ISO 21501-4:2007	粒度分布测定—单粒子光干扰法—第 4 部分:洁净空间用光散射尘埃粒子计数器
ISO 22412:2008	粒度分析—动态光散射(DLS)

表 6.19 TC 24/SC 4 正在制定的 IS

制定中的 IS	标题
ISO/FDIS 9277	气体吸附法测定固体比表面积—BET 法
ISO/CD 13099-1	ζ电位测定法—第 1 部分:简介
ISO/CD 13099-2	ζ电位测定法—第 2 部分:光学方法
ISO/NP 13322-1	粒度分析-图像分析法—第 1 部分:静态图像分析方法
ISO/CD 26824	颗粒系统的粒度表征—词汇

6.4.3　IEC/TC 113

IEC/TC 113 目前有三个工作组，其中两个已经与 ISO/TC 229/WG 1 和 WG 2 组成了 JWG(联合工作组)1 和 JWG 2，另一个 WG 3 工作组则负责性能评估。TC 113/WG 3 的工作计划中有两项和 IEEE 的合作活动。表 6.20 中总结了已经出版的和当前正在进行中的工作项目。其中，IEC 62624 是与 IEEE 联合发布的，IEC/TS 62607、ISO/TS 10797、IEC/TS 62622 和 ISO/TS 13278 是 ISO/TC 229 和 IEC/TC 113 共同准备的文件。《用于纳米技术中的人工光栅：维度品质参数的描述和测量》项目由德国的 H. Bosse 博士领导；《纳米制造—用于碳纳米管材料的关键控制特性—膜电阻》项目则是由韩国的 H. Jin Lee 博士领导（ISO/TC 229 和 IEC/TC 113 之间的专门项目）。

表 6.20　IEC/TC 113 已发布的和正在进行的项目

项目	名称	状态	备注
IEC 62624	碳纳米管电性能的测试方法	P	①
IEC/TR 113-69	纳米尺度电接触	初步	
IEC/TR 113-70	IEC 纳米电子学标准路线图	初步	
IEC/TR 62565-1	纳米制造—材料规格—第 1 部分：基本概念	初步	
IEC/PAS 62565-2-1	纳米制造—材料规格—第 2-1 部分：单壁碳纳米管-空白详细规范	PAS	
IEC/TS 62607-2-1	纳米制造—关键控制特性—第 2-1 部分：碳纳米管材料-膜电阻	WD	ISO/IEC TS62607②
IEC/TS 113-82	纳米制造—发光纳米材料的关键控制特性第 3-1 部分：量子效率	初步	
IEC/TS 62622	用于纳米技术中的人工光栅：维度品质参数的描述和测量	WD	ISO/IEC TS 13126②
IEC/TS 62659	纳米电子学的大规模制造的提案	WD	
ISO/TS 13278	碳纳米管—使用电感耦合等离子质谱（ICP-MS）测定碳纳米管（CNT）中的金属杂质	WD	②
ISO/TS 10797	碳纳米管—使用透射电子显微镜（TEM）表征单壁表征碳纳米管（SWCNT）	WD	②

P 为已发布的标准，WD 为正在筹备中的工作草案，“初步”为正在筹备中的新工作项目建议；①IEC-IEEE 联合项目或已发布的标准；②IEC/TC 113 和 ISO/TC 229 的联合项目

IEC/PAS 62565-2-2、IES/TS 62607-3-1 和 IES/TS 62659-2 是只在 IEC/TC 113 内准备的项目。这些项目是当前预期的标准和技术规范中首先得以制定的，

以促进使用纳米技术的电器和电子终端产品和部件的大规模制造。

IEC/TR 113-70 是正在制定的 IEC 技术报告，描述纳米电气接触件领域的现状，以及这些接触件促进纳米组件和宏观组件之间相互作用的关键本性。该项目由 IEC/TC 113 主席 G. Monty 博士领导。

6.4.4 CEN/TC 352

如 6.1 节中所介绍，CEN 已经于 2005 年建立了关于纳米技术的新的 TC 352。它着重于发展纳米技术以下几个方面的一系列标准：

(1) 分类、术语和命名法；

(2) 计量学和仪器，包括标准物质的规格；

(3) 测试方法学；

(4) 建模与模拟；

(5) 以科学为基础的健康、安全和环境实践；

(6) 纳米技术产品和加工。

必须提到的是，ISO/TC 229 和 CEN/TC 352 共同感兴趣的主题预计将由 CEN 或者 ISO 根据“维也纳协议”贯彻执行。表 6.21 列出了已被 ISO/TC 229 批准为工作项目并正在由 CEN/TC 352 领导开展的当前项目。TR 11808 和 TR 11811 与 ISO/TC 229/JWG 2 的活动相关，而 TR 13830 则与 ISO/TC 229/WG 4 的活动相关。

表 6.21　CEN-352(欧洲标准化委员会-352)中当前的项目(截至 2009 年 10 月 16 日)

项目编号	项目标题	领导者
CEN/ISO TR 11808	纳米颗粒测量方法及其限制指南	CEN
CEN/ISO TR 11811	纳米摩擦学测量方法指南	CEN
CEN/ISO TR 13830	人造纳米颗粒产品和含人造纳米颗粒产品的标签导则	CEN

6.4.5 ASTM 国际的 E42 和 E56 委员会

ASTM 国际的组织结构和 ISO 相似，它目前有超过 130 个技术委员会，为了提供更安全、更完美和更划算的产品和服务而制定自发共识性技术标准。ASTM 技术委员会中，E42(表面分析)和 E56(纳米技术)进行与 ISO/TC 201 和 TC 229 的活动相类似的标准化活动。ASTM/E42 及其 12 个分技术委员会的活动范围覆盖了比 ISO/TC 201 和 TC 202 更大的部分，如表 6.22 所示。而在 2005 年成立的 E56 则具有与 ISO/TC 229 类似的结构，见表 6.23。

表 6.22　ASTM E42 委员会的分技术委员会

SC	标题	现行标准数
E42.02	术语	1
E42.03	俄歇电子能谱和 X 射线光电子光谱	13
E42.06	SIMS	9
E42.08	离子束溅射	3
E42.13	真空技术	0
E42.14	STM/AFM	3
E42.15	电子探针微量分析/电子显微镜	0
E42.90	执行(委员会)	0
E42.91	奖励(委员会)	0
E42.92	美国 TAG ISO/TC 201	0
E42.94	美国 TAG ISO/TC 112	0
E42.96	美国 TAG ISO/TC 202	0

表 6.23　ASTM E56 委员会的分技术委员会

SC	标题	现行标准数
E56.01	信息学和术语	1
E56.02	表征:物理、化学和毒理学性质	5
E56.03	环境、健康和安全	1
E56.04	国际法和知识产权	0
E56.05	联络和国际合作	0
E56.90	执行(委员会)	0
E56.91	战略规划和审查(委员会)	0

ASTM/E42.14(STM/AFM)可被认为与 ISO/TC 201/SC 9(SPM)相对应，它已经颁布了如下 3 个现行标准：

(1) E1813-96(2007)《测量和报告扫描探针显微镜中探针形状的标准规程》;

(2) E2382-04《扫描隧道显微镜和原子力显微镜中同扫描器和针尖相关的假象指南》;

(3) E2530-06《使用 Si(111)单原子台阶校准原子力显微镜在亚纳米替代水平上的 Z 向放大率的标准规程》。

这些标准可能属于 STM 和 AFM 的一个基本标准系统，也是 ISO/TC 201/SC 9 旨在建立的标准。特别是 E1813-96 可以和上一节中描述的 AWI 13095《用于纳米结构测量的 AFM 探针的原位表征过程》相比，在表 6.24 列出了它们范围的相似性。

表 6.24 ASTM/E1813-96 和 ISO/AWI 13095 的范围

ASTM/E1813-96	ISO/AWI 13095
1.1 该规程覆盖扫描探针显微镜,同时描述探针形状和取向所需要的参数 1.2 该规程还描述了将用于扫描探针显微镜的测量探针针尖形状和尺寸的方法。该方法采用特殊的样品形状(探针表征样品),可以经由探针显微镜扫描以确定探针的尺寸。通过扫描表征样品获得探针形状的数学技术已经公开。该标准并不试图解决与其使用相关的所有的安全问题(如果有的话)。这是本标准的用户的职责,他们应当在使用本标准前建立适当的安全和健康操作规程,并决定监管限度的适用性	该国际标准详细说明表征 AFM 探针形状的方法。这对于测量三维纳米结构的形状很重要。这种表征方法使用含有梳状结构和孤立窄脊结构的标准物质。该方法提供原子力显微镜探针某一指定方向上的探针横截面轮廓,测定探针针尖部分的宽度($W1$,$W2$)和长度($L1$,$L2$)关系。该方法适合表征宽度介于几个纳米和几百纳米之间的探针轮廓。该方法旨在减少原子力显微镜测量纳米材料或纳米结构的不确定度

另外,ASTM/E56.02(《表征:物理、化学和毒理学性质》)与 ISO/TC 229/WG 2相对应,已经出版了以下五个文件:

(1) E2490-09《用光子相关光谱(PCS)法测量悬浮液中纳米材料粒度分布的标准指南》;

(2) E2524-08《纳米颗粒溶血性质分析的标准测试方法》;

(3) E2525-08《评估纳米颗粒材料对小鼠粒细胞-巨噬细胞集落形成影响的标准测试方法》;

(4) E2526-08《评估纳米颗粒材料在猪肾细胞和人肝癌细胞中的细胞毒性的标准测试方法》;

(5) E2578-07《计算粒度分布的平均粒度/直径和标准偏差的标准规程》。

应该指出,这 5 个已经公布的文件中有 3 个涉及纳米颗粒在生物领域的测试方法,反映了 E56.02 的主题。

此外,目前正准备新增三个文件:《用光子相关光谱(PCS)方法测量悬浮液中纳米材料粒度分布的新方法》(WK8705)、《ζ 电位测量电泳迁移率新导则》(WK21915)和《用纳米颗粒径迹分析法(NTA)测量纳米材料在悬浮液中粒度分布的新导则》(WK 26321)。

6.4.6 IEEE 纳米技术标准工作组

电气电子工程师学会(IEEE)成立了 IEEE 标准协会(SA),提供服务全球产业、政府和公众需求的标准项目。IEEE-SA 同时也进行工作以确保其标准项目在 IEEE 内乃至整个全球社会的有效性和高可见度。

许多工作组在IEEE的工作范围内开展各个领域的标准项目。其中，纳米技术标准工作组正在制定基于纳米技术的电子标准。工作组的主要驱动力来自于对结果的可重复性、国际合作以及跨越传统科学学科进行沟通的通用方法的需求。该活动是由IEEE纳米技术理事会(NTC)推动的、在IEEE中进行的更广阔的纳米技术工作的一部分。NTC是一个跨学科的组织，其成员来自19个IEEE协会。在纳米技术标准工作组下有两个研究组(SG)。

材料的纳米计量学研究组考虑所有需要使用标准化表征以及报告方法评估纳米材料的测量领域，包括电性质、尺寸和结构、热学性质、组分和表面性质等。

纳米尺度器件研究组则考虑：

(1) 器件的测量包括使用仪器、破坏性和非破坏性测试、化学和生物问题、量子和接触效应以及机械、光电、电和热性能等。

(2) 两端器件(如二极管、发光二极管、电容、驱动器和电阻器等)和三端器件(如晶体管、存储器单元和量子元胞自动机等)的器件几何构型。

此外，还将成立一个互通性研究组考虑各方面的互通性环境(如电学、光子学和机械学)以及纳米尺度的元件和包含纳米器件的系统之间的接口。到目前为止，纳米技术标准工作组已经公布了一个标准并正在制定一个标准，这两个标准的描述如下。

(1) 公布的标准：IEEE标准1650™-2005《碳纳米管电性能测量的IEEE测试方法标准》。

范围：本标准描述碳纳米管的电学表征方法。该方法不依赖于制备碳纳米管的加工途径。

目的：本标准的目的是提供碳纳米管的电学表征的方法以及报告其性能和其他数据的方法。旨在提供和建议用于表征及数据报告的规程。这些方法使得当一个技术被开发出来时，创建一个用于研究和制造的推荐报告标准成为可能。此外，该标准还推荐了验证所必需的工具和程序。

(2) 正在制定的标准：《用做块体材料中添加剂的碳纳米管的表征的标准方法》(P1690™)。

范围：该项目是开发用做块体材料中的添加剂的碳纳米管的表征的标准方法。该方法将不依赖于用于制备碳纳米管的加工途径。

目的：该提议项目的目的是提供和建议用于表征和数据报告的规程。这些方法将使得当一个技术被开发出来时，创建一个用于研究和制造的推荐报告标准成为可能。此外，该标准还将推荐验证所必需的工具和程序。

在2007年，IEEE-SA和IEC/TC 113 WG 3建立了正式的联络关系。通过这种联系，IEEE成员在IEC/TC 113 WG 3项目中享有“专家”成员的权益，以及为IEC和IEEE之间联合开发的标准和规范而建立的维护团队，如IEC/IEEE 62624

(IEEE 标准 1650™)的维护团队。

6.5 结　论

6.5.1 从纳米材料到纳米中间体表征的标准化

基于对全球纳米技术市场增长的预测,纳米中间体(具有纳米尺度特征的中间体产品)的增长预期将比纳米材料(未加工形式的纳米尺度结构)高得多,在技术价值链中的纳米应用产品(含有纳米技术的制成品)预期也有更高的增长。在这里,纳米颗粒、纳米管、量子点、富勒烯、树枝状聚合物和纳米多孔材料被视为有代表性的纳米材料,而涂层、织物、存储器和逻辑芯片、造影剂、光学元件、整形外科材料和超导电线等被认为是纳米中间体的代表[54]。对于纳米材料及纳米应用产品的增长速度的预测已经高达每年 25%。鉴于由纳米材料进行纳米中间体的生产将对增值过程有所贡献,考虑更加注重纳米中间体表征的标准化是极为关键的。

表 6.25 中的矩阵分类显示了产品架构的基本类型[55]。在该表中,如果功能和结构元素之间能够实现一一对应,那么"模块型架构"是可能的。该分类非常适用于跨公司(开放模块类型)或在企业内部(如封闭模块类型)实现标准化。个人计算机和自行车的生产被认为是开放模块类型架构的典型例子,而大型计算机和机床的生产被认为是封闭模块类型结构的例子。另外,"整体型架构"必须考虑功能和结构元素之间是一对多的关系,此类架构目前暂无标准化活动的需求。小型汽车、摩托车和游戏软件等的生产被认为是封闭的整体型架构。

表 6.25　产品架构的基本类型

类型	整体型	模块型
封闭	小型汽车	大型计算机
	摩托车	机床
	游戏软件	乐高(积木玩具)
	紧凑型消费类电子产品	
开放	新的目标(由纳米材料生产纳米中间体)	个人计算机
		自行车
		PC 软件
		互联网

注:经获准修改并复制自文献[55]

由于从纳米材料进行纳米中间体的生产在某些情况下要求对结构元素进行精确调试以提供所要求的功能,所以它可以被归类到整体型。对纳米中间体的生产考虑使用开放整体型架构的可能性将更有意义，这为纳米材料在开放的市场中提供了机会。一直以来主要集中于纳米材料表征的标准化活动将有助于建立“开放整体型”的生产，使用众多独立供应商提供的经过良好表征的纳米材料，推动纳米技术产业的增长。因此，包括 ISO/TC 229 在内的与纳米技术相关的活动备受期待(表 6.26)。

表 6.26 本章中所提到的网址

CEN TC 352；http://www.cen.eu/cenorm/sectors/sectors/nanotechnologies/nanotechnologies.asp
CEN BT WG 166；http://www.cen.eu/cenorm/sectors/sectors/materials/nanotechnology.asp
ANSI NSP；http://www.ansi.org/standards_activities/standards_boards_panels/nsp/overview.aspx?menuid=3
ETUC (欧洲贸易联盟)；http://www.etuc.org/a/5159?var_recherche=Nanotechnology
ETC 集团新闻稿(2007 年 7 月 31 日)“广泛的国际联盟宣布急切呼唤加强对纳米技术的监管”；http://www.etcgroup.org/en/node/651
ASTM E42；http://www.astm.org/COMMIT/COMMITTEE/E42.htm
ASTM E56；http://www.astm.org/COMMIT/COMMITTEE/E56.htm
IEEE-SA；http://www.ieee.org/web/standards/home/index.html
IEEE 纳米技术标准；http://www.grouper.ieee.org/groups/nano/
ITRS；http://www.itrs.net/
NanoRoadSME；http://www.nanoroad.net/

参考文献

第一部分

[1] Roco, M.: Nanotechnology R&D in the Americas and the global context. In: 2nd International Dialogue on Responsible Research and Development of Nanotechnology, Tokyo, Japan, 27-28 June 2006
[2] Proffitt, F.: Yellow light for nanotech, Science **305**, 762 (2004)
[3] Maynard, A. D.: Safe handling of nanotechnology, Nature **444**, 267-269 (2006)
[4] ETUC: http://www.etuc.org/a/5159?var_recherche=Nanotechnology
[5] Manna, S. K., Sarkar, S., Barr, J., Wise, K., Barrera, E. V., Jejelowo, O., Rice-Ficht, A. C., Ramesh, G. T.: Single-walled carbon nanotube induces oxidative stress and activates nuclear transcription factor-κB in human keratinocytes, Nano Letters **5**, 1676-1684 (2005)
[6] Takagi, A., Hirose, A., Nishimura, T., Fukumori, N., Ogata, A., Ohashi, N., Kitajima, S., Kanno, J.: Induction of mesothelioma in p53+/− mouse by intraperitoneal application of multiwall carbon nanotube, J. Toxicol. Sci. **33**, 105-116 (2008)
[7] Poland, C. A., Duffin, R., Kinolch, I., Maynard, A., Wallace, W. A. H., Seaton, A., Brown, V. S., MacNee, W., Donaldson, K.: Carbon nanotubes introduced into the abdominal cavity of mice show asbestos-like pathogenicity in a pilot study, Nature Nanotechnology **3**, 423-428 (2008)
[8] Hench, L. L.: In: Hench, L. L., Wilson, J. (eds.) An Introduction to Bioceramics, p. 319. World

Scientific, Singapore (1993). Chapter 18: Characterization of Bioceramics

[9] Hossain, K. : WG2 study group on strategy (2008), outline strategy for ISO TC 229 WG2-nanotechnologies, ver. 8.0 (2008, unpublished)

第二部分

[10] Committee to discuss protective actions for exposure to workers of chemical materials of which hazardous property to human body is not clearly identified, (Ministry of Health, Labor and Welfare, Nov. 26, 2011) Part 2 (in Japanese) http://www.mhlw.go.jp/shingi/2008/11/dl/s1126-6a.pdf (2009)

[11] Iijima, S. : Helical microtubules of graphitic carbon, Nature **354**, 56-58 (1991)

[12] Collins, P. G. , Avouric, Ph. : Nanotubes for electronics, Sci, Am. **283**, 62-69 (2000)

[13] Terrones, M. : Science and technology of the twenty-first century: Synthesis, Properties, and Applications of Carbon Nanotubes, Ann. Rev. Mater. Res. **33**, 419-501 (2003)

[14] Osawa, E. : Kagaku (in Japanese) **25**, 854-863 (1970)

[15] Kroto, H. W. , Heath, J. R. , O'Brien, S. C. , Curl, R. F. , Smalley, R. E. : C60 Buckminsterfullerene, Nature **318**, 162-163 (1985)

[16] Chai, Y. , Guo, T. , Jin, C. , Haufler, R. E. , Chibante, L. P. F. , Fure, J. , Wang, L. , Alford, J. M. ,Smalley, E. : Fullerenes with metals inside, J. Phys. Chem. **95**, 7564-7568 (1991)

[17] Hinokuma, K. , Ata, M. : Fullerene proton conductors, Chem. Phys. Lett. **341**, 442-446 (2001)

[18] Hinokuma, K. , Ata, M. : Proton conduction in polyhydroxy hydrogensulfated fullerenes, J. Electrochem. Soc. **150**, A112-A116 (2003)

[19] Chikamatsu, M. , Nagamatsu, S. , Yoshida, Y. , Saito, K. , Yase, K. , Kikuchi, K. : Solutionprocessed n-type organic thin-film transistors with high field-effect mobility, Appl. Phys. Lett. **87**, 203504 (2005)

[20] Ichimura, S. : Current activities of ISO TC229/WG2 on purity evaluation and quality assurance standards for carbon nanotubes, Anal. Bioanal. Chem **396**, 963-971 (2010)

第三部分

[21] Ichimura, S. , Itoh, H. , Fujimoto, T. : Current standardization activities for the measurement and characterization of nanomaterials and structures, J. Phys. Conf. Ser. **159**, 012001 (2009)

[22] Itoh, H. , Fujimo, T. , Ichimura, S. : Tip characterizer for atomic force microscopy, Rev. Sci. Instrum. **77**, 103704 (2006)

[23] Homma, Y. , Takenaka, H. , Toujou, F. , Takano, A. , Hayashi, S. , Shimizu, R. : Evaluation of the sputtering rate variation in SIMS ultra-shallow depth profiling using multiple short-period delta layers, Surf. Interface Anal. **35**, 544-547 (2003)

[24] http://www.npl.co.uk/nanoscience/surface-nanoanalysis/surface-and-nanoanalysis-research

[25] Tougaard, S. : Surface nanostructure determination by X-ray photoemission spectroscopy peak shape analysis, J. Vac. Sci. Technol. **A14**, 1415-1423 (1996)

[26] Hajati, S. , Coultas, S. , Blomfieldc, C. , Tougaarda, S. : Nondestructive quantitative XPS imaging of depth distribution of atoms on the nanoscale, Surface Interface Anal. **40**, 688-691(2008)

[27] Baer, D. , Amonette, J. E. , Engelhard, M. H. , Gaspar, D. J. , Karakoti, A. S. , Kuchibhatla, S. , Nachimuthu, P. , Nurmi, J. T. , Qiang, Y. , Sarathy, V. , Seal, S. , Sharma, A. , Tratnyeke, P. G. ,

Wang, C. -M.: Characterization challenges for nanomaterials, Surf. Interface Anal. **40**, 529-537 (2008)

[28] Yacaman, M. J., Ascencio, J. A., Liu, H. B., Gardea-Torresdey, J.: Structure shape and stability of nanometric sized particles, J. Vac. Sci. Technol. B **19**, 1091 (2001)

[29] Smith, D. J., Petfordlong, A. K., Wallenberg, L. R., Bovin, J. O.: Dynamic atomic-level rearrangements in small gold particles, Science **233**, 872 (1986)

[30] Zhao, J. P., Chen, Z. Y., Cai, X. J., Rabalais, J. W.: Annealing effect on the surface plasmon resonance absorption of a Ti-SiO_2 nanoparticle composite, J. Vac. Sci. Technol. B **24**, 1104(2006)

[31] Wang, C. M., Baer, D. R., Amonette, J. E., Engelhard, M. E., Antony, J. J., Qiang, Y.: Electron beam-induced thickening of the protective oxide layer around Fe nanoparticles, Ultramicroscopy **108**, 43 (2007)

[32] Jurac, S., Johnson, R. E., Donn, B.: Monte Carlo calculations of the sputtering of grains: enhanced sputtering of small grains, Astrophys. J. **503**, 247 (1998)

[33] Gaspar, D. J., Laskin, A., Wang, W., Hunt, S. W., Finlayson-Pitts, B. J.: TOF-SIMS analysis of sea salt particles: imaging and depth profiling in the discovery of an unrecognized mechanism for pH buffering, Appl. Surf. Sci. **231-232**, 520 (2004)

[34] Chen, H. H., Urquidez, O. A., Ichimura, S., Rodriguez, L. H., Brenner, M. P., Aziz, M. J.: Shocks in ion sputtering sharpen steep surface features, Science **310**, 294 (2005)

[35] Gaspar, D. J., Engelhard, M. H., Henry, M. C., Baer, D. R.: Erosion rate variations during XPS sputter depth profiling of nanoporous films, Surf. Interface Anal. **37**, 417 (2005)

[36] Jung, Y. J., Homma, Y., Vajtai, R., Kobayashi, Y., Ogino, T., Ajayan, P. M.: Straightening suspended single walled carbon nanotubes by ion irradiation, Nano Lett. **4**, 1109 (2004)

[37] Baer, D. R., Engelhard, M. H., Gaspar, D. J., Matson, D. W., Pecher, K., Williams, J. R., Wang, C. M.: Challenges in applying surface analysis methods to nanoparticles and nanostructured materials, J. Surf. Anal. **12**, 101 (2005)

[38] Zhang, H. Z., Gilbert, B., Huang, F., Banfield, J. F.: Water-driven structure transformation in nanoparticles at room temperature, Nature **424**, 1025 (2003)

[39] Chernyshova, I. V., Hochella, M. F., Madden, A. S.: Size-dependent structural transformations of hematite nanoparticles. 1. Phase transition, Phys. Chem. Chem. Phys. **9**, 1736 (2007)

[40] Chen, W., Pan, X. L., Willinger, M. G., Su, D. S., Bao, X. H.: Facile Autoreduction of Iron Oxide/Carbon Nanotube Encapsulates, J. Am. Chem. Soc. **128**, 3136 (2006)

[41] Gliemann, H., Almeida, A. T., Petri, D. F. S., Schimmel, T.: Nanostructure formation in polymer thin films influenced by humidity, Surf. Interface Anal. **39**, 1 (2007)

[42] Scher, E. C., Manna, L., Alivisatos, A. P.: Shape control and applications of nanocrystals, Philos. Trans. R. Soc. Lond. A **361**, 241 (2003)

[43] Frankamp, B. L., Boal, A. K., Tuominen, M. T., Rotello, V. M.: Direct control of the magnetic interaction between iron oxide nanoparticles through dendrimer-mediated self-assembly, J. Am. Chem. Soc. **127**, 9731 (2005)

[44] Karakoti, A. S., Kuchibhatla, S., Babu, K. S., Seal, S.: Direct synthesis of nanoceria in aqueous polyhydroxyl solutions, J. Phys. Chem. C **111**, 17232-17240 (2007)

[45] Kuchibhatla, S., Karakoti, A. S., Seal, S.: Hierarchical assembly of inorganic nanostructure building

blocks to octahedral superstructures-a true template-free self-assembly, Nanotechnology **18**, (2007)

[46] Wertheim, G. K., Dicenzo, S. B.: Cluster growth and core-electron binding energies in supported metal clusters, Phys. Rev. B **37**, 844 (1988)

[47] Dane, A., Demirok, U. K., Aydinli, A., Suzer, S.: X-ray photoelectron spectroscopic analysis of Si nanoclusters in SiO_2 matrix, J. Phys. Chem. B **110**, 1137 (2006)

[48] Norman, T. J., Grant, C. D., Magana, D., Zhang, J. Z., Liu, J., Cao, D. L., Bridges, F., Van Buuren, A.: Near infrared optical absorption of gold nanoparticle aggregates, J. Phys. Chem. B **106**, 7005 (2002)

[49] Reinhard, B. M., Siu, M., Agarwal, H., Alivisatos, A. P., Liphardt, J.: Calibration of dynamic molecular rulers based on plasmon coupling between gold nanoparticles, Nano Lett. **5**, 2246(2005)

[50] Bayer, M., Hawrylak, P., Hinzer, K., Fafard, S., Korkusinski, M., Wasilewski, Z. R., Stern, O., Forchel, A.: Coupling and entangling of quantum states in quantum dot molecules, Science **291**, 451 (2001)

[51] Schwartz, D. A., Norberg, N. S., Nguyen, Q. P., Parker, J. M., Gamelin, D. R.: Magnetic quantum dots: Synthesis, spectroscopy, and magnetism of Co^{2+}-and Ni^{2+}-Doped ZnO nanocrystals, J. Am. Chem. Soc. **125**, 13205 (2003)

[52] Liu, H., Brison, L. C.: A hybrid numerical-analytical method for modeling the viscoelastic properties of polymer nanocomposites, J. Appl. Mech. **73**, 758 (2006)

[53] Glover, M., Meldrum, A.: Effect of "buffer layers" on the optical properties of silicon nanocrystal superlattices, Opt. Mater. **27**, 977 (2005)

第四部分

[54] Lux research report 2004 on "Sizing nanotechnology's value chain". http://www.luxresearchinc.com/pxn.php

[55] Fujimoto, T., CIRJE-F-182 (Center for Intrnational Research on the Japanese Economy, Faculty of Economics, The Univ. of Tokyo): Architecture, capability, and competitiveness of firms and industries (2002)

第 7 章　表征与降低纳米材料风险的测量标准制定含义

David S. Ensor

7.1 引　　言

纳米技术的概念通常归功于费曼于 1959 年一次题为《在底部还有很大的空间》的晚宴演讲[1]。世界各国对纳米科技的兴趣持续增长，最终使美国于 1999 年启动了《国家纳米技术计划》[2]。一个纲领性的观点，把与材料相关的学科整合起来应使用统一的准则，即纳米材料至少某些特征应在纳米尺度范围内。纳米尺度定义为尺寸近似为 1～100 nm[3]。一些众所周知的与纳米技术相关的材料，如富勒烯、单壁碳纳米管是在最近的 25 年内发现的[4,5]。支撑纳米科技的许多科学已在电子学、高分子、粉体、胶体和气溶胶等领域发展成熟。而当前纳米技术领域仍在迅速扩展，新技术、新理解、新应用和新材料不断被发现。显然，这就需要发展统一的规则和合适的标准，从而建立管理纳米科技风险和应用的系统方法。ISO/TC 229 “纳米技术”委员会在发展国际标准化文件时已经遇到这些挑战。国际标准化的目的是为了方便国际贸易、改进质量、提高安全性、加强环保和消费者保护、合理使用自然资源、实现技术和良好实践的全球共享[6]。

本章探究标准制定及怎样使用纳米材料的检测标准实现国际目标的含义。这种活动将要求在新材料的性质与其潜在的大规模工业应用相关的健康问题之间达成调和。在许多情况下，纳米材料是从改变传统工艺过程中获得的，如为了达到新应用所要求的性质而减小粉体的粒度。或者在一些情况下，这些材料是刚刚被合成，但仅有供测试用的量。Oberdörster 等[7]、Borm 等[8]以及 Maynard 和 Kuempel[9]已经分别讨论过潜在的与这些新材料关联的环境、健康和安全(EHS)关切。使用风险评价方法了解生产和使用纳米产品的含义将是国际上纳米材料风险管理的重要组成部分。

D. S. Ensor(✉)

RTI International, Research Triangle Park, Durham, NC, USA

e-mail: dse@rti.org

7.2 风险范式

本章的主要内容是考察检测标准以及这些标准怎样使纳米材料风险最小化的含义，因此审视目前风险评估的概念是有用的[10]。风险范式最初由美国国家科学院提出[11]，多年来一直用来指导环境项目。风险范式和相关的方法如生命周期分析可直接应用于纳米材料评估[12]。

图 7.1 显示了风险评估和风险管理范例的一个高层框架。风险范式是一项系统的程序，用于鉴别、量化和设置风险管理的优先权。当进行人口统计和利用多种方法考虑风险评估时，风险评估的四个元素非常复杂。危害识别是指鉴定暴露于环境应激源或试剂后可能引起的不良效应。并需要确定这些应激源的属性和强度表征。当危险确定以后，就可以评估人群在这些材料中的暴露程度。暴露评估包括描述人群或生态系统在应激源中的暴露以及暴露的量级、持续时间和空间分布程度。危险确定后，就要进行确定剂量响应特性或材料毒性的工作，这些需通过体外、体内或流行病学研究确定。基于暴露和剂量响应的性质，材料的风险得以表征。做好风险评估的每一步，将确定材料的数量和性质。当风险量化后，可应用管理程序使风险最小化。在本章后面部分，将以 ISO/TC 229 的三个不同项目为例，阐述国际测量标准在风险范式各个步骤中的支撑作用。

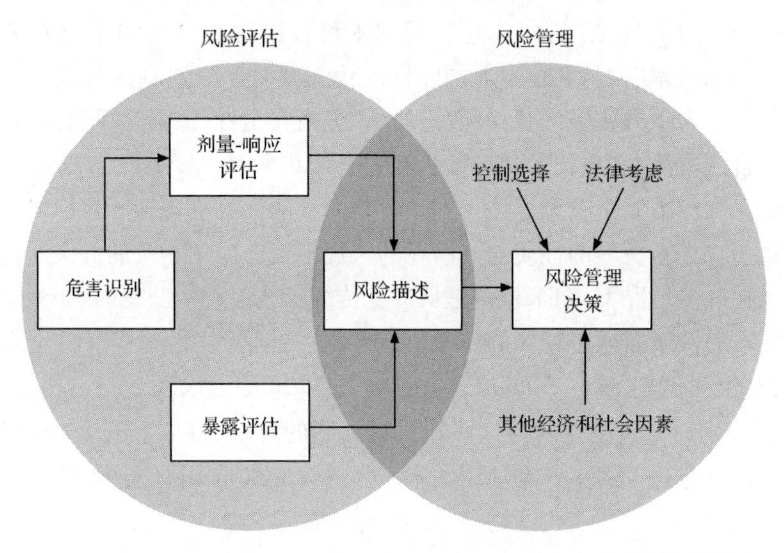

图 7.1 风险范式图表明环境中有毒材料管理的普遍因素[10]

7.3 纳米技术标准的发展

Hatto[13]讲述了ISO/TC 229在这个历史较短的领域中制定标准的使命。标准事实上是扎根于技术，而不是仅仅基于科学或应用，这说明：①有必要与其他标准委员会和组织建立紧密的合作与联系；②针对纳米技术制定的标准需要建立在已有的标准基础上，并有所提高；③由ISO/TC 229制定的标准对其他委员会撰写的ISO标准具有权威性。通常，当一个ISO技术委员会启动时，组织者已经收集了大量需要在国际层面进行协调的国家标准。然而，作为仅有的几个例外之一，纳米技术委员会却并非如此。

一个重要的考虑是纳米技术标准将很大程度上建立在已由其他技术委员会和组织建立的标准上。计量和EHS标准更是如此。这些已经存在的文件可能与纳米尺度相关但尚未如此明确认定。通常，已经存在的标准中可能有一些对聚焦于纳米技术的新标准来说重要的背景。

作为特定领域的纳米技术组织成立之前，相关的国际标准已经制定了，但这些标准在支持纳米技术标准方面可能有不足之处。人们常问，这些信息怎样才能最好地用于起草新的标准。从一些例子来看，现存的标准可能无法应用在纳米尺度范围里最小的粒度。另一个可能是现存标准从来没有真正应用在所关注的纳米材料上。许多已存在的粉体技术领域方面的标准针对的是含有少量纳米颗粒的粉体。因此，经常有一个问题要问——已建立起来的微米尺度的性能可以外推应用到纳米尺度的颗粒吗？由于这些原因，ISO/TC 229中进行的一些项目具有研究导向，而不是代表解决了实际问题。

关于直接的纳米尺度应用的文献对我们关注的某一特定领域来说可能很少。可能仅有少数的研究人员在这个领域中活跃地工作，而且这些研究现在通常还在进行中。由于专家人数有限，以及隐约感觉所选择的方法可能不够完善，这种形势已经造成专家在起草有关文件时的压力。不过，纳米技术标准制定工作将有助于鉴别出那些存在着加速发展可能性的某些领域中的实践活动。关于在新兴领域制定标准，ISO的标准制定进程是稳妥的。ISO标准首先将在3～5年内进行系统的评审，然后可以用最新的经验进行更新。

普遍有意义的是，ISO/TC 229建立应用纳米技术标准，它们有可能被其他标准委员会广泛应用。ISO/TC 229制定的关于术语、检测、材料规范、健康、安全和环境的标准可以为其他ISO标准提供广泛的应用支持。纳米技术由于其使能特性，有望在很多领域成为重要因素。

关于已有标准与针对纳米技术新制定标准的相互关系，可以用ISO/TC 209“洁净室及有关受控环境”目前进行的标准活动为例来说明[14]。当ISO/TC 209

于1993年成立时,污染控制实践通常只局限在100 nm及更大的颗粒。该决定原因之一是电子工业使用的一个经验法则,即在半导体芯片生产中,只有大于1/10电路线宽的颗粒才会导致损坏。那时电子工业中电路线宽约1μm,自然地,标准里颗粒尺寸的下限就在100 nm。因此,第一个洁净室标准ISO 14644-1[15]排除了100 nm以下的颗粒,仅规定除了光学粒子计数器读出的认可数据之外,凝聚粒子计数器测得的超细颗粒浓度也可以报告。超细颗粒是不鉴别来源的小于100 nm颗粒的旧术语。不过,大多数污染控制的因素,如工作区与环境的分离设计和操作管理,和污染颗粒的尺寸无关。ISO/TC 209第十工作组正在考察将该技术委员会的标准拓展到对纳米技术重要的颗粒尺寸范围。当前半导体工业制造的线路特征尺寸小于65 nm,很明显在新标准中污染控制所关心的颗粒尺寸范围需要减小[16]。ISO/TC 229制定术语和EHS标准时的许多材料将直接用于ISO/TC 209的纳米技术标准。

7.4 测试标准与风险范式的关联

ISO/TC 229正在制定的三项标准被选来说明风险范式的几个方面:暴露评估、剂量响应评估和危害识别,如图7.1所示。第一个例子是确定粉体中可雾化的纳米物体的数量的标准项目。纳米物体从形状的角度是个更广义的统称,包括纳米颗粒、纳米纤维和纳米片[3]。纳米颗粒一词用于定义三维均在纳米尺度范围时的情况(一些旧的文件中倾向于把纳米物体和纳米颗粒互换使用。颗粒是更广义的术语,在大多数定义中,它通常不限制在一个特定的尺寸范围)。这一计划制定的标准将表征粉体处理时的暴露可能。第二个例子是描述用于吸入研究的银纳米颗粒气溶胶的产生和表征的一对标准,为剂量响应评估提供支持。最后一个例子是与人造碳纳米材料有关的内毒素检测标准。这项标准实际上是危害识别的一个部分,因为内毒素剂量的健康效应标准在其他领域已经建立,但人造纳米材料的内毒素存在目前还没有被考虑。

7.4.1 粉体中纳米物体的含量

这个标准制定项目针对的是图7.1所示风险范式中危害识别的一个方面。该项目是ISO/CD 12025《纳米材料——气溶胶法产生的纳米材料中纳米颗粒成分确定的通用框架》[17],目前处于委员会草案阶段[18]。题目的合适与否已有过讨论,因为该测试方法是用来确定粉体材料气溶胶化或由其释放产生的纳米物体的数量,并不是粉体材料中特定尺寸纳米物体的总的浓度。

促使制定这个标准的一个因素是在生产过程处理粉体时,它们可以释放出具有潜在危害的微粒。这个标准所确定的气溶胶化纳米物体的数量本质上和暴露的概率有关,必须与毒性测量相联合,以评估达到潜在危害的剂量。

传统上,职业卫生界使用粉体材料的实验室"含尘量"测试以确定该材料安全处理及操作所需的工程控制程度。含尘量测试包括对粉体施以模拟工业生产的处理过程的小规模测试。对释放出的粉尘采样,用其在粉体中的质量比例来确定可吸入部分。根据 Hinds[19]所描述的,可吸入质量的确定要使用模拟人的上呼吸道的旋风分离器,该分离器在气溶胶颗粒直径为 3.5 μm 时达到 50%的切分。达到肺泡区域的质量要通过过滤网对旋风分离器的出口处进行采样来确定。其他基于呼吸道的常用粒度分级包括可吸入尺寸 15 μm 以及进入人体胸部的颗粒物粒度尺寸 2.5 μm(即 PM 2.5——译者注)。在过去的 50 年中,发展了大量的实验室测试[20]。尽管可能的测试是基于经验的,我们仍需努力去避免一些干扰因素,如相对湿度的影响[21]。

所有的气溶胶化方法都是以某种方式用机械能作用于干粉,同时通过气流将释出的气溶胶颗粒运送到仪器中进行测量。起草 ISO/CD 12025 所采用的方式是指出粉体哪些关键性质对结果、安全、仪器有影响,以及举例说明散布粉体的方法,但是因为令人感兴趣的粉体范围很广,无法指定单一的方法,如图 7.2 所示。有多种方法可以将机械能应用于粉体,包括:在圆筒中令粉体翻滚、在管子中令粉体从高处沉降、利用流化床振动粉体或者利用空气的压力脉冲驱动粉体。滚筒(tumbling drum)和落管(drop tube)方法在一项 CEN 标准里[22]已有载录。振动流化床方法包括将混有或不混有 70 μm 直径的青铜珠的粉体,放置于连在实验室涡旋振荡器的玻璃瓶中。空气吹入小瓶,将雾化的颗粒输运到气溶胶测试仪器中[23]。在压力脉冲或动力学方法中,利用一股气流使少量的粉尘重新漂浮起来并送到仪器小室中用非常低的流速检测。动力学方法尤其受到关注,因其仅需少量的粉尘(5 mg),并且能够将粉尘束缚在小室中[24]。

图 7.2 气溶胶测试程序简单框架

气溶胶颗粒的定量有可能需要多种测试方法一起使用。传统的可吸入粉尘分数应当测定,以便维持与含尘量数据库的一致;但除此之外,作为粒度函数的纳米颗粒浓度也应该测量。ISO/TC 146 制定的 ISO/TR 27628[25]将已有的工作场所纳米颗粒测试方法进行了总结。这些方法包括以下三种。

(1) 扫描电迁移率颗粒分析。在微分迁移率分析仪中,不同电荷不同尺寸的颗粒得到分离,并用液体冷凝下来后通过光散射进行检测。

(2) 静电低压撞击器。颗粒以不断增加的速度从一系列喷嘴中喷出,沿平坦表面或台阶根据不同尺寸进行分离,然后压紧。仪器的后部在低压下操作,减少对颗粒的拖延,使颗粒小于 100 nm 的颗粒沉积下来。通过检测在与特定粒度相对应的压紧台上收集到的颗粒的电荷来实现探测,得到特定颗粒的直径。

(3) 电子显微镜观察滤膜上样品。这是一个工作强度很大的两步过程,为了定量需对颗粒的统计上有效的数量进行测量。颗粒的图像提供颗粒形状和聚集状态的信息。粒度和实验目的将决定电子显微镜的选择,如扫描电子显微镜或透射电子显微镜。

但是,当前在用于释放出的纳米物体的合适测量方法及解释结果的最好方法上还没有达成共识。在由 ISO/TC 24 制定的 ISO 15900[26]中描述的用于粒度分离的微分迁移率分析法与凝聚粒子计数探测相结合,广泛用于确定纳米颗粒的粒度分布。利用可呼吸式采样方法,使用并行采样,得到纳米颗粒测量外的,与传统尘埃测试方法可对比的数据也是可取的。

但是,在含尘量背景下仅得到来自粉体的纳米颗粒气溶胶化很少的信息。并且世界范围内仅有少量实验室有纳米物体表征经验,这些数据现在已经在文献中公开出版。由 Schneider 和 Jensen 总结的一些有限的数据[27]证明粒度数量分布显示了截然不同的模式。也有报道称高剪切方法如 ELPI 可能引起采样期间的解聚效应。

由于标准的通用性,重点在于合适的测试方法的选择,将测试条件和数据报告方法文件化。以结果为导向的方法要得到 ISO 方针的支持[28]。通用的方法不同于选择的特定方法,可能允许应用在更广泛的粉体范围,但是在比较不同含尘量测试方法的数据时存在严重问题。

期待这一标准的公布将促进这个领域的工作。特别是如果监管活动需要含尘量或纳米颗粒气溶胶化的信息。也有可能制定针对粉体气溶胶化的特定技术的新标准。

7.4.2 金属气溶胶吸入标准

这个标准提供的吸入测试的方法是研究的一部分,获得的数据为风险范式中的剂量响应评估提供支持,如图 7.1 中所示。纳米银作为抗菌剂在大量的产品中得到广泛的应用,具体的例子见伍德罗·威尔逊国际学者中心的报告[29]。Chen 和 Schluesener[30]综述了纳米银在医学方面的日益增长的广泛应用。Quadros 和 Marr[31]综述了环境和人体健康风险,认为在纳米银产品的生命周期过程中气溶胶化的大量机会将使得吸入暴露成为最大关注问题。同时,吸入法是动物纳米材料试验的一种方法,可用来理解纳米颗粒在试验动物器官中的输运和聚集。

广泛使用的产生银气溶胶的方法是热生成法[32]。热生成法产生气溶胶的过程包括加热银或金,使金属挥发,当包含金属原子的气体与空气混合冷却时形成了纳米颗粒。传统上，管式炉用于加热含银的陶瓷舟皿，气体被抽入并通过管式炉以输运挥发的金属，然后气体与冷空气混合形成气溶胶。Jung 等[33]介绍了一种更简单的方法，银金属放置在小的陶瓷加热元件中，空气流过元件，冷却并输运这些气溶胶。得到的气溶胶含有银纳米颗粒，对这些颗粒进行表征，并将其用于动物暴露实验中[34]。实验步骤如图 7.3 所示。ISO/DIS 10801[35]和 ISO/DIS 10808[36]这两个标准目前处于 FDIS（即 final draft international standard，最终国际标准草案。——译者注）阶段[18]。

图 7.3　银气溶胶产生和表征框架

这些标准是基于 Ji 等报道的气溶胶通用表征方法[34]，表征部分利用已建立的气溶胶测量原则如 ISO 15900，吸入部分根据 OECD 指导原则进行[37]。这些 OECD 暴露指导最初应用于化学蒸汽暴露，但覆盖了各个与测试物质无关的腔室需求，如气体交换率、氧气水平、温度和相对湿度限度。

当开始起草该标准时，仅仅一个实验室具有动物暴露实验方法的经验。幸运的是，制定的技术方法得到了多家同行评议出版物的认可，标准出版后将被许多实验室所采用。

纳米颗粒暴露的关键因素在最终的标准中作为参考。在这两个标准中，实验装置和数据的例子作为附录指导研究者。ISO 10801 是安排围绕发生系统的准备步骤、气溶胶发生器表征、颗粒产生的要求、结果评估和测试报告。理想情况下，如果气溶胶的一系列产生设备满足粒度分布性质和浓度稳定性的基本需求，就会获得许可。ISO 10808 关注动物试验容器的监控。这个标准意在同 ISO 10801 共同使用，但是，因为基于结构的通用需求，该文件也可用于其他气溶胶发生器。这个标准包括系统准备、监控方法规范、结果评估和测试报告等实验程序步骤。

ISO 10801 和 ISO 10808 预计在 2011 年颁布成为标准（ISO 10801：2010 和 ISO 10808：2010 均于 2010 年 12 月 2 日通过并出版。——译者注）。这些标准的公布将确立小动物呼吸实验研究的优先权。这些文件有望为这个研究领域奠定基础。

7.4.3　纳米材料中内毒素的量化

纳米材料中的内毒素是暴露评估步骤中的潜在考虑因素，如图 7.1 所示。内毒素在纳米材料毒物学中的重要性目前刚被认识到。另外，人造纳米材料或纳米物体通常具有很大的比表面积，具有能够从环境中吸附内毒素的潜力。浓缩的内毒素可能以类似于纳米技术治疗机制的方式被纳米物体携载到生物体内。

关于人造纳米材料的内毒素水平方面的文献很少。含内毒素的纳米物体的毒性因以下几个原因而重要:①在生产过程中,工人可能暴露在材料中;②环境中纳米材料的生命周期中,内毒素可能会富集;③许多纳米物体可能用做治疗的前驱体;④商业化的纳米物体通常用于毒理学研究而没有考虑所有潜在的混杂因素。众所周知,内毒素的存在会导致室内环境健康问题。革兰氏阴性菌的细胞壁包含内毒素,这些细菌广泛传播,使得内毒素在环境中广泛分布。

注射和医疗设备必须按照国家药典要求屏蔽内毒素,在鲎变形细胞溶解物(LAL)基础上建立完善的实验作为其测试工具[38]。利用由环境内毒素导致的潜在混杂因素阐述获得的纳米材料毒性数据,这个方法是由 Inada 确定的[39]。当商用的碳纳米管应用于体外实验时,出现了令人困惑的结果。据信使得纳米颗粒的体外毒理学研究发生混淆的原因正是内毒素。在 2006 年,ISO/TC 229 开始起草针对纳米材料内毒素的测量方法的国际标准[40]。以碳纳米材料为例,其制备工艺包括在化学气相沉积或电弧反应炉中提高处理温度。合成后,新制备的纳米材料很可能不含内毒素,只可能在提纯和储存阶段引入内毒素污染。这种可能性得到了美国关于体外给药溶液中的纳米材料内毒素测试方法的出版物的认可[41]。但干燥的纳米材料用于毒性测试时,通常不需要考虑内毒素。

ISO 标准总结了当前利用 LAL 实验测试内毒素的方法,提供了纳米材料内毒素定量测试的最简单需求。考虑到材料的广泛性,限定其仅为相关纳米材料分析提供指导。实验室需要发展适合其特定材料的方法,需要进行对于评估的纳米材料的验证,以确保结果的定量性。标准的编写依据现行药典的测试要求,并增加了纳米物体的分析导则,这些纳米物体通常是疏水的,很难分散在水基系统中。另外一个顾虑是纳米材料自身可能干扰测试。测量内毒素的方法之一是测量消光度的变化,因为纳米物体通常是聚集的颗粒,这些材料可能导致对样品的干扰。应该发展和验证每一类材料的样品制备方法。

在该标准制定期间,Esch 等报道了 RTI 国际开展的短期内部资助的研究项目[38],开发了测量与干燥碳纳米物体相关的内毒素的方法,如单壁碳纳米管、多壁碳纳米管、富勒烯(C_{60})等,并用炭黑作为对照。图 7.4 表明少量商用材料的内毒素水平的初步数据。当前的检测中纳米材料引起的问题是材料通常是疏水的干燥粉体,很难直接分散在 LAL 试剂中。如果从制造厂中收到干燥的粉体,为了确定材料中是否含有内毒素,需要进行筛分,特别是为了吸入研究需要对材料进行气溶胶化的情况下。Esch 等[38]在试了多种不同的表面活性剂后,发现维生素 E-d-α-生育酚聚乙二醇-1000 琥珀酸酯(VETPGS)表面活性剂可以提供很好的样品制备。通常情况下,不含内毒素的 VETPGS 1%水溶液用于制备。已发表的论文[38]作为该标准的参考文献为用户提供指导[40]。VETPGS 将碳纳米材料湿化,制备成可用于设备分析的悬浮液。Esch 等报道的结果中[38],内毒素的浓度与材料的比表面不相关，而是似乎在材料提纯时随机引入的。内毒素污染不是实验室分析引入的，因为干燥材料是在惰性气氛手套箱中从运输容器中取出来的。另外，内毒素分析作为预防手段以避免污染。Esch 等[38]的研究发现所分析的样品在基于监管的内毒素限度情况下引起不良反应。

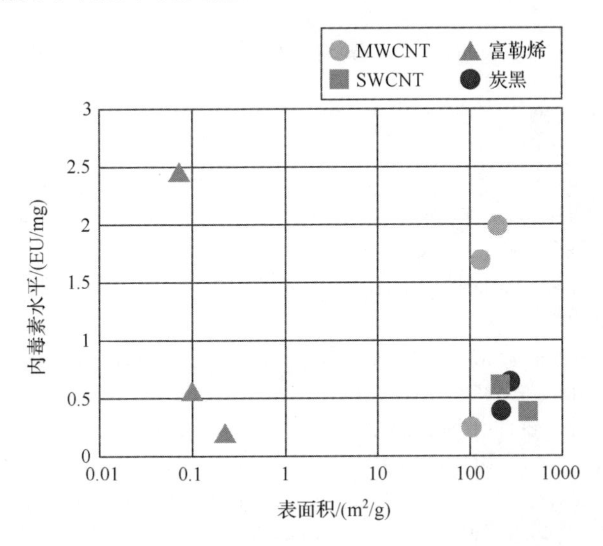

图 7.4　内毒素污染作为许多人造碳纳米材料的表面积的函数

从 Esch 等的文章复制[38]

ISO/FDIS 29701 当前处于最后投票阶段，预计 2010 年下半年成为完善的标准（ISO 29701:2010 于 2010 年 9 月 3 日通过并出版。——译者注）。这将成为 ISO/TC 229 制定的第一个标准。概括来说，这个标准将为干燥的人造纳米材料中内毒素的系统研究提供基础。据信随着纳米材料的毒性测试更加系统化并得到发展，这种测试方法将会被广泛地使用。

7.5　总　　结

本章根据风险范式对于三种测量标准的意义进行了探索。ISO/TC 229 正在制定的标准在共识过程发展的数据中是非常重要的。因为纳米技术领域是个新兴领域，标准极大地依赖于吸收其他领域的内容，许多领域被认为是纳米技术的基础。但是，一些支持性标准在纳米技术背景中应用时应作一些调整。三个例子中，仅仅少量实验室有分析方法的经验，据信这三个例子将是标准文献中的重要组成部分。ISO 12025 将很可能为确定包含纳米物体的粉体含尘量提供通用基础。这个标准预期将广泛用于支持公共卫生及环境应用，以确定与多种粉体相关的潜在暴露。ISO 10801 和 ISO 10808 将很可能建立纳米物体的气溶胶吸入测试的基础。ISO 29701将系统测量人造纳米材料或纳米物体的内毒素。最终，这些新颖的标准将导致作为ISO系统评审部分的广泛修订，第一次修订预计在发表后的三年，之后在第一次评审后每五年进行一次修订。不管怎样，尽快将这些文件投入应用，将极大促进纳米材料的管理。

参考文献

[1] Feynman, R. P.: There's plenty of room at the bottom. http://www.zyvex.com/nanotech/feynman.html (1959). Accessed July 2010

[2] Roco, M. C., Williams, R. S., Alivisatos, P. (eds.): Nanotechnology research directions. U. S. National Science and Technology Council, Washington, DC. (1999) http://www.wtec.org/loyola/nano/IWGN.Research.Directions/. Accessed July 2010

[3] ISO TS 27687. Nanotechnologies-Terminology and definitions for nano-objects-nanoparticle, nanofibre and nanoplate (2008)

[4] Kroto, H. W., Heath, J. R., O'Brian, S. C., Curl, R. F., Smalley, R. E.: C_{60}: Buckminsterfullerene. Nature **318**, 162-163 (1985)

[5] Iijima, S.: Helical microtubules of graphitic carbon. Nature **354**, 56-58(1991)

[6] ISO strategic plan. http://www.iso.org/iso/isostrategies_2004-en.pdf. Accessed July 2010

[7] Oberdöster, G., Maynard, A., Donaldson, K., Castranova, V., Fitzpatrick, J., Ausman, K., Carter, J., Karn, B., Kreyling, W., Lai, D., Olin, S., Monteiro-Riviere, N., Warheit, D., Yang, H.: Principles for characterizing the potential human health effects from exposure to nanomaterials: elements of a screening strategy. Part. Fiber Toxicol. **2**, 8 (2005). http://www.particleandfibretoxicology.com/content/2/1/8. Accessed July 2010

[8] Borm, P. J. A., Robbins, D., Haubold, S., Kuhibusch, T., Fissan, H., Donaldson, K., Schins, R., Stone, V., Kreyling, W., Lademann, J., Kertmann, J., Warheit, D., Oberdöster, E.: The potential risks of nanomaterials: a review carried out for ECETC. Part. Fibre Toxicol. **3**, 11 (2006). http://www.particleandfibretoxicology.com/content/3/1/11. Accessed July 2010

[9] Maynard, A. D., Kuempel, E. D.: Airborne nanostructured particle and occupational health. J. Nanopart. Res. **7**, 587-614 (2005)

[10] U. S. Environmental Protection Agency. The NRC risk assessment paradigm. http://www.epa.gov/ttn/atw/toxsource/paradigm.html. Accessed July 2010

[11] U. S. National Academy of Sciences. Assessment in the Federal Government: Managing the Process. National Academy Press, Washington, DC (2008). http://books.nap.edu. Accessed July 2010

[12] U. S. Environmental Protection Agency. Nanotechnology white paper, EPA 100/B-07/001, February 2007. http://www.epa.gov/osa. Accessed July 2010

[13] Hatto, P.: Nanotechnologies-ISO/TC 229, ISO, IEC, NIST and OECD International workshop on documentary standards for measurement and characterization for nanotechnologies, NIST, Gathersburg, MD, 26-28 February 2008

[14] Dixon, A. M., Ensor, D. S., Michael, D.: Applying the principles of contamination control standardization to nanotechnology facilities, IESC 2010, Tokyo, Japan, 6-9 October 2010

[15] ISO 14644-1. Cleanrooms and associated controlled environments-Part 1: classification of air cleanliness

(1999)

[16] Moore's Law 40th Anniversary. http://www.intel.com/pressroom/kits/events/moores_law_40th/ (2005). Accessed July 2010

[17] ISO/CD 12025. Nanomaterials-General framework for determining nanoparticle content in nanomaterials by generation of aerosols

[18] ISO ISO/TC 229. http://www.iso.org/iso/iso_catalogue/catalogue_tc/catalogue_tc_browse.htm?commid=381983&development=on (2010). Accessed July 2010

[19] Hinds, W. C.: Aerosol Technology. Wiley, New York, NY (1982)

[20] Hamelmann, F., Schmidt, E.: Methods of estimating the dustiness of industrial powders-A review. KONA **21**, 7-18 (2003)

[21] Pinke, M. A. E., Leith, D., Boundy, M. G., Loffler, F.: Dust generation from handling powders in industry. Am. Ind. Hyg. Assoc. J. **56**, 251-257 (1995)

[22] EN 15051. Workplace atmospheres-measurement of the dustiness of bulk materials-requirements and test methods (2006)

[23] Maynard, A. D., Baron, P. A., Foley, M., Shvedova, A. A., Kisin, E. R., Castranova, V.: Exposure to carbon nanotube material: Aerosol release during the handling of unrefined single-walled carbon nanotube material. J. Toxicol. Environ. Health A **67**, 87-107 (2004)

[24] Boundy, M., Leith, D., Polton, T.: Method to evaluate the dustiness of pharmaceutical powders. Ann. Occup. Hyg. **50**(5), 453-458 (2006)

[25] ISO/TR 27628. Workplace atmospheres-Ultrafine, nanoarticle and nano-structured aerosols-inhalation exposure characterization and assessment (2007)

[26] ISO 15900. Determination of particle size distribution-Differential electrical mobility analysis for aerosol particles

[27] Schneider, T., Jensen, K. A.: Relevance of aerosol dynamics and dustiness for personal exposure[to manufactured nanoparticles. J. Nanopart. Res. **11**, 1637-1650 (2009)

[28] ISO/IEC. Directives, Part 2: Rules for the structure and drafting of International Standards. http://isotc.iso.org/livelink/livelink? func=ll&objId=4230456&objAction=browse&sort=subty pe. Accessed July 2010

[29] Woodrow Wilson International Center for Scholars. A Nanotechnology Consumer Products Inventory. Washington, DC (2010). http://www.nanotechproject.org/inventories/consumer/. Accessed July 2010

[30] Chen, X., Schluesener, H. J.: Nanosilver: A nanoproduct in medical application. Toxicol. Lett. **176**, 1-12 (2008)

[31] Quadros, M. E., Marr, L. C.: Environmental and human health risks of aerosolized silver nanoparticles. J. Air Waste Manag. Assoc. **60**, 770-781 (2010)

[32] Ku, B. K., Maynard, A. D.: Comparing aerosol surface-area measurement of monodisperse ultrafine silver agglomerates using mobility analysis, transmission electron microscopy and diffusion charging. J. Aerosol Sci. **36**, 110-1124 (2005)

[33] Jung, J. H., Oh, H. C., Noh, H. S., Ji, J. H., Kim, S. S.: Metal nanoparticle generation using a small ceramic heater with a local heating area. J. Aerosol Sci. **37**, 1662-1670 (2006)

[34] Ji, J. H., Jung, J. H., Kim, S. S., Yoon, J. U., Park, J. D., Choi, B. S., Chung, Y. H., Kwon, I.

H. ,Jeong, J. , Han, B. S. , Shin, J. H. , Sung, J. H. , Song, K. S. , Yu, I. J. : Twenty-eight-day inhalation toxicity study of silver nanoparticles in Sprague Dawley Rats. Inhal. Toxicol. **19**(10), 857-871 (2007)

[35] ISO/DIS 10801. Nanotechnologies-Generation of metal nanoparticles by evaporation/condensation method for inhalation toxicity testing

[36] ISO/DIS 10808. Nanotechnologies-Characterization of nanoparticles in inhalation exposure chambers for inhalation toxicity testing

[37] OECD: Guidline for Testing of Chemicals 413 Subchronic Inhalation Toxicity: 90-Day Study. OECD, Paris (1995)

[38] Esch, R. K. , Han, L. , Ensor, D. S. , Foarde, K. K. : Endotoxin contamination of engineered nanomaterials. Nanotoxicology **4**, 73-83 (2010)

[39] Inaba, K. : Standardization of endotoxin test. Presented at the 2nd ISO/TC 229 Plenary Meeting as document TC 229/N149, Tokyo, Japan, June 2006

[40] ISO/FDIS 29701. Nanotechnologies-Endotoxin test on nanomaterial samples for in vitro systems-Limulus amebocyte lysate (LAL) test

[41] Nanotechnology Characterization Laboratory, NCL Method STE-1. http://ncl. cancer. gov/NCL_Method_STE-1. pdf. Accessed July 2010

第8章　纳米材料毒性：新出的标准与支持标准制定的工作

Laurie E. Locascio，Vytas Reipa，Justin M. Zook，Richard C. Pleus

8.1　引　　言

纳米技术在工业化历史上第一次提供了一个在普遍采纳及工业应用之前就将人们对材料的安全性纳入考虑的独特机会。世界上许多科学家受此激励，从事尽可能安全的纳米技术的开发和应用，并尝试避免我们以前将新的化学品和化学工艺引入商业的过程中落入的困境。对任何化学产品来说，无论是纳米尺度还是常规的，定义其安全性的一个关键都是毒性试验以及在制造或/和使用期间潜在危害的测定。

毒性试验，简单说来是以科学为基础确定一个产品或其中任一及全部成分潜在的毒性效应的测试。这些测试可以用多种方法进行，包括体内、体外和流行病学方法，这些测试结果用于该材料的风险评估。评估各种产品对工人、消费者或环境的风险是一个确立并完善的流程，最初是由美国国家科学院在1983年定义的[1]。今天，风险评估不断发展并在世界范围内得到应用。通常，纳米材料毒性试验应该遵循与常规化学测试相似的规程；但是，到目前为止我们所知的是纳米材料和典型化学品之间很可能存在一些重要的差异，需要在测试规程中加以考虑[2]。在测试常规化学品时化学结构是最重要的考虑因素，而纳米材料具有更复杂的结构，其多种物理化学特性可能在定义纳米材料的潜在毒性和危害时扮演关键角色。例如，研究人员已经报道了纳米材料毒性和粒度[3,4]、形状[5]、团聚状态[6,7]及表面化学[8]等参数间的关系。此外，由于纳米颗粒具有更大的反应表面积/质量比、更快的溶解性和进入细胞导致“特洛伊木马机制”的能力，这种情况下，颗粒在细胞内有特殊的毒性作用[9,10]，因此可能比块体材料具有更大的毒性。这和我们在药理学中受体-配体相互作用的立体化学的经验更为接近，在药理学中，粒度、形状、暴露

L. E. Locascio(✉)

Biochemical Science Division，National Institute of Standards and Technology，Gaithersburg，MD 20899-8310，USA

e-mail：locascio@nist. gov

的化学官能团以及空间取向(手性)等物理化学特性极大地影响潜在的毒性效应。在建立材料特性和毒理学之间联系的努力中,有大量工作是要确保纳米材料的物理化学特性在毒性试验之前能够得到评估[11,12]。

纳米材料毒性试验的独特之处还在于与剂量测定有关的复杂性,剂量定义为给药时间下的物质浓度。目前,还没有国际接受的纳米材料毒性试验的浓度或剂量的计量方法,剂量通常采用颗粒数量、质量和/或表面积表示。由于纳米材料的粒度小,当采用表面积表示时剂量可能会很大,而采用质量表示时剂量会非常小。所以,关于究竟是在高剂量时(用表面积表示)有毒性还是在低剂量时(用质量表示)有毒性这一问题可能是非常令人困惑的。正如毒理学之父 Paracelsus 所说,“……所有的物质都是毒药,没有什么例外……是剂量将毒药和治疗药物区分开”。所以,在纳米材料毒性试验中剂量的计量问题上达成一致是很关键的。

纳米材料毒理学的另一个独特的考虑因素是纳米材料能够以过去无法预料的途径被生物体、器官、组织和单个细胞吸收的潜在能力。例如,已经证明氧化锰纳米颗粒在猴子体内能够通过嗅觉神经输运到大脑[13]。另一项工作证明肺巨噬细胞移除纳米颗粒的效率低于大颗粒,并且纳米颗粒能通过循环、淋巴和神经系统输运到许多组织和器官中[14]。

由于当前纳米材料的产品研发和应用正在快速进行,我们迫切需要尽快了解纳米材料的毒性以支撑产品开发的时间表。我们怎样才能试着在全球范围内以最快的方式将纳米技术安全地带入商业?一个途径是通过以科学和共识为基础的关于毒性试验和风险评估的成文标准方法(也称为文本标准),建立一个理解纳米材料的环境、健康和安全效应的普适手段。纳米技术以及本章中涉及的纳米毒理学的文本标准制定工作是从 21 世纪头 10 年的初期到中期开始的。

21 世纪初,在国际纳米技术标准工作还未开展之前,纳米技术的国家和地区标准工作就已经建立。中国率先于 2003 年 12 月由纳米材料标准化联合工作组开展了纳米技术国家标准工作。随后,在 2004 年英国、美国和日本分别建立了英国标准协会(BSI)纳米技术委员会 NTI/1、美国国家标准学会(ANSI)纳米技术标准专门小组和日本纳米技术标准化研究委员会。2005 年,该领域的第一个区域标准工作随着欧洲纳米技术标准化委员会 CEN/TC 352 的建立而开展。同年,国际标准化组织(ISO)及美国试验和材料协会(ASTM 国际)开始了第一个国际标准的尝试。随着纳米技术标准领域的发展,现在许多国家和地区的活动致力于向 ISO、ASTM 和 OECD 的国际工作提供经过协调的意见,而不是制定独立的国家标准。许多与纳米毒性有明确关联的由国家组织的项目的活动也汇入这些全球标准制定组织(SDO),从而在世界范围内有效地协调与纳米毒理学相关的标准。以这种方式,纳米毒理学这个特殊领域随着充满活力的国际对话正变得高度有序和协调,总体而言,这将对毒性试验领域产生深远和革命性的影响。表 8.1 提供了一个专门聚焦于纳米毒理学测试的国家(地区)标准工作列表。此表尽管不准备囊括全部，还是列举了多个国家(地区)计量院之内和之间合作的、其他政府机构内的以及其他文本标准制定组织内的标准与测量方法发展项目的例子。

表 8.1　国家(地区)计量院和标准制定组织(SDO)对于纳米材料毒性试验标准制定的国内工作举例

国家和地区	计量院	SDO	其他	各个国家和地区一些强调纳米毒理学的工作
阿根廷		×		“纳米技术在健康、安全和环境方面的标准发展” ◆ 风险评估的方法和数据质量分析工作组 http://www.iram.org.ar
			×	科学技术中心，国家科学技术研究委员会(CONICET)—门多萨 ◆ 开发检验方法： - 纳米结构氧化铝对哺乳动物的急性毒性 - 纳米结构氧化铝在哺乳动物体内的分布 - 纳米结构氧化铝对脊椎动物的毒性 http://www.cricyt.edu.ar
澳大利亚			×	国家工业化学品通告评估署(NICNAS) ◆ 在发展最佳实践测试方案和风险评估方法学的国际活动中的积极角色 http://www.nicnas.gov.au
巴西		×		纳米技术专门研究委员会(CEE-89) ◆ 发展以科学为基础的健康、安全和环境实践 http://www.abnt.org.br
加拿大	×			国家纳米技术机构，艾伯塔 ◆ 开发“评估纳米材料风险的方法”，包括体外测定、体内研究和系统响应测试 http://www.nrc-cnrc.gc.ca
中国内地			×	科学技术部 ◆ 支持包括健康、安全和环境的纳米技术标准化活动 纳米尺度材料生物-环境健康科学实验室，中国科学院国家纳米科学中心(现已更名为国家纳米科学中心。——译者注) ◆ 研究人造纳米材料的纳米毒理学 ◆ 包括“纳米毒理学研究的创新方法学”
芬兰			×	芬兰职业健康机构 ◆ 工程纳米颗粒的健康影响蛋白质组学研究 ◆ 欧洲 NANOSH 会议：讨论围绕关于纳米颗粒和纳米技术，特别是职业安全和健康的全球安全问题；包括纳米颗粒对基因毒性、肺炎和微循环的影响 http://www.ttl.fi/Internet/English/Research/Research+database+TAVI/naytaProjekti?id=327982&type=Research%20project

续表

国家和地区	NMI	SDO	其他	各个国家和地区一些强调纳米毒理学的工作
伊朗		×		伊朗纳米技术标准化委员会 ◆ 支持两种纳米银毒理学测试方法国家标准的制定： -在应用于化妆品的动物模型中，对纳米银颗粒引起的刺激和腐蚀评估检测方法 -评估纳米银和用于纳米银毒性评估的蛋白质分子之间相互作用 http://www.en.nano.ir/index.php/main/page/16
日本	×			2005年，由国家产业技术综合研究所(AIST)发起的几个经济产业省项目： ◆ 纳米颗粒风险评估方法标准化，其目的是： - 开发纳米颗粒表征方法 - 开发纳米颗粒的健康影响和安全性的评估方法 - 开发数据收集和数据标准化系统 人造纳米材料的风险评估 http://www.aist.go.jp
			×	国家健康科学研究所(NIHS) ◆ 纳米材料对健康影响的评估方法的开发
韩国		×		韩国技术标准署(KATS) ◆ 与"纳米技术的安全性评估技术、关于人体使用的纳米化妆品的安全性研究结果及相关的标准发展活动"相关的研讨会 http://www.kats.go.kr
新加坡		×		◆ 新加坡标准、生产力与创新局(SPRING Singapore)，一个在新加坡贸易和工业部所辖之下的法定设立的局，与科技研究局(A * STAR)共同领导纳米技术标准化工作 ◆ 目的是"确保纳米产品从实验室到市场的成功转化，并着手应对纳米技术对健康安全和环境影响的关切" http://www.standards.org.sg/files/Vol15no1art3.htm
南非			×	科学和工业研究委员会(CSIR) ◆ 纳米技术健康、安全和环境研究平台(Nano-HSE)以"支持解决需优先处理的知识断层的集中研究，如纳米材料的表征和剂量测定、环境效应和暴露评估、在哺乳动物体系中的流行病学/毒理学以及风险评估和风险管理。" http://www.csir.co.za
西班牙	×			最高计量委员会(西班牙计量中心，CEM) ◆ 纳米材料：针对纳米颗粒，如燃烧品或纳米管的毒性、形状、粒度、分布和化学表征的溯源性测量研究 http://www.cem.es

续表

国家和地区	NMI	SDO	其他	各个国家和地区一些强调纳米毒理学的工作
瑞士			×	瑞士联邦材料科学和技术实验室(EMPA) ◆ 致力于制定用于测定纳米特异毒性、特定生存力、炎症、基因毒性和氧化应激的标准化的生效协议 http://www.empa.ch
中国台湾			×	台湾地区纳米技术标准委员会(TNSC)，在台湾地区纳米技术项目和标准检验局(BSMI)指导下 ◆ 工作组致力于"纳米技术的健康、安全和环境问题" http://www.itri.org.tw
英国		×		英国标准协会(BSI) ◆ 国家"纳米技术"委员会 NTI/1 http://www.bsigroup.com
			×	纳米材料安全性交叉学科研究中心(SnIRC) ◆ "开发国际认同的体内和体外协议和模型，用于研究纳米颗粒在人类或非人类生物体内的暴露途径、生物积累和毒理学。" http://www.snirc.org
美国			×	国家纳米技术计划(NNI) ◆ 为美国创造一个广泛的纳米技术研发项目的框架 ◆ 由涵盖一系列研究和监管角色和责任，包括主要标准活动的 25 个美国联邦机构单独和合作的纳米技术相关的活动构成
	×			国家标准与技术研究院(NIST) ◆ "环境、健康和安全性测量和标准"倡议 ◆ "开发对于生物和环境有 EHS 影响的纳米颗粒数量和性质定量检测和测量方法。" http://www.nist.gov/public_affairs/factsheet/environment2009.html
		×		美国国家标准学会(ANSI)纳米技术指导小组 ◆ 主持 ISO/TC 229 第三工作组"环境、健康和安全" http://www.ansi.org/standards_activities/standards_boards_panels/nsp/overview.aspx

文本标准，特别是纳米毒理方面的文本标准重要好处之一是在测试中采用商定的标准化手段。历史已经明确证实，由于常规化学品测试标准的缺失，即使采用同类方法，也能够获得许多不同的实验结果。在毒性试验中，结果的差异性可能由包括细胞培养状态乃至细胞系适当的鉴别等广泛因素所引起[15,16]。对纳米材料而言情况甚至更复杂，因为我们叠加了过多的其他不确定因素，包括纳米材料本身

的物理化学特性，从而导致：①制备用于毒理学测试的可重复样品的困难；②样品在工业流水线和整个生命周期中不同阶段的变化；③样品暴露于相关介质后（如蛋白质吸附、团聚、溶解及其他）的差异。

最终，标准方法和操作的制定将提高数据质量，同时提升人们对于纳米产品对工人和公众的安全性的科学信心。此外，标准方法和操作的贯彻将为作出有关纳米材料的风险和暴露的决策提供科学基础。但值得注意的重要一点是标准界需要勤奋工作，迅速推进标准方法和实践，以便使科学数据能够在因为毫无事实依据的公众恐慌和顾虑而欲借助监管消灭纳米产品这一势头之前产生。

本章分析了与纳米毒理学相关的文本标准制定的进展。我们评述了开发标准的组织类型，聚焦于这些组织中与纳米材料毒性试验标准制定相关的目前状况。我们评述的第二个主题是对用于纳米材料测试的方法验证。在第二个主题中，我们强调一些在世界范围内针对开发和评估纳米毒性试验方法所做的科学工作，以及哪些工作能够用于支撑纳米毒性试验国际文本标准和指导原则的有效性。

8.2 纳米毒理学的国际性工作

在国际舞台上，几个有影响力的组织展现出在纳米毒理学标准和测试规程领域的领导地位。这些组织包括经济合作与发展组织（OECD）、国际标准化组织（ISO）和 ASTM 国际组织。

8.2.1 OECD

OECD 在协调纳米技术领域国家活动中起到至关重要的作用。这些活动的重点主要围绕两个工作组展开：2007 年 3 月成立的纳米技术工作组，目的是“增进纳米技术研究、发展和负责任的商业化的国际合作”；以及 2006 年 9 月成立的人造纳米材料（WPMN）工作组，目的是“增进人造纳米材料（MN）在与人类健康、环境安全性的相关方面的国际合作，以协助严格的纳米材料安全性评估的发展”。

在这两个工作组中有 30 个 OECD 的成员国代表，以及欧盟委员会、非成员国（巴西、中国、新加坡、泰国和俄罗斯）、ISO、世界卫生组织（WHO）、联合国环境规划署（UNEP）和其他利益相关方。与本章最相关的是人造纳米材料工作组集中在人类健康和环境安全上的活动。OECD-WPMN 的目标和宗旨见于报告《人造纳米材料：工作计划 2006—2008》[17]，这些工作分配到了八个指导小组，见表 8.2。

目前第三指导组 SG 3 主导的计划正在扮演一个重要的角色，即在具有广泛应用和传播潜力的人造纳米材料所涉及的人类健康和环境安全方面提高现有数据和知识的水平。14 个经确定的材料是：富勒烯、单壁碳纳米管、多壁碳纳米管、银纳米颗粒、铁纳米颗粒、炭黑、二氧化钛、氧化铝、氧化铈、氧化锌、二氧化硅、聚苯乙烯、树枝状聚合物和纳米黏土。如下所述：

表 8.2　OECD-WPMN 指导小组

序号	组名
SG 1	人类健康和环境安全研究数据库：研究项目数据库于 2009 年 3 月发布
SG 2	人类健康和环境安全研究策略：当前研究计划回顾
SG 3	测试一组代表性人造纳米材料(MN)：测试 14 种纳米材料，61 个端点的资助计划
SG 4	人造纳米材料及测试指南：制定对测试人造纳米材料的样品制备和剂量测定指导
SG 5	自发参与计划和监管项目中的合作：国家信息收集项目和监管框架的分析
SG 6	风险评估合作：审核现有的风险评估方案及其与纳米材料的相关性
SG 7	纳米毒理学中替代方法的作用：审核可避免动物试验和适用于人造纳米材料的替代测试方法
SG 8	暴露测量和暴露减轻：发展工作场所吸入和皮肤暴露测量技术和取样方案

当在测试方案的第一阶段对特定人造纳米材料的人类健康和环境安全性进行测试时，需考虑列表中的端点。对这组端点的讨论会确保对特定纳米材料进行的各种测试之间的一致性，也会促成描述每个纳米材料的基本表征、归宿、生态毒性和对哺乳动物毒性信息的档案建立[18]。

61 个将提供用于评估风险的基本数据集的已确定的端点列表包括：纳米材料信息/识别(9 个端点)、物理化学特性(16 个端点)、环境归宿(14 个端点)、环境毒理学(5 个端点)、哺乳动物毒理学(8 个端点)和材料安全性(3 个端点)。特定端点的初始设定见表 8.3。值得注意的是这一端点列表可以随测试结果评估而改进。

表 8.3　OECD 第三指导组 SG 3 对一组代表性人造纳米材料的安全性测试：端点按照在 14 个人造纳米材料评估中报告的分类

分类	端点
纳米材料信息/识别	□ 纳米材料的名称(来自列表) □ CAS 登录号 □ 结构式/分子结构 □ 待测纳米材料的组成(包括：纯度、已知杂质和添加剂) □ 基本形态 □ 表面化学描述(如包覆或修饰) □ 主要商业用途 □ 已知催化活性 □ 生产方法(如沉淀、气相)

续表

分类	端点
物理化学特性和材料表征	□ 团聚/聚集 □ 水溶性 □ 晶相 □ 含尘量 □ 微晶粒度 □ 代表性 TEM 图片 □ 粒度分布 □ 比表面积 □ ζ电位(表面电荷) □ 表面化学(如适合) □ 光催化活性 □ 松装密度 □ 空隙度 □ 辛醇-水分配系数,如相关 □ 氧化还原电位 □ 自由基形成电位 □ 其他相关信息(如可得)
环境归宿	□ 水中分散稳定性 □ 生物可降解性 □ 快速生物降解性 □ 在地表水中的最终降解仿真试验 □ 土壤仿真试验 □ 沉积物模拟试验 □ 污水处理仿真试验 □ 降解产物识别 □ 按要求的降解产物进一步测试 □ 非生物降解和归宿 □ 表面修饰纳米材料的水解 □ 吸附-脱附 □ 在土壤或沉积物中的吸附 □ 生物积累潜力 □ 其他相关信息(如可得)

续表

分类	端点
环境毒理学	□ 对水面生物的影响（短期/长期） □ 对底栖生物的影响（短期/长期） □ 对土壤中生物的影响（短期/长期） □ 对陆生生物的影响 □ 对微生物的影响 □ 其他相关信息（如可得）
哺乳动物毒理学	药代动力学（ADME） □ 急性毒性 □ 多次给药毒性 如可得： □ 慢性毒性 □ 生殖毒性 □ 发育毒性 □ 基因毒性 □ 人体暴露经历 □ 其他相关测试数据
材料安全性	如可得： □ 易燃性 □ 易爆性 □ 不相容性

在 WPMN 中现有的与毒理学测试规程相关的其他活动包括在第四指导组 SG 4 和第七指导组 SG 7 中。最近，第四指导组 SG 4 一份描述有关纳米材料毒理学测试中的样品制备方法和剂量测定法问题的指导性文件已经完成[19]。第七指导组 SG 7 正在准备一份描述毒理学领域发展的“不使用动物”测试策略的适合纳米毒理学的指导性文件。

总体而言，OECD WPMN 的活动向 ISO 和其他组织的标准开发行动提供了它们所寻求的关键投入：获得纳米毒理学测试相关领域专家的共识；协调国际测试活动；认定纳米毒理学测试领域中良好的实践；为现有规章的实施和/或纳米技术新管理制度的发展所需的合适标准提供指示。

8.2.2　ISO 纳米技术委员会

ISO 纳米技术委员会（TC 229）创立于 2005 年，是一个稳定而活跃的委员会，它拥有 32 个参与国，11 个观察员，7 个联络组织，包括：OECD、先进材料与标准凡尔赛合作计划(VAMAS)、亚洲纳米论坛(ANF HQ)、国际度量衡局(BIPM)、欧洲环境公民标准化组织(ECOS)、欧盟(EU)及标准物质和测量研究所(IRMM)。它目前由四个工作组构成,即术语、测量和表征、环境健康与安全以及材料规范。

纳米技术环境、健康与安全工作组(第三工作组)是构成了原始结构定义的工作组之一,并作为TC 229制定纳米毒理学相关文本标准的大本营。工作组的路线图安排了下列领域中一整套标准的制定计划,包括:①控制纳米材料职业暴露的标准方法;②确定纳米材料相对毒性/潜在危险的标准方法;③纳米材料的毒理学筛选的标准方法;④纳米材料合理环境使用的标准方法;⑤确保纳米材料产品安全性的标准方法;⑥支持OECD人造纳米材料工作组的标准方法。该工作组制定的第一个指导性文件是关于纳米材料职业健康和安全方面的。现有工作项目的列表在表8.4中给出。虽然这些进行中的项目中只有一项明确讨论纳米材料毒理学性质的评估方法,但有其他几个项目仍与本章相关,在这里进行讨论。ISO/TC 229制定的所有标准的最新列表见文献[20]。

表8.4 ISO/TC 229第三工作组工作项目列表

纳米技术—体外系统中纳米材料样品的内毒素检测—鲎变形细胞溶解物(LAL)实验(ISO/FDIS 29701)
纳米技术—采用蒸发/冷凝法产生用于吸入毒性试验的金属纳米颗粒(ISO/DIS 10801)
纳米技术—用于吸入毒性试验的吸入暴露室中纳米颗粒的表征(ISO/DIS 10808)
纳米技术—呈送毒理学测试的人造纳米物体的物理化学表征指南(ISO/PDTR 13014)
纳米技术—人造纳米材料的安全处理和处置指南(ISO/AWI TS 12901-1)
纳米技术—纳米材料风险评估框架(ISO/AWI TR 13121)
纳米技术—基于"控制能力方法"的对工程纳米材料的职业风险管理指南(ISO/NP TS 12901-2)
纳米技术—材料安全性数据表(MSDS)的准备(ISO/NP TR 13329)
纳米技术—工程和人造纳米材料毒理学和生态毒理学筛选方法的汇编和说明
纳米技术—工程和人造纳米材料的样品制备和定量给药方法的汇编和说明
纳米技术—用于细胞毒性试验前后的结合分子识别的金纳米颗粒表面表征:傅里叶变换红外光谱FTIR方法

注:所有文件尚在准备过程中,题目可能会改变

目前为止广为人知的是,对于纳米材料毒性数据的错误解释与毒性试验前纳米材料和/或其化学或生物污染物表征的低水平或缺失有关。此外,由于缺乏物理化学表征数据,我们对于结构-活性关系,以及基于这一关系的毒理学预测的理解缺乏支撑。因此,最近几年由研究者、监管者和其他人组成的群体在强力推进一组最低限度的表征数据,以提高我们对纳米材料及其潜在毒性效应之间关系的认识。为了支持这一趋势,ISO正在筹备制定两个旨在为物理化学表征和污染筛查提供

指导，并可广泛用于体内和体外纳米毒性试验的文件。这两个文件是：《呈送毒理学测试的人造纳米物体的物理化学表征指南》和《体外系统中纳米材料样品的内毒素检测—鲎变形细胞溶解物（LAL）试验》。前一个技术报告处于起草阶段，定于 2011 年年初完成（ISO/TR 13014：2012 于 2012 年 5 月 8 日通过并出版。——译者注）。业界焦急地等待该文件，因其提供了一个与 OECD、其他国家和国际组织协作开发的列表，表中推荐了毒理学筛选之前需要测量的纳米材料参数。目前的参数列表包括表面特性（如表面化学、表面积和表面电荷）和块体特性（如组成、粒度、形状、团聚/聚集、溶解性和分散性），是基于目前我们对多种纳米材料特性的毒理学意义的理解状况而建立的。最终的文件将包括这些推荐参数的完整列表、每个参数的毒理学相关性讨论以及可用于测量每个参数的潜在方法列表。可以想见，业界对于该列表的采纳和实施将对我们正确评估纳米材料的毒性和将纳米材料特性与毒理学效应相关联的能力产生深远的影响。一些人建议在发表纳米毒理学研究时要有一组最低限度的物理化学参数，然而这在一些开放式论坛上（如毒理学学会纳米毒理学专题区，http://www.toxicology.org/isot/ss/nano/news.asp）激起了热烈的争辩和论战。

在纳米材料毒性试验之前，另一关键步骤是对纳米材料样品是否存在生物污染尤其是内毒素进行表征。内毒素主要是革兰氏阴性菌膜中的脂多糖（LPS）成分。当细菌细胞溶解时，脂多糖释放到环境中，细菌也将释放这些成分作为它们正常生命周期的一部分。该释放过程是内毒素污染的主要来源。内毒素对热稳定，因而在多种正常环境和实验室条件下不可降解。在涉及巨噬细胞和其他哺乳动物细胞的体外试验中，它们会引起强烈的毒性反应，也会在哺乳动物体内系统中引起阳性毒性反应。在毒理学评估之前，确定任何类型样品是否已被内毒素污染是非常重要的。但是，由于纳米材料样品具有高的表面积，能够导致大量的化学或生物污染物的积聚，从而使这个问题更加严重。2010 年完成的标准《体外系统中纳米材料样品的内毒素检测—鲎变形细胞溶解物（LAL）试验》描述了一种确定纳米材料是否存在内毒素以防止误读毒性试验结果的方法。

这个工作组最近完成了两个可用于纳米材料体内毒性试验方法的文件：《采用蒸发/冷凝法产生用于吸入毒性试验的金属纳米颗粒》和《用于吸入毒性试验的吸入暴露室中纳米颗粒的表征》。第二个文件强调了在动物室中以合适的暴露条件和正确的暴露位置进行纳米材料良好表征的重要性。

两个新的工作提案在 2010 年年初进行投票表决，同年晚些时候在第三工作组中启动，它们是：①《工程和人造纳米材料的样品制备和定量给药方法的汇编和说明》；②《工程和人造纳米材料毒理学和生态毒理学筛选方法的汇编和说明》。第一个文件最初的范围和意图是提供一个样品制备和给药方法的汇编和说明，并讨论物理化学特性和介质及其他考虑因素与适当的样品制备方法之间的关联及影响。

因为 OECD WPMN 完成了讨论与纳米毒理学测试的样品制备相关的考虑因素和附加说明的指南，在此项目中 ISO 指导性文件将会与 OECD 密切协调。该 OECD 文件将成为一份关键的初始文献，在正在制定的 ISO 文件的两年起草过程中或许会随着知识的发展而改进更新。此外，由于 ISO 文件意在成为这个领域构建标准的指南，所以 ISO 文件中将会加入现用方法的列表，并鉴定与体内和体外筛选的纳米材料样品制备相关的可发展成未来标准的潜在方法。

第二个文件，《工程和人造纳米材料毒理学和生态毒理学筛选方法的汇编和说明》最初的范围和意图是提供已经应用在人造纳米材料测试中的毒理学筛选方法的汇编和说明。好几个国家在进行毒理学筛选方法的评价工作，该指导性文件中有意引用这些国家工作。同前一份文件一样，该文件的一个主要目的将是确定纳米材料体外和体内筛选试验未来的标准方法。

纳米材料风险评估框架的指导性文件包含一些描述毒理学测试中分层次测试手段的文本。然而，该文件主要关注点不是纳米毒理学，而是创立一个用来在纳米技术产品的整个生命周期里确保制造商和使用者对其进行适宜的风险管理的可接受的框架。

ISO 中应对毒性试验，但不是明确与纳米材料相关的其余活动主要在 ISO/TC 194 中。关于医疗器械的生物评估的 ISO/TC 194 有全面的同医疗器械的体外和体内毒性试验相关的方法组合以及与物理化学表征、灭菌和样品制备相关的文件。ISO/TC 194 同 TC 229 之间存在联络，因此会有助于纳米毒理学测试标准的发展。

8.2.3　ASTM 国际

2005 年，ASTM 国际也建立了一个纳米技术方面的技术委员会 E56，以制定纳米技术和纳米材料相关标准和指南。

与毒理学测试标准和指南的制定有关的活动主要是 E56.02，物理、化学和毒理学性质表征的权限范围。关于纳米材料体外毒理学测试的三个标准于 2008 年发布，如表 8.5 所示。E56.02 目前尚无可被列入毒理学测试类别中的新标准提议。

表 8.5　ASTM E56 已公布的同毒理学测试相关的标准

编号	标题
E2524-08	纳米颗粒的溶血特性分析的标准试验方法
E2525-08	评估纳米颗粒材料对家鼠粒细胞-巨噬细胞群落形成影响作用的标准试验方法
E2526-08	评估纳米颗粒材料在猪肾细胞和人肝癌细胞中的细胞毒性的标准试验方法

E2524-08 描述了一种通过测量从受损的红细胞中释放的血红蛋白以确定纳

米材料的溶血作用的方法。该方法利用一个简单的分光光度试验，测量释放出的血红蛋白(及其衍生物)在碱性溶液中以及存在铁氰化物的条件下氧化后的高铁血红蛋白浓度。ASTM 的 F756 标准描述了一种评估其他材料的溶血性质的类似方法，但没有明确针对纳米尺度。

E2525-08 是一种确定纳米材料对于在生理溶液中培养的从骨髓干细胞中产生的粒细胞和巨噬细胞群落形成影响作用的方法。化验结果是经过 12 天培养后测到的群落形成单位(粒细胞、巨噬细胞及粒细胞-巨噬细胞群落)的总数。纳米材料对于这些与免疫系统相关的细胞的影响作用可以是中性、刺激或者抑制的，化验结果可用于推断与免疫细胞分化和生长的干扰有关的潜在健康影响作用。

E2526-08 描述了一种在两个细胞类型(HEP-G2 和 LLC-PK1)中测量纳米颗粒的细胞毒性的方法，可能表明对两种潜在靶器官：肝和肾的影响。两种评估这些细胞系中细胞毒性的方法得到描述：①MTT 试验，通过测量还原 MTT[3-(4,5-二甲基噻唑-2)-2,5-二苯基四氮唑溴盐]试剂的新陈代谢酶的活性下降，从而显示有纳米颗粒存在时细胞生存力的降低；②LDH 漏出量试验，通过用四氮唑盐，即 2-*p*-碘苯基-3-*p*-硝基苯基-5-苯基四氮唑氯作为酶底物的比色测定法测量一种在植物、动物和人体内存在的，称为乳酸脱氢酶(LDH)的酶从细胞中的释放，从而显示有纳米颗粒存在时的膜损伤。

ASTM 也通过实验室间研究(ILS)项目支持其标准，即通过实验室比对以确定其标准中描述方法的可重复性和可再现性的设计项目。参与 ASTM 实验室间研究是自发的，且 ASTM 标准的公布不取决于任何实验室间研究。事实上，标准公布可以先于一项实验室间研究而完成，但预期的研究结果会编入该标准以后的版本中。2009 年，E56 有三个实验室间研究，其中两个与体外毒理学测试相关：①纳米粒子溶血性质分析的新标准操作；②评估纳米颗粒材料对猪肾细胞的细胞毒性的新标准操作。这些研究将会在本章第 8.3 节中进一步讨论。

8.3　毒性试验的验证需求和试验验证工作

8.3.1　毒性试验的验证需求

验证是确定试验是可再现的(即被重复时结果相同)、可靠的(即结果精确)及稳妥的(即大多数情况下正确)的过程。虽然有成套的试验方法在毒理学测试中通常采用，以评估细胞毒性、基因毒性、对免疫系统细胞的影响等，许多方法并没有得到可用于纳米材料测试的验证。已有指标显示一些特定的纳米材料干扰了某些常用检验的结果，因此这些试验方法无效，如碳纳米颗粒干扰上述 MTT 试验和 LDH 试验的结果。Kroll 等[21] 提供了一个显示纳米颗粒通过许多不同机制对这些试验以及其他普通毒性试验造成干扰的参考文献详细列表。需要注意的重要一点是尽管一个试验可能得到验证,从而适合一种类型的纳米材料使用,它可能不适用于其他类型的纳米材料,因而每种试验方法都应该针对每个等级或类型的纳米材料进行验证。

目前,纳米材料毒性试验方法的验证成为许多科学工作的重点。为制定国际标准而进行的试验方法验证最好由多个实验室用完全相同的纳米材料样品以指定方法测试来完成。一旦某种试验方法被确定适用于纳米材料且不受干扰,每个新的单一实验室有责任履行内部验证以证明其有成功进行该试验的能力。下文介绍一些开发、描述和验证用于纳米材料的毒理学筛选方法的工作。可以预期的是,这些方法验证工作将会促进用于纳米材料的毒性试验方案和标准的制定和传播。

8.3.2 支持毒理学测试和标准制定的工作

1. NCI-NCL

为了支持美国国家癌症研究所(NCI)的消除癌症带来的死亡和痛苦这一具有挑战性的目标,NCI 正在利用纳米技术的力量从根本上改变发现、诊断、治疗和预防癌症的方式。控制纳米颗粒的物理、化学和生物性质的技术开发使制造以及在癌症预防、诊断和治疗中应用这些材料成为可能[22]。2005 年,NCI 建立了纳米技术表征实验室(NCL),并开始与 FDA 和 NIST 合作以提供至关重要的基础设施来支撑这一新兴领域。NCL 意在加速基础纳米生物技术研究向癌症治疗临床应用的转化。NCL 的优先研究领域是建立和标准化一系列关于纳米颗粒的临床前毒理学、药理学及功效的分析试验。NCL 通过使用动物模型对来自学术界、政府和工业界的纳米材料的物理性质、体外生物学性质以及体内相容性进行表征[23]。

与 NIST 合作制定的纳米材料的物理和化学表征方案集中在下列性质:粒度和粒度分布、形貌、分子量、团聚、纯度、化学成分、表面特征、功能性、ζ 电位、稳定性及溶解性,其中一些同纳米材料的体内分布和归宿相联系。一种针对这套参数的 NIST 标准方法——NIST-NCL PCC-1,使用批处理模式动态光散射测量水溶液中纳米颗粒粒度,已于 2007 年公布[24],其他方法的研究目前正在进行中。

纳米材料体外测试规程遵照现行的美国食品药品管理局(FDA)对于研发中的新药(IND)或器械临床研究豁免(IDE)申请中的毒性或生物相容性研究要求。使用已建立的细胞和分子生物学方法来监测纳米颗粒的结合、药理学、血液接触性能、同细胞水平组分相互作用以及纳米材料的治疗和/或诊断功能。体外模型用来进行纳米材料吸收、分布、代谢、排泄及毒性性质的粗略估计。目前 NCL 保有 24 种可公开获取的体外毒性试验方法,可从其网站得到[25]。值得注意的重要一点是这些方法中,很多种已在一百多种针对医学用途设计的纳米材料上进行了测试。

NCL 的体内表征基于在美国使用的表征药物和器械的规程。这些测量将描述纳米颗粒的吸收、药代动力学、血清半衰期、蛋白结合、组织分布/积累、酶诱导或抑制、代谢物及排泄方式。两个首要目标设定为:①确定不引发有害反应的纳米颗粒剂量;②确定导致危及生命的毒性剂量。NCL 目前没有可公开获取的体内毒性试验方法。NCL 为确定一种纳米材料的“无不良反应水平”而建立的毒性试验方法对于加速新的纳米材料毒性试验方法学的发展也许是无价的。

尽管对其方法的验证在内部进行,NCL 正积极从事与纳米毒理学的实验室方法的标准化、测试及验证相关的国际工作。

2. 纳米环境、健康和安全协调国际联盟

2008 年 9 月，来自欧洲、日本和美国的从事纳米技术研究的一群科学家组成了一个同行组,称为纳米环境、健康和安全协调国际联盟 (IANH)[26]。IANH 致力于建立研究纳米颗粒与生物活体相互作用的可重复性方法,并重视对世界范围内纳米安全性工作的支持。联盟主席目前由来自都柏林大学生物纳米相互作用研究中心的 Kenneth Dawson 博士担任。联盟的首要目标是建立一个科学家之间可靠的合作关系,使结果通过比对实验得到同步和认真的检验。IANH 致力于在科学层面理解生物-纳米相互作用,并通过对(数据)不可再现性来源的追溯识别及提供可能的解决方法来支持如 OECD、ISO 和 ASTM 等组织的工作。第一轮比对实验的测试材料包括 TiO_2、CeO_2、ZnO、Ag、Au、MWCNT 及聚苯乙烯纳米颗粒,获得了一个批次的数个细胞系(A549、BEAS-2B、RAW264.7),并由六个联盟成员完成了这些细胞系的初步表征。纳米颗粒在缓冲液和细胞培养基中的分散流程正在制定,将整合在两种介质中的粒度和粒度分布、ζ 电位、氧化还原电位以及自由基形成电位的全面表征。纳米颗粒制备和材料运输方案包括洗脱、净化、分散及污染物水平测量的详细步骤。体外效应采用 MTT、LDH、细胞活性氧类(ROS)、细胞因子诱导及基因毒性(彗星试验)试验方法进行测试[27]。细胞健康将用监测其生长速度及可探测的纳米颗粒(金和荧光聚苯乙烯)摄取率来评估。为了评价再现性,生物和毒理学响应将在每个成员实验室中测量,结果将在 IANH 网站上发布并与其他结果比较。在详细审核主导实验室的操作流程后,验证实验室将重复实验并再次核对结果。体内表征将包括纳米颗粒的生物动力学以及在动物器官中的毒理学,如“普通”啮齿动物及环境敏感水生物种(水蚤、斑马鱼和秀丽线虫)。这些结果将作为暴露剂量、表面积和剂量率的函数与体外数据进行比较。一旦这些方案得到再现性验证,它们将提请标准化组织考虑。

3. ASTM 国际的实验室间研究

如前所述,ASTM E56 正在实施两项实验室间研究(“比对”),设计用做评估

其纳米毒性试验标准的精确度和偏差:①ILS 201——用以测试纳米颗粒溶血性质分析的新标准操作;②ILS 202——用以测试纳米颗粒材料对猪肾细胞的细胞毒性评估的新标准操作。虽然到目前为止还没有来自这些研究的结果发表,但网上可找到一篇公开的评论[28]。2008 年 10 月 NIST 组织了一个专题研讨会以在学界公开论坛上分享这些实验室间比对结果。

ILS 201 项目有九个实验室参与,ILS 202 项目有六个实验室参与,这些参加者得到下列样品以供测试:①NIST 胶体金标准物质,标称直径 30 nm;②NIST 胶体金标准物质,标准直径 60 nm;③阳离子树枝状聚合物 (阳性对照);④中性树枝状聚合物(阴性对照)。在溶血研究中 (ILS 201),多数实验室无法完成整个研究并提供所有样品的数据。然而,已完成的数据显示,试验方法可以成功施行。值得注意的是,样品制备的困难经常导致试验失败。细胞毒性研究数据 (ILS 202)也未完成,值得指出的是这一试验需要更好的(更毒的)阳性对照。因为有制备/处理这些材料相关的特定问题,两项研究都应明确要求参加实验室在参与正式的纳米毒理学研究之前完成实验培训,并强调在未来标准中注意样品的制备。更多研究正在规划中,其最终目标是为了向 ASTM 制定中的纳米毒性标准提供再现性支持数据。这些研究中所获得的教训也在学术界进行分享。通过暴露测量过程中的缺点和不确定性来源,这一手段应当更广泛地满足未来标准发展的需求,并提供关于需要何种标准的背景。

4. 欧洲纳米材料健康和环境影响网络及欧洲替代方法验证中心

欧洲纳米材料健康和环境影响网络[29]宣布的目标是建立一个确保安全和负责任地开发工程纳米颗粒和纳米技术产品的科学基础,以及支持欧洲的监管措施和立法实施,旨在建立一个方法和方案的关键评价结构,是一个由欧盟委员会第七框架计划(FP7)资助的为期四年的项目。该网络包括 24 个活跃在纳米安全性、纳米风险评估和纳米毒理学领域的领先欧洲研究团队作为机构伙伴。通过协调来自欧盟国家的科学家的研究工作,纳米影响网络有助于最初在欧洲,而后在世界范围内进行方法学的统一和结果的交流,目的是增进共识的建立以及确立消弭知识鸿沟的策略。纳米影响网络提供了一个成员间共享纳米毒理学规程的在线空间。因而其目标是:实验室可以很容易地比较它们的方法,随后为纳米材料测试起草共同方案和策略。只有在实验室内部建立,并在同行评议期刊上发表的规程才能提交。入选的纳米影响网络成员有机会下载规程,进行测试并在纳米影响网络的在线社区上评论其优缺点。所有纳米影响网络的成员都可获得这些评论以进行公开讨论。在这一讨论之后,该规程可以升级为由纳米影响网络推荐的方案,所有人都可以从该网站获得。最终,方案会遵照国际标准的格式公布,并作为一个"由纳米影响网络推荐的方法"提供给国际组织。

最近题为《与纳米材料有关的潜在危害评估的标准方案和标准物质的首批方法》的纳米影响网络报告突出了对纳米颗粒标准(测试)物质的迫切需求，以及对共享方案和最佳操作的需求。由该组鉴别的对于生态毒理学/环境研究有用的标准物质包括 TiO_2、荧光染料标记的聚苯乙烯纳米颗粒和银。由该组认定的对于毒理学评估重要并推荐进行标准化的纳米材料物理化学特性指标包括聚集/团聚/可分散性、粒度、溶解性、表面积、电荷及化学。细胞毒性、颗粒摄取、氧化应激、免疫反应及基因毒性被列为最具相关性的纳米颗粒体外测试端点。在该网络的组织下，几个最近的专题研讨会讨论了范围广泛的体内测试议题。它们包括已有的纳米材料标记和跟踪技术、转基因小鼠模型的适用性、新型体内手段及潜在端点。此外，该网络正积极讨论离体手段是否可能作为评估纳米毒性的体内和体外测试的替代方法[30]。

欧洲替代方法验证中心(ECVAM)在协调寻找和实施旨在替代、减少或改进用于实验和其他科学目的实验室动物使用的测试方法中扮演着核心角色。它于1993年作为欧盟联合研究中心的一个内部单位开始运作，集中在利用结构-活性关系开发和评价用于毒理学评估的体外方法和计算机模拟。ECVAM 通过资助和组织专题研讨会以及适合其工作计划的有限的试验开发外部研究，促进了替代测试方法的发展。此外，ECVAM 还进行试验开发和预测毒理学端点的数学模型的应用研究[31]。简言之，ECVAM 的使命是对可提供与体内试验相似或更好的风险评估和管理的毒理学测试替代方法进行验证，通过促进这些方法的发展、应用和监管者接受程度，支持在消费者保护、环境保护和动物保护领域的欧盟政策。在2010年，12个化学品/化妆品中的替代方法获得 ECVAM 支持，包括皮肤腐蚀性、皮肤致敏作用、光毒性、急性鱼类毒性、骨髓毒性、致突变性及胚胎毒性。ECVAM 已同 OECD、美国(ICCVAM，即 The Interagency Coordinating Committee on the Validation of Alternative Methods，机构间替代方法评价协调委员会。——译者注)和日本(JaCVAM，即 Japan Center for Validation of Alternative Methods，日本替代方法验证中心。——译者注)的类似组织，以及欧洲委员会下属的环境、企业、健康和消费者保护总理事会建立起广泛的国际网络。

5. 纳米相互作用项目

纳米相互作用项目由欧盟委员会第七框架计划在 NMP 主题下资助。纳米相互作用项目目的在于协调欧洲、美国和以色列的合作伙伴的工作，以确认已有的化学制品毒性试验应用于纳米颗粒毒性试验，并判别纳米颗粒及其聚集体以何种方式影响这些试验或其解释 (http://www.nanointeract.net)[32]。

为了开发理解纳米颗粒和生命世界相互作用的平台和工具包，纳米相互作用项目有以下目标：

(1) 为研究纳米颗粒与细胞,以及几种类型的水生植物和生物体的相互作用的每一个方面建立实验方案,确保完全可再现性。

(2) 理解吸附的蛋白质对纳米颗粒稳定性以及纳米颗粒对蛋白质构型和功能的影响,最终将此与生物学影响联系起来。

(3) 将纳米颗粒的细胞内定位与阻断的细胞内外过程相联系。

(4) 将这些结果与不同学科的专业知识相结合,指向一个"纳米毒理学标准手段。"

第一个跨机构的毒理学比对实验使用来自两个独立来源的标称粒度范围(10~400 nm)和不同表面性质的二氧化硅纳米颗粒来进行。用彗星试验测试了3T3细胞系的基因毒性,所有参与实验室均未观察到基因毒性。生物分子冕晕的概念(围绕纳米颗粒的蛋白质和脂质)就是在纳米相互作用项目中首次概述的,已经获得了科学界相当大的兴趣和支持[33]。

一个推断纳米颗粒冕晕主要成分的标准技术和流程已经开发出来。可以预期,这可与IRMM和NIST协力发展成为二氧化硅和金标准物质纳米颗粒的标准表征方法。该计划也产生了第一个与实验结果相吻合的纳米颗粒摄取计算模型。

8.4 未　　来

8.4.1 何处需要标准:未来的机会

进行纳米材料体外毒性试验时,我们从不同实验室获得相同结果的能力已经暴露出种种弱点。只要浏览本领域的文献,以及参与为直接评估可比性而设计的实验室比对实验结果的讨论就可以轻易观察到这一点。一些弱点归于任何生物实验中都存在的广泛可变因素。然而,在纳米毒理学实验中,含有纳米材料的样品通常得不到良好表征和提纯,而且这些样品在应当使用的生物介质中很难制备成可重现的胶体分散体系,这一事实使情况更加复杂。即使纳米材料经过良好表征并且在生物介质中充分分散,采用前面所述的传统体外毒性试验方法也可能存在额外的不可预测的干扰。学术界也没有就一套能用来充分支撑测量结果的恰当的纳米毒理学实验阳性和阴性对照达成一致。图8.1中所示的一些变量的描述强调了即使在相对简单的以理解人体健康效应为目标的体外系统中实现评估纳米材料毒性测量的难度。

已经进行的暴露出纳米毒理学实验弱点的研究,在提供对于将在接下来的三到五年之后服务于学术界的标准类型的理解方面是有用的。在最基础的层次上,学术界需要标准方法和标准物质来支持纳米材料的基本物理和化学表征。希望这些纳米材料特性的良好测量能提供全面理解纳米材料及其毒性之间关系的核心。

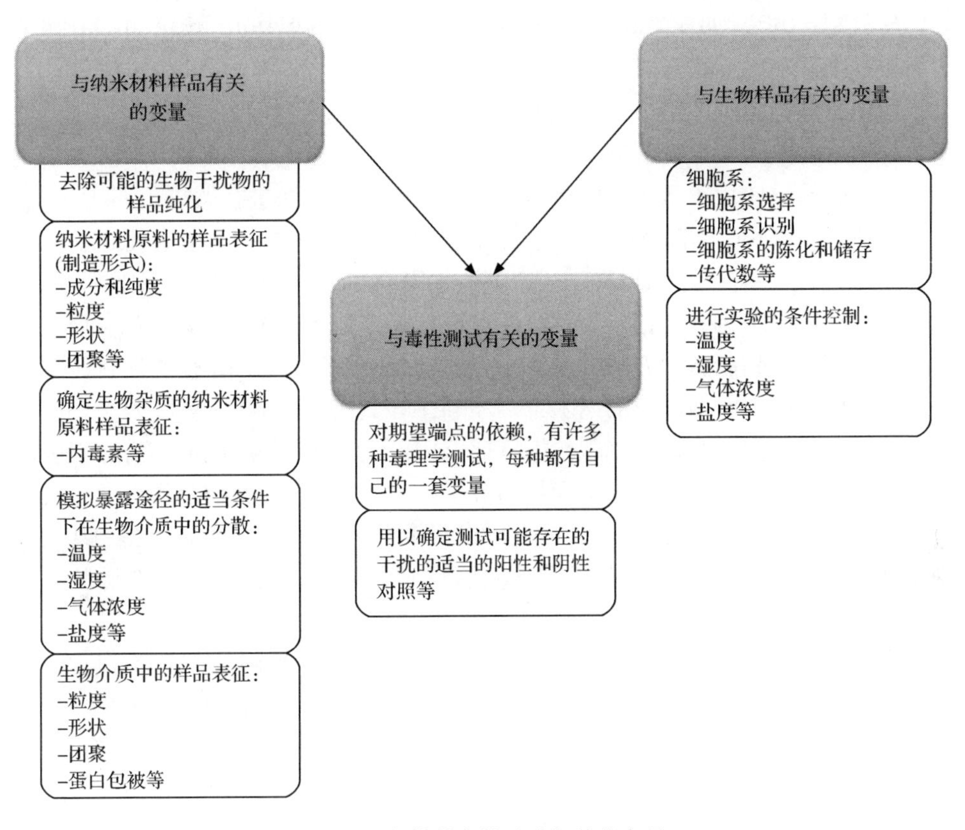

图 8.1　与体外毒性试验相关的变量

许多正在作为物理和化学表征标准而制定的方法针对特定单一类型的纳米材料而非广泛类别的纳米材料。然而，当科学上可行且适当时，应当发展学术界期望的可用于多种类型纳米材料的测量方法。

在合适介质中将纳米材料制成分散良好的样品的困难使得样品制备成为毒性试验中令人惊讶的瓶颈。例如，根据不同分散方法，如超声水浴、探头超声，以及加入包括蛋白质、表面活性剂和焦磷酸盐在内的分散剂[34]等，研究人员获得了差异很大的团聚结果。因为结果差别依赖于分散方法，如前所述，讨论多种材料的样品制备的全局性指导性文件正在由 OECD 和 ISO 两个组织进行准备。学术界显然也期待严格规定特定纳米材料样品制备的程序，这样的程序应随全局性文件而制定。许多样品制备的指定方法很可能要嵌入毒性试验标准方法的文本中，而不是像在许多例子中那样成为独立的标准。此外，值得注意的重要一点是优化的样品制备程序可能与纳米材料性质，如表面化学和表面电荷相关联。因此，当一种样品制备程序缺乏时，采用标准方法测量的物理化学特性可用于指导样品制备方式。

对于体外和体内测试而言，标准化方法应该包括或涉及样品表征方法、用于研究的材料制备方法(如气溶胶产生、增溶及其他)、适当的取样方法以及相关阳性和阴性标准物质和对照指导。

纳米毒理学相关的第一个标准方法最有可能是纳米材料的体外毒性试验,它将从如前所述关于验证一节的工作中发展而来。这些验证工作多数依赖于对在化学毒性试验领域使用了几十年的可靠的传统体外测试方法进行改进[35]。然而,许多专家注意到:应对纳米材料的环境、健康和安全议题的国际压力,加上减少动物试验的压力,正在毒理学领域开创一个创造性思维和创新的新时代。因此,展望三到五年的标准制定将会是把传统方法改造成适用于纳米材料,包括诸如化学表征的标准物质和样品制备等方法的改良,但五年之后的展望是基于能更明确地将体外结果同体内结果联系起来的纳米毒理学新手段的方法。这些新手段可能包括:①使用可以报告多种与毒性相联的细胞通路阻断的经特别设计和制备的细胞系;②使用测量转录组或蛋白质组学变化的分子技术;③创新性使用如微流控这样的技术以产生体外模型器官体系,该体系可在更准确地模拟体内(单一器官)培养条件下确定单细胞类型的毒性效应,或从器官到器官(多器官)测量下游的毒性效应[36-39]。

体内测试标准工作也在进行,但针对纳米毒理学的特定应用发展程度更低。同体外情况相似,这类工作大多依赖对在化学毒性试验领域使用了几十年的可靠传统方法进行改造。但是正像 OECD(以及其他)组织指出的,这里值得提醒的是:

> ……关于纳米颗粒的生理响应所知甚少。尽管一些惯用的毒性和生态毒性试验在评估纳米颗粒危害时显示有效,现有的方法学可能需要针对危害评估进行修正……[40]

哺乳动物体系体内测试的第一批标准方法和指南可能包括下面的一些:药代动力学(ADME)、急性毒性、多次给药毒性、刺激性/腐蚀性、免疫毒性/致敏性、慢性毒性、生殖毒性、发育毒性、基因毒性及人类暴露实验。慢性毒性可能包括致癌和非致癌效应。基因毒性可包括当今所用的大量体内实验方法,包括骨髓染色体畸变和姊妹染色单体交换实验。

OECD 是一个系统探讨毒性试验指南(包括潜在健康效应的体外和体内测量)的组织。化学药品测试用指南(测试指南)4 是政府、工业界和独立实验室用来评估化学产品安全性的最具相关性的国际认可测试方法的汇编。迄今为止,OECD 已公布了 118 个测试指南,分为五个部分:①理化性质;②对生物体系的影响;③降解和积累;④健康效应;⑤其他测试指南。与本讨论相关,第四部分现行的测试指南对纳米材料的适用性得到检验。2009 年 7 月,OECD 报告:

> 与健康效应相关的测试指南(第四部分)审核得出结论,总体上,OECD 指南可用于研究纳米材料的健康效应,但有一重要的限定,即需要额外考虑被测材料的物理化学特性,包括实际给药溶液中的此类特性。在一些情况下,OECD 指南还需要进一步

修正。尤其是利用吸入途径的研究以及毒物代谢动力学(ADME)研究。最后，依靠与体外测试手段相关的现有知识和实际解决方案十分重要[41]。

基于OECD和其他组织提出的一些问题，有没有将对纳米毒理学测试和标准领域的推进产生重大影响而且可以在短期内解决的议题？同剂量问题相关，毒理学的基础是剂量-反应的测量。正如引言中提到的，从15世纪的Paracelsus时代起，毒理学就用剂量和响应定义了毒药(以及药物)。剂量的质量有统一的含义，特别地，其单位是质量与生命体质量之比。纳米技术似乎扩展了剂量的概念。现在的观念是形状、表面积、表面化学及其他物理和化学参数在剂量测定中将与质量同等重要。在剂量问题上达成共识将有助于不同实验室的系列数据比较更令人信服。

与材料的物理化学特性议题相关，重点要考虑正在接受测试的材料形态是否与纳米材料在消费者或工作场所环境中使用的一致。物理和化学表征应该考虑刚从瓶中取出时的形态、给药时的形态以及进入人体之后的可能形态。有人主张现今在制造中使用的原材料(仅是从瓶中取出)是有用的测试材料，然而，对于理解多个化学品(例如那些成为消费品一部分的化学品)如何能够缓解或表达毒性这一问题日益受到关注。产品中日益增长的纳米材料应用将可能增加对于同产品形态明确相关的测试的兴趣。

OECD报告中提到的另一个要求重新评估纳米毒理学测试的领域是暴露途径的概念。在现有的毒理学中，环境毒物的暴露途径包括透皮、摄食和吸入。对于药物，通常的暴露途径也包括腹腔和静脉注射暴露。纳米技术将可能提供额外的途径，因为一些药剂小到遵循独特的暴露途径。例如，纳米尺度的氧化锰被证实可以经过家鼠的嗅觉神经元吸收并输运到大脑。

归纳起来，纳米毒理学测试的关键是发展基于广泛接受和科学证明的方法和方案的标准。然而，需要指出的是所有方面都仍需要进行大量研究，这将延缓该领域近期的规范性标准制定。学术界也必须在剂量、合适的测试材料及暴露途径这些未来的标准方法发展所依赖的整体议题上达成某些共识。

8.4.2 协调和标准的作用

标准的一个重要作用是为监管提供科学和技术支持。最令人期待的就是当技术进入商业时拥有准备就绪的国际标准，以便有一些方法上的协调来支持贸易和监管要求的一致性。然而，建立在科学基础上的标准的完成和贯彻通常落在国家规定建立之后。纳米技术是一个十分年轻的领域，这里很少存在特定的国家纳米规章架构[42]。事实上，几乎每个发达的工业化国家在有关纳米技术的监管评估方面都大体上处于同一阶段；该领域的国际合作，或至少是国际交流非常强劲。人造纳米材料的监管手段正在世界范围内积极地讨论，某些基本理念的差异已经浮现了。美国实行了一种基于纳米材料风险评估的谨慎手段。举例来说，在被美国食品药品管理局采用的公认安全(GRAS)的通告程序中，如果一个公司希望采用一种新的食品或食品包装成分，就要自行开展研究以确定该成分的安全性。其他国家和地区有完全不同的要求观点，如果不能尽早解决，这些政策差异将可能导致潜在的国际贸易壁垒。

广泛公认的是：纳米毒性试验的国际范围内可接受以及协商一致的标准和手段将为全球的监管者带来很大益处。为支持此事，国际专家团体汇聚于共同的论坛讨论和制定这些文件是必不可少的。因为有许多标准制定组织在该领域开展工作，最低限度的要求是有类似工作范畴的组织间的有效交流和协调。有效交流与合作将使标准的有效开发成为可能，这将使志愿专家的工作成效最大化并增加产出的影响，以支持保护工人、消费者和环境的健康和安全这一总体目标的实现。

8.4.3 纳米毒理学国际合作的未来

纳米材料所需测试的预期规模激发了纳米毒理学标准制定的国际合作。在积极寻求基于机理的预测性生物试验的同时，首选手段仍是每个具体事例的逐一描述性审查，鉴于纳米材料产品术语的指数增长，这种方式会令即使得到良好资助的国家项目也难以承受。有人预料评估美国现有所有纳米材料的潜在毒性也许要花上 50 年以及数十亿美元[43]。

像 ISO 这样的标准制定组织被认为是促进纳米技术国际协调的一个积极角色(见上文)。然而，其他非政府团体也试图提供纳米技术风险管理和风险评估方面的国际一致性。这些非政府团体通常构成了诸如 ISO 这类标准制定组织内部工作的基础，从中产生了正式指导性文件和标准。一个此类例子是杜邦环境防御基金纳米风险框架，它成为一个名为《纳米技术与纳米材料风险评价框架》的 ISO 技术委员会 TC 229 技术报告制定行动的核心文件之一 (ISO/AWI TR 13121)。

我们已经看到了一个国际层面上的异乎寻常的强烈的共识，即有必要使监管决策者知晓这一理解纳米材料潜在毒性的基于科学的手段。因此，纳米技术展现出一个不同模式的机会，即先通过标准制定过程在几个议题上达成国际协议，再用国家规章制度实施。这样做的好处是显而易见的：国际一致的环境与职业安全和健康规定将允许跨国公司在全球采用统一的环境与职业安全和健康计划。纳米毒性试验标准和指南的快速而负责任的开发和实施为我们的国家和国际监管的科学支撑提供了一条清晰的路径。

参 考 文 献

[1] National Research Council (U. S.) Committee on the Institutional Means for Assessment of Risks to Public Health: Risk Assessment in the Federal Government: Managing the Process. National Academy

Press, Washington, DC (1983)

[2] Kuzma, J.: Moving forward responsibly: Oversight for the nanotechnology-biology interface. J. Nanopart. Res. **9**, 165-82 (2007)

[3] Vamanu, C. I., Høl, P. J., Allouni, Z. E., Elsayed, S., Gjerdet, N. R.: Formation of potential titanium antigens based on protein binding to titanium dioxide nanoparticles. Environ. Sci. Technol. **39**, 9370-9376 (2005)

[4] Kim, H. W., Ahn, E.-K., Jee, B. K., Yoon, H.-K., Lee, K. H., Lim, Y.: Nanoparticulate-induced toxicity and related mechanism in vitro and in vivo. J. Nanopart. Res. **11**, 55-65 (2009)

[5] Falck, G. C. M., Lindberg, H. K., Suhonen, S., Vippola, M., Vanhala, E., Catalán, J., Savolainen, K., Norppa, H.: Genotoxic effects of nanosized and fine TiO_2. Hum. Exp. Toxicol. **28**, 339-352 (2009)

[6] Okuda-Shimazaki, J., Takaku, S., Kanehira, K., Sonezaki, S., Taniguchi, A.: Effects of titanium dioxide nanoparticle aggregate size on gene expression. Int. J. Mol. Sci. **11**, 2383-2392(2010)

[7] Zook, J. M., MacCuspie, R. I., Locascio, L. E., Elliott, J. E.: Stable nanoparticle aggregates/agglomerates of different sizes and the effect of their sizes on hemolytic cytotoxicity. Nanotoxicology. doi: 10. 3109/17435390. 2010. 536615 (2010)

[8] Lockman, P. R., Koziara, J. M., Mumper, R. J., Allen, D. D.: Nanoparticle surface charges alter blood-brain barrier integrity and permeability. J. Drug Target. **12**, 635-641 (2004)

[9] Grass, R. N., Stark, W. J.: Physico-chemical differences between particle- and moleculederived toxicity: Can we make inherently safe nanoparticles? Chimia **63**, 38-43 (2009)

[10] Limbach, L. K., Wick, P., Manser, P., Grass, R. N., Bruinink, A., Stark, W.: Exposure of engineered nanoparticles to human lung epithelial cells: Influence of chemical composition and catalytic activity on oxidative stress. Environ. Sci. Technol. **41**, 4158 (2007)

[11] Hoshino, A., Fujioka, K., Oku, T., Suga, M., Sasaki, Y. F., Ohta, T., Yasuhara, M., Suzuki, K., Yamamoto, K.: Physicochemical properties and cellular toxicity of nanocrystal quantum dots depend on their surface modification. Nano Lett. **4**, 2163-2169 (2004)

[12] Hardman, R.: A toxicological review of quantum dots: Toxicity depends on physicochemical and environmental factors. Environ. Health Perspect. **114**, 165-172 (2006)

[13] Elder, A., Gelein, R., Silva, V., Feikert, T., Opanashuk, L., Carter, J., Potter, R., Maynard, A., Finkelstein, J., Oberdorster, G.: Translocation of inhaled ultrafine manganese oxide particles to the central nervous system. Environ. Health Perspect. **114**, 1172-1178 (2006)

[14] Buzea, C., Pacheco, I. I., Robbie, K.: Nanomaterials and nanoparticles: Sources and toxicity. Biointerphases **2**, MR17-MR71 (2007)

[15] Nelsonrees, W. A., Daniels, D. W., Flandermeyer, R. R.: Cross-contamination of cells in culture. Science **212**, 446-452 (1981)

[16] Lacroix, M.: Persistent use of "false" cell lines. Int. J. Cancer **122**, 1-4 (2008)

[17] Organisation for Economic Co-operation and Development Environment Directorate: Manufactured nanomaterials: Work programme 2006-2008. http://www. olis. oecd. org/olis/2008doc. nsf/LinkTo/NT00000B76/$FILE/JT03240538. PDF (2008)

[18] Organisation for Economic Co-operation and Development Environment Directorate: List of manufactured nanomaterials and list of endpoints for phase one of the OECD testing programme. http://www.

olis. oecd. org/olis/2008doc. nsf/LinkTo/NT00003282/ $ FILE/JT03246895. PDF (2008)

[19] Organization for Economic Co-operation and Development: Preliminary guidance notes on sample preparation and dosimetry for the safety testing of manufactured nanomaterials. http://www. olis. oecd. org/olis/2010doc. nsf/linkto/ENV-JM-MONO(2010)25 (2010)

[20] ISO TC 229-Nanotechnologies. http://www. iso. org/iso/iso_catalogue/catalogue_tc/catalogue_tc_browse. htm? commid=381983&development=on

[21] Kroll, A., Pillukat, M. H., Hahn, D., Schnekenbutger, J.: Current in vitro methods in nanoparticle risk assessment-limitations and challenges. Eur. J. Pharm. Biopharm. **72**, 370-377 (2009)

[22] Ferrari, M.: Beyond drug delivery. Nat. Nanotechnol. **3**, 131-132 (2008)

[23] National Cancer Institute: Nanotechnology characterization laboratory business plan. http://www. ncl. cancer. gov/ncl_business_plan. pdf (2005)

[24] NIST-NCL Joint Assay Protocol PCC-1: Measuring the size of nanoparticles in aqueous media using batch-mode dynamic light scattering. http://www. ncl. cancer. gov/NCL_Method_NIST-NCL_PCC-1. pdf (2007)

[25] National Cancer Institute: Nanotechnology characterization laboratory assay cascade. http://www. ncl. cancer. gov/assay_cascade. asp (2009)

[26] International Alliance for NanoEHS Harmonization: Characterization of nanomaterial biointeraction project plan. http://www. nanoehsalliance. org/sections/Projects (2009)

[27] International Alliance for NanoEHS Harmonization: Stage 3: In vitro nanoparticle interactions. http://www. nanoehsalliance. org/sections/Projects/Stage3InVitroNanoparticleInteractions (2009)

[28] Hackley, V. A., Fritts, M., Kelly, J. F., Patri, A. K., Rawle, A. F.: Informative Bulletin of the Interamerican Metrology System-OAS, Enabling Standards for Nanomaterial Characterization, pp. 24-29. NIST, Gaithersburg (2009). http://www. sim-metrologia. org. br/docs/revista_SIM_ago2009-c. pdf

[29] NanoImpact: http://www. nanoimpactnet. eu

[30] The European Network on the Health and Environmental Impact of Nanomaterials: Major information package: End of 1st year report. http://www. nanoimpactnet. eu/object_binary/o3043_MIP2_2009-07-07. pdf (2009)

[31] Worth, A. P., Balls, M.: The role of ECVAM in promoting the regulatory acceptance of alternative methods in the European Union. Altern. Lab. Anim. **29**(5), 525-535 (2001)

[32] NanoInteract: Objectives. http://www. nanointeract. net/sections/AboutNanoInteract/Objectives (2009)

[33] Cedervall, T., Lynch, I., Lindman, S., Berggård, T., Thulin, E., Nilsson, H., Linse, S., Dawson, K. A.: Understanding the nanoparticle protein corona using methods to quantify exchange rates and affinities of proteins for nanoparticles. Proc. Natl. Acad. Sci. U. S. A. **104**, 2050-2055 (2007)

[34] Jiang, J. K., Oberdorster, G., Biswas, P.: Characterization of size, surface charge, and agglomeration state of nanoparticle dispersions for toxicological studies. J. Nanopart. Res. **11**, 77-89 (2009)

[35] Organization for Economic Co-operation and Development: Preliminary review of OECD test guidelines for their applicability to manufactured nanomaterials. http://www. olis. oecd. org/olis/2009doc. nsf/LinkTo/NT000049AE/ $ FILE/JT03267900. PDF (2009)

[36] Sung, J. H., Shuler, M. L.: A micro cell culture analog (mu CCA) with 3-D hydrogel culture of multiple cell lines to assess metabolism-dependent cytotoxicity of anti-cancer drugs. Lab Chip **9**, 1385-1394

(2009)

[37] Baudoin, R., Corlu, A., Griscom, L., Legallais, C., Leclerc, E.: Trends in the development of microfluidic cell biochips for in vitro hepatotoxicity. Toxicol. In Vitro **21**, 535-544 (2007)

[38] Carraro, A., Hsu, W. M., Kulig, K. M., Cheung, W. S., Miller, M. L., Weinberg, E. J., Swart, E. F., Kaazempur-Mofrad, M., Borenstein, J. T., Vacanti, J. P., Neville, C.: In vitro analysis of a hepatic device with intrinsic microvascular-based channels. Biomed. Microdevices **10**, 795-805 (2008)

[39] Huh, D., Matthews, B. D., Mammoto, A., Montoya-Zavala, M., Hsin, H. Y., Ingber, D. E.: Reconstituting organ-level lung functions on a chip. Science **328**, 1662-1668 (2010)

[40] European Commission Scientific Committee on Emerging and Newly Identified Health Risks: Opinion on the appropriateness of existing methodologies to assess the potential risks associated with engineered and adventitious products of nanotechnologies. http://www.files.nanobio-raise.org/Downloads/scenihr.pdf (2005)

[41] Organisation for Economic Co-operation and Development Environment Directorate: Preliminary review of OECD test guidelines for their applicability to manufactured nanomaterials. http://www.olis.oecd.org/olis/2009doc.nsf/LinkTo/NT000049AE/$FILE/JT03267900.PDF (2009)

[42] Roco, M. C.: Coherence and divergence of megatrends in science and engineering. J. Nanopart. Res. **4**, 9-19(2002)

[43] Choi, J. Y., Ramachandran, G., Kandlikar, M.: The impact of toxicity testing costs on nanomaterial regulation. Environ. Sci. Technol. **43**, 3030-3034 (2009)

第 9 章　健康与安全标准

Vladimir Murashov, John Howard

9.1 引　　言

健康与安全标准的目标是使人和环境面临的风险降到最低。不过,从任何新技术出现到产生足够的风险知识,以使全面的风险评估和传统的监管量化风险管理标准制定成为可能,这之间通常存在显著的时间滞后[1]。在 21 世纪初,这一时间滞后导致社会致力于积极主动地管理纳米技术这样的新兴技术风险[2]。前瞻性风险管理可以作为对新技术的初期反应,并能在随后通向基于长期风险评估数据收集的传统监管标准。前瞻性风险管理至少应包括以下基本特征:①定性(而非定量)的风险评估;②能快速适应发展过程中积累的风险知识,并能修正任何风险管理建议的策略;③基于与确保暴露于新技术的人或环境卫生不发生材料损害相适应的预防水平的建议;④对全球范围新兴技术公司来说一致的步骤;⑤稳固的利益相关方参与,可引领公司间开展广泛的自发合作[2]。前瞻性风险管理的这些特征特别适合制定纳米技术这个迅速兴起的领域的健康和安全标准。

由于工作者承受着任何新兴技术暴露的最大健康风险,大多数制定纳米技术安全和健康标准的组织将其最初工作聚焦于工作场所。本章中描述的工作场所安全和健康标准包括民间机构采用的自发的共识类型标准以及强制性的或政府监管的健康相关标准。职业安全和健康标准通常包含以下要素:①职业接触限值;②危害告知规程;③标准操作实践,如安全程序或行为守则参考;④标准指导,如纳米材料的安全处理工业卫生指导。其他的安全和健康相关标准见本书其他章节,如第 3、7 和 8 章标准物质、测量含义和纳米材料毒性测试。本章中以下部分描述安全和健康标准中每个要素的科学发展现状,突出目前各国和国际上正在制定的纳米技术标准,并绘制出未来标准设定的方向图。

---

* 本报告的研究结果和结论代表作者的观点,并不一定代表国立职业安全与健康研究所的观点

V. Murashov (✉)

National Institute for Occupational Safety and Health, Centers for Disease Control andPrevention, U. S. Department of Health and Human Services, Washington, DC, USA

e-mail: vmurashov@cdc. gov

9.2 接触限值

接触限值用于很多化学和物理物质的暴露控制已经超过一个世纪了。它们几乎都因控制工作环境的暴露以及空气、食物和水源周围的污染而建立。接触限值也用于启动暴露缓解措施[3]。在工作场所，职业接触限值(OEL)作为工人呼吸区域暴露的评估和控制基准，当更高等级控制不能将空气中的浓度水平降到足够低时用做启用个人防护装备(PPE)的基准；以及作为医疗监护措施的实施基准。历史上，大多数OEL的建立是为了使工人在其职业生涯中发生具有潜在危害的化学或物理物质暴露时将其不良反应可能性最小化(见文献[4]中6(b)(5)部分)。OEL的科学基础由对工人在该物质中暴露的观察(流行病学)或实验室动物研究结果(毒理学)决定。

对于工程纳米材料，在可预见的未来，大多数定量风险评估，包括剂量-反应关系很可能将涉及从动物数据外推到人类。虽然，人类流行病学研究被认为对于作为监管标准基础的定量风险评估是最有用的，但它们在今后一段时间内不太可能得到[5]。同时，不断增长的急性和亚慢性毒理学动物研究数据表明一些工程纳米材料的潜在健康风险[6-9]，并且大量的不良健康影响的数据由偶然的纳米材料暴露所导致[10]。

在世界范围内，仅仅建立了几个工程纳米材料OEL。例子包括无定形二氧化硅(SiO_2)[11,12]、炭黑[13]和纳米级二氧化钛(TiO_2)[14]。2010年12月，美国国立职业安全与健康研究所(NIOSH)发布通知为其动态情报公告草案《碳纳米管和纳米纤维的职业暴露》征求意见[15]。公报总结了在实验室动物研究中观察到的单壁碳纳米管、多壁碳纳米管和碳纳米纤维对呼吸系统健康的不利影响，并提供在0.007 mg/m^{3}水平时安全处理这些材料的一套OEL的建议。

除了美国(US)的活动，其他国家级的工程纳米材料的OEL工作也正在德国和英国(UK)开展。德国联邦职业安全与健康研究所(BAuA)进行了一项由偶然产生的纳米颗粒组成的复印机墨粉排放的风险评估研究[16]。由德国政府的有害物质委员会发布的910号公告确立了致癌物质的风险因子[17]，BAuA利用这个公告报告了可吸入的生物持久性墨粉颗粒的下列浓度值：截至2008年，①4/1000的可容许风险达到0.6 mg/m^3，②4/10 000的暂定可接受风险为0.06 mg/m^3；截至2018年，③4/100 000的可接受风险为0.006 mg/m^3。复印机墨粉排放研究也被德国社会意外保险(IFA)的职业安全和健康研究所采用，得出的结论为：按照德国劳动和社会事务部工作场所有害物质技术规则(TRGS 900)[11]，可吸入部分的总灰尘限度3 mg/m^{3}不适用于纳米级颗粒部分，但不应超过[18]。

鉴于纳米材料危害和暴露数据缺乏，IFA推荐了用于八小时工作制的基准限度。以下限度(以超过背景的暴露浓度增加表示)已推荐用于监测工作场所防护措施的有效性[18]：

(1) 对于密度>6000 kg/m^{3}的金属、金属氧化物和其他生物持久性颗粒状纳米材料,测量范围为1～100 nm的颗粒数浓度不应超过20 000颗粒/cm^3；

(2) 对于密度<6000 kg/m^{3}的生物持久性颗粒状纳米材料,测量范围为1～100 nm的颗粒数浓度不应超过40 000颗粒/cm^3(注:为了比较,据报道正常房间的空气中包含10 000到20 000个纳米级颗粒/cm^3,而这个数字在树木茂密的地方能达到50 000个纳米级颗粒/cm^3,城市的街道上能达到100 000个纳米级颗粒/cm^3[19])；

(3) 对于碳纳米管,基于石棉的暴露风险率,其暂定纤维浓度不应超过0.01根纤维/cm^3[20]；

(4) 对于纳米级液体颗粒(例如,脂肪、碳氢化合物和硅氧烷),由于固体颗粒影响结果缺失,应采用适当的最大工作场所限度或工作场所限度值。

这些推荐的基准限度是依照当前测量技术发展水平尽量将暴露减小到最低限度,并没有得到毒理学证实。即使遵守这些推荐的基准限度,工人可能依然存在健康风险。因此,它们不应该与以健康为基础的OEL相混淆[18]。

在英国,英国标准协会(BSI)发布了一份公开文件PD 6699-2《人造纳米材料的安全操作和处置指南》[21],它为工程纳米材料的开发、制造和使用提供了风险指导。在这份文件中,所有的纳米材料归入四个分派了基准暴露水平(BEL)的危险类别。与BGIA的推荐相似,BEL被描述为"仅为实用性的指导水平",并由较大颗粒形式的OEL按照"假设纳米颗粒形式比大颗粒形式具有更大的潜在危险"推导出来。第一类为"纤维类",定义是有很高长径比(比率>3∶1,且长度>5000 nm)的不溶性纳米材料,它被分派了0.01根纤维/cm^{3}的BEL(为美国和其他地方法定的石棉OEL的1/10)。第二类为"CMAR"类,定义为在其较大颗粒形式时就已经归类为致癌物、致突变物、致气喘物或生殖毒物的任何纳米材料。CMAR类中的纳米材料被分派的BEL为其较大颗粒形式时以质量计的OEL的1/10。第三类为"不溶性"类,定义是不属于纤维类或CMAR类的不溶或难溶的纳米材料。此类别中的纳米颗粒被分派的BEL为其较大颗粒形态时以质量计的OEL的1/15或20 000颗粒/cm^3。第四类为"可溶性"类别,定义为不属于纤维类或CMAR类的可溶性纳米材料,此类被分派的BEL为其较大颗粒形态时以质量计的OEL的1/2。

在美国,已经提出了一个基于国家公共-私营之间的伙伴关系以保护工人免受纳米材料危害的纲领性方法以替代强制性标准。该提议包括暴露评估、风险控制、医疗监督和工人培训的一般规定[1]。随着纳米技术风险定量评估的出现,由拟议中的国家纳米技术伙伴计划[1]产生、收集和利用的信息可作为"尝试性的"

OEL[22]。随后，如果某个特定的纳米材料可获得充足的“显著风险”证据，可以由政府制定一个强制性的职业健康标准。这样的国家伙伴关系可以帮助克服从产生可进行彻底的定量风险评估的充足的风险评估信息到制定一个强制性政府监管职业风险管理标准所需时间之间显著的时间延迟。美国设定职业安全和健康标准的监管要求总体上妨碍了监管者对于建立在不完整的定量风险评估和控制信息基础上的防护标准采取的增加预防性步骤[1]。

在世界范围内，制定工程纳米材料 OEL 的工作正在加强[23]。这些工作在 2008 年 OECD 的暴露评估研讨会[24]和 2009 年的纳米材料风险评估研讨会[25]上接受审议。讨论显示了时下对于可承受风险水平、可接受的不确定因素和可接受的健康端点的关注。2009 年 6 月，在国际标准化组织(ISO)技术委员会 229(TC 229)第三工作组(WG 3)会议上，一个致力于技术规范《人造纳米材料的安全操作和处置指导》起草工作的国际专家小组，同意“该指导将包含公司/组织如何就基准接触限值作出他们自己的决定，包括如何开发内部基准以及引用可以遵守的特定指导原则的具体实例”[26]。当缺乏现有的监管接触限值时，或作为现有监管接触限值的补充，工业领域和室内的接触限值也被广泛使用[27]。这需要风险评估领域的工业专家以及对他们的产品和特定场所工作环境熟悉的特定地点危害和暴露专家的共同努力。最近，拜耳材料科学公司进行了多壁碳纳米管的亚慢性吸入研究，得出其多壁碳纳米管产品的室内 OEL 值为 0.05 mg/m^3[28]。Nanocyl 公司采用的每日暴露八小时的空气中无影响浓度为 0.0025 mg/m^3[29]。该限度从一个遵照 OECD 413 试验指导原则[8]进行的 90 天吸入研究的数据中采用 40 作为评估因子而获得的 0.1 mg/m^3 的最低可见有害作用水平估算得出[29]。

全球正在进行大量致力于获得可用于制定 OEL 的定量风险评估分析的危害和暴露数据的研究工作。或许产生剂量-反应和其他风险相关数据的最大成就的工作是人造纳米材料测试的 OECD 资助项目[6]。在该项目中，OECD 成员国，以及一些非成员国和其他利益相关方通力合作检查 13 种已经得到商业应用或接近商业应用的人造纳米材料的潜在危害[6]。同一 OECD 工作组中的另一个指导小组正在探索启动一个通过有限数量的案例研究进行 13 种人造纳米材料的暴露评估的资助项目的可行性[30]。这个资助项目将收集能产生暴露的数据以补充用于风险评估分析的危害数据[30]。OECD 也看到了用潜在风险对纳米材料进行分组的可能性。明确地说，化学委员会危害评估专门工作组正在考虑 OECD 化学品分类指导原则的修订[31]。纳入考虑范围的领域之一是将分组概念应用于人造纳米材料的可能性，目的是通过外推或趋势分析填补数据空白[32]。

最后，世界卫生组织(WHO)是一个国际性的健康组织，负责协助各国实现“人人享有健康”，这赋予 WHO 在所有国家，特别是在发展中国家中制订改善安全和健康的解决方案的一个独特机会。WHO 拥有发展出可靠并广为接受的建立接触限值方法的专业知识[3, 33]。考虑到危害和暴露数据的缺乏，WHO 将与 OECD 的工作密切协调来领导关于如何建立暴露值的指导原则的制定。

9.3 危害告知

危害告知包括三个主要信息分类。首先，危害告知包括沿产品链从制造商传递到下游用户，意在保护工人的信息。其次，危害告知包括在运输过程中伴随产品的用以警告第一急救者和第一接收者关于同溢出和其他突发事故相关的特殊风险的信息。最后，危害告知包括为告知消费者关于消费产品中由某些成分引起的特殊风险而设计的信息。作为一种风险管理工具，危害告知常常被纳入国家和国际职业和环境强制性标准之中，并在负有特定产品危害示警职责的产品责任法中扮演着重要角色。

9.3.1 材料安全数据表

材料安全数据表(MSDS)为工业卫生学者、工人、雇主和应急救援人员提供包括关于如何安全操作化学物质的指导在内的安全信息。在大多数国家，化学物质制造商和进口商需要履行危害确认，并报告由他们制造或进口的化学物质列在 MSDS 上的风险信息，参见文献[34]。在美国，危害告知标准(29 CFR 部分 1910.1200)描述了在 MSDS 中所需要包含的信息要素。国际上，发展出了全球化学品标签和分级协调体系(GHS)以提供一个单一的协调化学品分类制度，以及制作标签和安全数据表，其主要好处是增加了提供给工人、雇主和化学品使用者的信息质量和一致性。在 GHS 中，安全数据表中的信息是按指定顺序列出的。

但是，此时一些作者得出结论：MSDS 没有应对许多纳米材料独有的特性，因而必须加以改进，使之有效地传达与安全和产品管理相关的纳米特有的信息[35]。纳米材料术语和命名的不确定性也导致 MSDS 中提供一些不充足信息的情况[36,37]。准备作为纳米材料危害告知信息来源的 MSDS 应该包括至少四个要素：①一个关于哪个化学成分为纳米尺度的标记；②一个标记纳米颗粒可能不同于相同化学成分的更大颗粒的那些特性，以及任何不同特性的数据符号；③一个标记某些纳米颗粒由于其纳米尺寸引发的催化反应的符号，这类催化反应是不可能仅基于其化学成分所预料到的；④一个只要可获得毒性信息就提供更新的机制[38]。

在一系列利益相关方的领导下，许多国家已经开始进行 MSDS 中的信息调整工作。在德国，德国化学工业协会(VCI)同利益相关方通过对话活动合作开发《通过安全数据表处理纳米材料的过程中，沿着供应链传递信息的指导原则》[32,39]。澳大利亚安全工作目前通过公共咨询进行安全数据表(SDS)业务守则的修订过程[40]。在应该提供化学品信息的、列出了物理化学参数的章节中，澳大利亚安全

工作建议加入大量明确的与工程纳米材料相关的非强制性参数,(但也有与一些其他化学品相关的):

(1) 形状和长径比;

(2) 结晶度;

(3) 含尘量;

(4) 表面积;

(5) 聚集或团聚程度;

(6) 离子化(氧化还原电位);

(7) 生物耐久性或生物持续性。

澳大利亚安全工作也正考虑在其他相关的职业安全和健康监管文件中添加少量相关的纳米技术咨询说明。例如,添加到工作场所化学品模式规章的政策草案的内容如下:"注:与同种材料的宏观形式相比,人造纳米材料可能需要不同的分类和危害告知要素(标记和SDS)"[41]。

国际上,ISO/TC 229第三工作组正在编写技术报告《人造纳米材料安全数据表(SDS)的准备》。该工作目的是用工程纳米材料潜在的健康和安全危害及暴露的可预测的纳米独有特性来补充目前的GHS中描述的MSDS要素。

9.3.2 标签

消费品中管制物质的标签是一种风险管理工具,能告知消费者有害物质的存在,并允许消费者对是否购买并使用这些消费品作出有根据的决定。在过去的5年中,无论是非政府组织还是政府组织都广泛呼吁在消费品中建立纳米材料的强制性标签,特别是对食品和化妆品中的纳米材料[42-48]。建议通过透明度建立起公众信任并提供消费者自由表达对于新技术所具有的更广泛的社会意义的意见的机会,这样的标签可能具有伦理和社会益处[49]。

与传统的化学物质相似,一些纳米材料在某些浓度和条件下可表现出危害。跟传统化学物质一样,在大多数国家,食品和化妆品规章提供工具要求生产者公开包括危险纳米材料在内的危险物质的存在。美国食品和药品管理局(FDA)纳米技术专门工作组建议"目前的科学不能够支持含有纳米尺度材料的产品类别必然表现出比不含有纳米尺度材料的产品类别具有更大的安全隐患"[50]。相似地,依照欧盟科学委员会的意见[在新出现和新识别的风险(SCENIHR),在消费品方面(SCCP)以及在食品和饲料方面为欧洲食品安全局(EFSA)的科学委员会],并不是所有的纳米材料都能引起毒性反应[51]。该科学委员会强调,更小就必然意味着更大毒性的假设并没有已发表的数据支持。但是,多种人造纳米材料的某些健康和环境危害是得到确认的,标志着潜在毒性反应的存在。在几个实验中发现不可降解的刚性长纳米管(超过20 μm)与有危害的石棉效果相似,如能够导致炎症反应。实验也表明,具有这些特性的碳纳米管可能引起特定形式的肺癌和间皮瘤,这在与石棉相关的暴露中也可观察到。这样的纳米管是否对人类构成风险还不得而知,但也不能排除。这意味着纳米材料和其他物质相似,因为有些可能具有毒性,有些可能没有,而有些仅仅在某些暴露条件下才可能有毒。由于仍然没有普适性的纳米材料潜在危害的识别范例,科学委员会继续推荐对纳米材料的风险评估进行逐个案例分析[51]。

在另一个例子中,澳大利亚新西兰食品标准机构(FSANZ)已承担对其已准备好的与食品(包括食品添加剂、加工助剂、新型食品、污染物和营养物质)中的纳米技术相关的规章进行复审。作为这一评估的成果之一,FSANZ 已经修订了一份澳大利亚监管文件——《应用手册》,其中陈述了用来修改《澳大利亚新西兰食品标准法规》所必需的基本信息。这个修正案包括当物质呈现出天然的颗粒形态且在最终的食物中保持如此形态时,以及当粒度对于达到技术用途或可能与毒性差异相关时,报告粒度、粒度分布和形态的要求。该修正案没有明确提及纳米材料和纳米技术,但是对它们进行了介绍以确保有害纳米材料和其他物质能够在应用过程中得到充分评估[52]。

建立在技术或工序基础上而不是公认的危害基础上的标签意味着在涉及其效用和合法性方面存在诸多挑战[49]。例如,这类标签可能与致力于管理特定危害相关风险的国家法律体制不一致,并将违反世界贸易组织(WTO)对贸易协定技术壁垒的规则。标签也引起信息过载的危险,使消费者产生迷惑而并未起到告知作用。事实上,这样一种情况可能增加消费者的风险,因为有效的危害告知将被冲淡,而实际上被掩盖起来[49]。

尽管如此,一些国家已经要求对消费品采用纳米技术的特定标签。2007 年,法国政府启动了 Grenelle 项目,目的是制定纳米材料制造、进口和销售的监管立法。这个项目由两个法律草案组成:Grenelle 1 和 Grenelle 2。Grenelle 1 意在建立总则,而 Grenelle 2 意在提供细节。Grenelle 1 已于 2009 年 7 月 23 日被法国国会采纳,它包括与标签相关的以下要求:“本规定自身所设定的目标为,在采用此法律之后的两年内,纳米颗粒物质或包含纳米颗粒的生物体或纳米技术产品的制造、进口或销售将作为向行政管理机构进行强制性申报的对象,尤其是其数量和用途,并且需向公众和消费者提供信息”。Grenelle 2 于 2009 年 8 月 3 日被法国国会采纳,在 73 项条款中包括对于“在本法规定的条件下,与这些纳米材料的识别和使用相关的信息应可公开获得”的要求[53]。

在俄罗斯,联邦消费者权益和人类福利部(Rospotrebnadzor)采用了一系列涵盖消费品中纳米材料的使用的基本规章,包括《关于纳米材料的毒理学研究、风险评估方法学、鉴定方法和定量描述概念的 79 号规章》。79 号规章于 2007 年 10 月 31 日生效[54],并规定了商业企业需要将消费品中的纳米技术产品和纳米材料的使用告知消费者。

在2009年11月,欧洲议会采纳了化妆品规章,要求所有含纳米材料的化妆品生产商必须在成分表中在这样的成分名称后面使用“[纳米]”以标明其存在。与化妆品相关的纳米材料的报告范围定义为“具有在1纳米到100纳米(nm)之间的一维(或多维)外部尺寸或内部结构、不溶或有生物持久性且有意制造的材料”[55]。

在2007年,BSI发布了纳米颗粒及包含纳米颗粒的产品标签的公众可获取的规范[56]。该BSI文件提供了“人造纳米颗粒以及包含人造纳米颗粒的产品或物质的自发标签的格式和内容指南……用于涉及人造纳米颗粒或包含人造纳米颗粒的产品和/或呈现纳米效应的产品的制造、分销、供应、操作、使用及处置的商业和其他组织”。但是,直到英国政府要求使用标签时,BSI文件仍然是一份自发性指南。该BSI文件也可作为欧洲标准化组织,即欧洲标准化委员会(CEN),352纳米技术委员会正在编写中的技术规范《人造纳米材料以及含有人造纳米材料的产品的标签指南》的一份概要。由于该技术规范按照ISO和CEN之间的维也纳协定制定,ISO/TC 229中少数专家在这项CEN活动中作为观察员。这一项目所面临的主要挑战包括:①缺乏描述纳米材料的协商一致的术语;②必须确保与现存的自发标准以及国家和国际规章一致;③必须解释标签并不能代表对纳米材料的安全或益处的判断以免消费者购买产品时发生混淆;④必须确保其全球适用性而不仅是区域适用性。

在联合国体系中,食品标准由联合国食品法典委员会制定,该委员会由联合国粮食与农业组织(FAO)在1963年创建。食品标准的主要目的是保护消费者健康、确保食品贸易中的公平贸易活动以及促进由国际上政府和非政府组织承担的所有食品标准工作的协调。虽然该规范在许多地区取得了进展,但迄今为止基于新兴技术的食品,如生物技术辅助食品标准的国际协定已证明难以实现[57]。到目前为止仍未启动食品的纳米材料标签活动。

9.3.3　全球协调体系

化学品分类和标签的全球协调体系(GHS)提供了一个协商一致的全球性风险分类和标签体系,并且是通用的一致性风险定义和分类方法,通过标签和材料安全数据表交流风险信息[58]。纳入联合国体系管理的GHS覆盖了所有的危险化学品,如材料、产品及混合物。

基于GHS的健康和安全信息的主要目标受众包括制造业工人、消费者、运输工人以及应急反应人员和第一接受者。在这一体系中,化学物质及混合物依照它们的物理化学、健康及环境危害特性分类。GHS为欧盟和许多国家所采用。2009年9月30日,美国职业安全与健康管理局(OSHA)发布了一个建议提案,使OSHA的危害告知标准与联合国的GHS规定条款相一致[59]。GHS的变更由化学品分类和标示全球协调体系(UNSCEGHS)下设专家委员会进行。

将GHS进行可能的修改以适应纳米材料的初步讨论重点在于如何使安全数据表的格式能够足以应对纳米材料的新危害和潜在暴露。在2009年12月,澳大利亚代表团在UNSCEGHS会议上为此撰写了文章[60],提议考虑将下列非强制性参数加入《附录4——安全数据表(SDS)撰写指南》中:

(1) 粒度和粒度分布;

(2) 形状和长径比;

(3) 结晶度;

(4) 含尘量;

(5) 表面积;

(6) 聚集或团聚程度;

(7) 生物耐久性或生物持久性。

在2009年12月的会议上,决定考虑到欧盟、OECD及ISO正在进行的工作,UNSCEGHS将"延后考虑该议题,直到可以获得更多关于[纳米材料]本征性质和特性的信息"[61]。

9.4 风险缓解

纳米材料风险缓解标准随着危害、暴露及风险缓解技术的有效性方面更多的可用信息而逐步发展。最初,大部分标准制定组织将其工作聚焦在工作场所。例如,OECD人造纳米材料工作组(WPMN)第八指导小组"暴露测量和暴露缓解合作"将其工作分为三个阶段:①工作场所暴露;②普通人群暴露;③环境暴露[62,63]。

9.4.1 职业指南

在覆盖工作场所暴露的初期阶段,标准化工作始于对目前实践的调查和推荐对于控制纳米材料在工作场所排放采取谨慎措施的一般性指导原则。

在2005年,首批工作场所安全一般性指导文件之一由NIOSH作为一个在线网络草案出版物发布,称为《安全纳米技术的方法》。经过三次更新,在2009年作为NIOSH编号出版物发行[64]。关于暴露缓解,该文件规定依照目前科学发展现状:

(1) 对于大多数过程和工作任务,对纳米材料的空气暴露控制可利用各种类似用于减少普通气溶胶暴露的工程控制技术来完成;

(2) 运用良好工作规范能使工人对纳米材料的暴露降至最低;

(3) 合格的呼吸器能提供规定水平的防护[64]。

2006年,纳米技术国际委员会(ICON)出版了《纳米技术工作场所现有操作实践调查》[65]。ICON报告总结了一个对目前全球纳米技术产业的环境健康和安全以及产品管理操作实践的国际调查结果[65]。根据该报告：

> 接受调查的组织报告：他们相信其所用的纳米材料与特定风险相关，他们正在实施特定的纳米EHS项目并且积极寻求如何最妥善地处理纳米材料的补充信息。然而，实际报告的包括工程控制、个人防护器具PPE、清除方法以及废弃物管理在内的EHS操作实践，同处理化学品的常规安全操作实践并无显著区别……事实上，操作实践偶尔被描述为建立在块体形式或溶剂载体的性质上，而不是明确针对纳米材料性质。

许多公司和贸易协会制定了纳米材料的安全指南。例如，德固萨(Degussa)公司[现在的赢创(Evonik)公司]制定了用于纳米尺度材料的生产设备的自发安全和健康标准[66]。这些标准包括：①在工作场所定期监控微观颗粒浓度；②使用密闭系统时对雇员的健康防护；③附加技术预防措施，如工程控制和个人防护器具，以将空气中微观颗粒浓度维持在低于0.5 mg/m^3。2007年，德国化学工业协会(VCI)和德国联邦职业安全与健康研究所(BAuA)发布了《工作场所纳米材料处理和使用指南》[67]。VCI/BAuA文件提供了关于主要在化学工业中有意生产的纳米材料的生产和使用的职业安全与健康OSH措施。

2008年，OECD WPMN发布了一个关于纳米材料处理国家指南的调查，该调查突出了可获得的普通工业指南[68]。另外，WPMN还定期发布作为WPMN圆桌会议内容的纳米材料安全与健康活动的国别概要。更明确地针对风险缓解的是，OECD于2009年公开了它的个人防护器具使用指南[69]。

没有国家会员的私人标准制定组织如ORC全球和ASTM国际也制定了其会员和公众可获得的指南。ORC全球的题为《纳米技术共识性工作场所安全指南》的网站包含一组精选的可能对涉及纳米技术部署的从业者有用的健康、安全和环境工具以及参考资料[70]。特别地，ORC网站上有大量关于暴露缓解的详尽而实用的文件：①对于纳米材料工程控制的总体考虑(物理和化学防护、通风和排气流量、高效粒子空气过滤HEPA)；②工作场所操作指南(内务标准定性描述)；③实验室纳米颗粒安全处理指南(暴露风险评估、工程控制、PPE以及呼吸器、溢出清理和处置建议)。2007年，ASTM国际发布了《职业环境中游离工程纳米颗粒处理标准指导》[71]。该ASTM文件描述了在职业环境中为将在制造、加工、实验室以及其他预计存在此类材料的职业环境中散放的有意生产的纳米尺度颗粒、纤维及其他此类材料的人体暴露降到最低所能采取的行动。打算当相关暴露标准和/或确定的风险和暴露信息不存在时提供一种作为控制此类暴露的防范措施的指南[71]。

2008年，ISO/TC 229第三工作组"环境、健康和安全"公布了它的第一份安全与健康标准，题名为《与纳米技术相关的职业环境健康与安全操作实践》[72]。该报告基于 NIOSH 的《安全纳米技术的方法》[64]，并且以收集与纳米技术有关的危害、暴露评估和暴露缓解技术的最新信息为目标，从而帮助健康和安全专业人士发展特定场所项目。运用现有知识作为细微和超细颗粒控制的起点（包括附带产生的纳米颗粒），为工程纳米材料控制而提出该指南。该技术报告已成为许多国家，如韩国[73]、泰国和加拿大的国家安全与健康指南制定基础。作为朝权威性规范标准迈出的下一步，ISO/TC 229 第三工作组正在制定一份基于英国 BSI 的同名指南[21]的技术规范《人造纳米材料安全操作和处置指导》。

明确针对纳米材料的安全操作强制性标准在越来越多的国家实施。自从 2008 年以来，美国环境保护署（USEPA）根据有毒物质控制法案（TSCA）[74]第 5(a)(2)款所叙述的"显著新用途规则"以及第 5(e)款所叙述的"同意令"行使其职权，要求对工作场所纳米材料实施包括使用 NIOSH 批准的呼吸器以及穿戴手套和防护服在内的特定风险缓解措施。例如，在 2008 年 11 月 5 日，USEPA 宣布显著新用途规则（SNUR）适用于先前分别以 P-05-673 和 P-05-687 编号注册的硅氧烷修饰的二氧化硅和氧化铝纳米颗粒[75]。这两种物质在预生产通知（PMN）中规定的一般用途是作为一种添加剂。在该裁定中 EPA 宣称"不使用无渗透手套或由 NIOSH 批准的[指定防护指数]至少在 10 以上的呼吸器；作为粉体而制造，加工或使用的该物质；超出 PMN 中描述范围之外的物质使用可能导致严重的健康后果"。

2009 年 11 月 6 日，USEPA 提议多壁碳纳米管和单壁碳纳米管的显著新用途规则分别作为预生产通知 P-08-177 和 P-08-328 的主题[76]。该 PMN 描述的物质用途是作为"一种电子行业应用的性能调节剂和一种聚合物复合材料用的性能调节剂"。根据此通知，这些物质受 USEPA 颁布的 TSCA 法案第 5(e)款同意令的支配。该同意令要求采取防护措施，包括佩戴 NIOSH 批准的带有 N-100 滤筒覆盖全脸的呼吸器、防止化学物质渗透的防护服和手套以限制暴露，否则就要缓解潜在的不合理风险。拟议中的 SNUR 指明了缺乏在作为显著新用途的相应同意令中要求的防护措施。

2010 年 2 月 3 日，USEPA 提议的多壁碳纳米管 SNUR，P-08-199，基于对"PMN [预生产通知]中描述的应用场景做出某些更改可能导致暴露增加"的判断[77]。该 PMN 规定该物质将用做聚合物复合材料的添加剂/填充物以及工业催化剂载体介质。在此裁决中，EPA 宣称"在不穿戴手套和防护服的情况下使用该物质，存在着皮肤暴露的可能性；在不佩戴 NIOSH 批准的带有 N-100 滤筒覆盖全脸的呼吸器情况下使用该物质，存在着吸入暴露的可能性；或者超出 PMN 描述范围之外的使用，可能导致严重的健康后果。"

2008 年 2 月由日本厚生劳动省（MHLW）对各个地方政府的劳工部门主管所发布的一个通知是一个特定的纳米材料强制性政府综合职业风险管理标准的例

子[78]。MHLW在2009年3月基于一个为讨论职业环境中的纳米材料安全而建立的委员会的建议而修订了其通知[32, 79]。如果存在纳米材料暴露的可能性，该通知指导那些涉及纳米材料的制造、维修以及检查的人员在密封和无人或者自动化条件下执行操作过程。必须安装一个局部抽出式通风系统或者推拉式通风系统以在无法被封闭或者容纳的安装制造/处理设备的局部位置阻止纳米材料的散布。该通知也指导在工作环境进行纳米材料浓度测量，并且提供了废弃物处置、清洁、操作程序、防护设备使用、健康监督及工人教育等具体程序。

在法国，2009年1月9日法国公共卫生最高理事会（Haut Conseil de Santé Publique, HCSP）发布了一个关于工人的碳纳米管暴露的安全意见，其中建议采取强制措施。该措施包括要求碳纳米管产品以及其在制造中间产品和消费及健康产品中的使用，必须在严格密闭条件下进行，以保护工人免受气溶胶和/或分散暴露[80]。另外，通过一个2008年2月18日生效的指令，劳动总局（Direction Générale du Travail）提醒它在全国的下属单位关于监管防止因含有纳米级颗粒的化学物质暴露所带来的职业风险的立法。该指令强调了在该领域的风险预防不能置于劳工法的规章范围之外，如果该物质属于其适用范围之内，规章条款覆盖最起码的化学风险预防，以及可能应用于CMR第一类和第二类物质（即有致癌性、致突变性或生殖毒性的物质）的专门条款[32]。

2007年，美国能源部（USDOE）公布了《纳米材料环境、安全和健康方法》[81]以将USDOE实验室员工的风险降到最低。该指南文件构成了2009年1月5日的一个通知的基础，该通知提供了DOE实验室中的“管理与仍未确定危害的纳米材料有关的不确定性以及将工伤、员工健康不佳和负面环境影响风险降至一个可接受水平的合理指导原则”[82]。

USDOE的通知中，要求建立作为USDOE批准的工人安全和健康项目一部分的涉及游离工程纳米颗粒（UNP）活动的安全和健康政策和步骤，从而提供了UNP的安全处理措施，包括将纳米材料的环境释放减到最低，以及要求所有纳米材料工人登记。[注：在该文件中“纳米颗粒”是在两个或三个尺度上大于1 nm且小于大约100 nm的可分散颗粒，可表现或不表现出尺寸相关增强性质。“工程”纳米颗粒是有意制造出来的。这一定义将生物分子（蛋白质、核酸及碳水化合物）以及那些已存在职业接触限值、国家共识或者监管标准的材料排除在外。纳米级形式的放射性物质也被排除在本定义之外。“游离工程纳米颗粒”被DOE定义为指那些在合理的可预见的条件下能在工作中遇到的，没有被放置在预计可阻止纳米颗粒单独移动并且成为一个潜在的暴露源的基质中。]通知明确要求实验室做到：

（1）在USDOE网站上维护涉及UNP的纳米技术活动清单；

（2）保持所有被委任为纳米材料工人的人员登记在册；

(3) 为所有纳米材料工人及其监管者提供明确针对纳米技术活动的培训；

(4) 进行暴露评估以及在初步暴露评估基础上建立 UNP 空气监测程序；

(5) 为所有纳米材料工人提供基准医学评价，包括综合体检、肺功能测试及综合血液检查；

(6) 用一种基于风险的评分方法控制 UNP 暴露；

(7) 张贴指示危害和暴露缓解要求的标示；

(8) 要有一个管理 UNP 废弃物的书面程序。

在 2010 年 12 月，OECD 宣布出版由德国 OECD WPMN 代表团领导编写的实验室纳米材料暴露相关指南汇编与比较。该报告表明，有数量惊人的研究组织制定并公开了实验室中纳米材料暴露的安全处理指南[83]。

与此同时，正在进行中的活动通过开发控制能力工具和针对工人、管理人员和专业人士的易于理解的交流材料为中小企业(SME)提供指南。2008 年，NIOSH 为雇主、经理和安全与健康专业人员出版了一本小册子，以易于理解的用语向他们解释纳米材料的潜在危害、暴露及可用的有效暴露缓解工具[84]。在英国，健康与安全执行委员会于 2004 年出版了一本纳米技术信息笔记[85]，给出了与纳米技术某些方面有关的健康和安全议题信息，包括监控考虑、控制措施及个人防护器具。

2008 年 12 月，瑞士联邦公共健康办公室和瑞士联邦环境办公室公布了合成纳米材料预警矩阵的最初版本，它将在定期基础上更新以包含新科学知识[注："在预警矩阵的语境中，合成纳米材料是指那些包含为一个明确目的而专门制造出来的纳米颗粒或纳米棒(在预警矩阵中缩写为 NPR)的材料。一般说来，对于至少两个维度上小于 500 nm 的所有 NPR 都推荐使用该预警矩阵"[86]。该矩阵代表着一种基于控制能力方法的用于估计合成纳米材料的"纳米特定潜在风险"以及其在工人、消费者和环境当中的应用的筛选工具，这一点建立在参数基础上，如纳米材料的稳定性、反应性以及环境暴露或排放。风险潜力被分类并且与合适措施相匹配以保护健康和环境。这一风险管理工具作为一个为负责任的合成纳米颗粒处理创造监管框架条件的国家计划第一期的一部分提供给工业界自发实施。

也是在 2008 年，成立了一个利益相关方国际联盟以开创和维护"GoodNano Guide(良好纳米指南)"项目[87]。该"良好纳米指南"基于一个维基软件平台，并且被描述为一个"为增强专家交换关于如何在职业环境中最妥善地处理纳米材料的想法的能力而设计。这意味着一个满足关于目前良好工作场所实践所需的最新信息，并且突出发展中的新实践的互动式论坛"[87]。公众可免费得到的"良好纳米指南"的工作场所纳米材料处理指南被编成一个矩阵形式。该矩阵的主体部分提供了识别危害、评估暴露潜力以及为给定的共同纳米材料配方(如干粉、液体分散系、固体聚合物基质和非聚合物基质)及共同工作场所操作(如物料拆包、合成、称量和测量、分散、混合、喷雾、加工、包装、加工设备清洗、工作场所清洁、溢出物清除、废弃物管理、合理地可预见的紧急情况)选择控制的具体步骤的连接。这些共同配方和操作代表着暴露的最高可能性。该“良好纳米指南”可能对于中低收入国家的 SME 和安全与健康专业人士特别有价值,这些人通常无权使用商业标准。

2009 年 3 月,ISO/TC 229 第三工作组批准了一个制定技术规范 TS 12901-2《基于控制能力方法的应用于工程纳米材料的职业风险管理指南》的计划。该计划所面临的主要挑战是在缺乏危害和暴露数据情况下定义危害和暴露分段,并且把它们与适当的少数暴露缓解分段联系起来。由此产生的积极控制能力方法将基于预防和实用方法的协同作用,并且与传统的反应控制能力方法之间存在着显著差异。

澳大利亚安全工作是一个独立法定机构,主要职责是在澳大利亚管辖范围,包括六个州和两个领地内提高职业健康和安全以及工人的补偿安排。2009 年 11 月,由澳大利亚安全工作委托进行的研究认可了控制能力方法“在依照纳米材料的暴露潜力和危害性质,即按照风险分组(‘打捆’)的同一类别内部使用相似的控制措施”作为“一种适当的方法,因为当前缺乏个别纳米材料可用的风险评估数据,但对由不同组别纳米材料所产生的危害有一些理解”[88]。

WHO 利用控制能力方法对发展中国家的 SME 如何建立特定场所职业安全和健康项目提供指导的历史也很长。特别是 WHO 以工具包形式开发了一系列针对工作场所的实用解决方案[89]。与联合国国际劳工组织(ILO)合作,WHO 创造了国际化学控制工具包[90]。作为这一领域的第一步,WHO 开始制定暂时命名为《保护工人远离人造纳米材料的潜在风险》的 WHO 指南。该计划目的是向 SME 和其他对大多数先进暴露测量和缓解技术以及工业卫生专业知识获取受限的企业提供易于理解和实施的工作场所纳米材料安全处理指南(http://www.who.int/occupational_health/topics/nanotechnologies/en/)。

9.4.2　环境和消费者指导

在前面章节中描述的大多数工作场所安全和健康自发和强制性标准也包括控制纳米材料排放到大气或水环境中的措施。迄今为止只有少数明确针对工程纳米材料并且与环境和消费者暴露相关的强制性标准制定活动超越了那些初始阶段。

OECD 人造纳米材料工作组第八指导小组正在规划一系列旨在为缓解纳米材料的环境和消费者暴露提供指导的项目[30]。

一个环境或消费者保护领域已实施的强制性标准的例子包括 USEPA 的监管行动。2008 年,USEPA 将某些纳米材料指定为“新化学品”并依照 TSCA 第 5(e) 条款开始颁布纳米材料的同意令[91, 92]。由 PMN 的审评所引发的同意令可要求特定的风险缓解行动以保护环境。例如,2008 年 9 月,USEPA 为多壁碳纳米管和单壁碳纳米管分别作为预生产通知 P-08-177 和 P-08-328 的主题而颁布了同意令[76]。同意令阻止 PMN 物质在美国水体中任何可预料到的或蓄意的排放。

USEPA 也已经对声称使用了基于纳米技术产品的杀虫剂进行监控，正如对任何其他基于化学品的产品一样。2007 年 9 月 21 日，联邦登记通知 EPA 规定任何将银纳米颗粒用于杀菌的产品上市销售的公司都必须提供科学证据证明颗粒不会引起不合理的环境风险[93]。2008 年 3 月 7 日，对于艾腾技术/艾欧吉尔(IOGEAR)的以“纳米涂覆层”形式出现的鼠标和键盘涂层，EPA 地方办事处以“销售未注册的杀虫剂并且做出对其效力的未经证实的声明”对其处以 20.8 万美元的罚款。

在另一个例子中，日本环境省纳米材料环境影响基础研究审评委员会公布了《预防工业纳米材料的环境影响指导原则(2009 年 3 月)》[94]。该文件指导每个公司必须为每种环境采取合适行动以便控制纳米材料的环境释放，并且描述了普遍推荐的措施。

9.4.3 综合风险管理架构

尝试提供综合风险评估和风险管理架构的标准例子也已经制定了。这些标准包含了贯穿应用纳米技术的产品整个生命周期的风险评价和缓解指导原则。

2007 年，环境防御基金和杜邦集团启动了“纳米风险框架”，该框架描述了一个详细的能适应不同公司和组织并确保纳米级材料安全发展的风险评估和风险管理过程[95]。该框架由六个明确区分的行动要素组成：

(1) 描述纳米材料及其应用；

(2) 给出纳米材料的生命周期；

(3) 评价与其使用相关的风险；

(4) 确定风险管理策略；

(5) 决定、记录及行动；

(6) 复审和改写。

“纳米风险框架”被一份正在撰写中的目前命名为《纳米材料风险评价流程》的 ISO/TC 229 技术报告用做提纲。

另一纳米技术风险管理工具是 CENARIOS[96]，它是第一个专门适应纳米技术的经过认证的风险管理和监控体系。该体系由 TÜV 南德意志集团(德国慕尼黑)及创新学会(瑞士圣加仑)开发并已付诸实践。该体系用四个可分别组合的模块“风险估计和风险评估”、“风险监控”、“颁证管理”及“证书”将科学和技术的最新发现以及社会、法律和市场相关因素整合到风险管理之中。

最近一个非洲和拉丁美洲/加勒比海地区实施国际化学品管理战略方法的会议(科特迪瓦阿比让，2010 年 1 月 25～29 日，以及牙买加金斯敦，2010 年 3 月8～9 日)采纳了指导开放型工作组(OEWG)和化学品管理国际会议(ICCM)3 的解决方案,以包括与纳米技术风险管理有关的以发展和建议为形式的标准[97]。该标准将在贯穿包括纳米材料废弃物在内的纳米材料整个生命周期内覆盖职业、普通公众和环境安全及健康,并且将建立在预警方法基础上。2010 年 3 月 2 日,国际化学品管理的战略方法为征求公众意见发布了一份聚焦于纳米技术和人造纳米材料、包含与发展中国家和经济转型国家相关的议题的报告概略草稿[98]。该报告将提供对于人类健康,为这类物质的生产、使用和处置而工作的那些人,环境的潜在风险的概观,以及如何将这些风险减少到最低和进行管理的建议。

9.5 行为守则

另一种类型的标准基于行为守则。纳米技术的行为守则(CoC)标准旨在应对纳米技术发展和商业化过程中的伦理和社会方面的问题。在这一领域内,个人组织、利益相关方群体和政府内部有大量倡议,多半在欧洲[32]。由巴斯夫实施的 CoC[99, 100]是一个限定在一个公司范围内的守则例子。它以一种负责任的方式自发承诺引导巴斯夫员工的行为。该守则基于四项原则:①保护雇员、消费者和商业伙伴;②保护环境;③参与安全研究;④开放交流和对话。

另一个 CoC——负责任的纳米守则由英国一个非政府多个利益相关方团体制定。负责任的纳米守则为工作在应用纳米技术的产品开发、制造、零售或处置的组织提供了一个最佳操作实践架构。参加的组织同意遵守负责任的纳米守则的七项原则。

(1) 理事会责任制:每个组织应确保指导和管理其涉及纳米技术的责任归于理事会或由一位适当的高级执行官或委员来代表。

(2) 利益相关方参与:每个组织应确定其纳米技术利益相关方,主动吸收他们的参与并且回应他们的观点。

(3) 工人健康和安全:每个组织应确保其处理纳米材料和应用纳米技术的产品的工人职业健康和安全的高标准,也应考虑在产品生命周期的其他阶段的工人的职业安全和健康议题。

(4) 公共健康、安全和环境风险:每个组织应进行彻底的风险评估并将与其应用纳米技术的产品相关的任何潜在公共健康、安全和环境风险降到最低,也应考虑贯穿产品周期始终的公共健康、安全和环境风险。

(5) 更广阔的社会、环境、健康和伦理含义和影响:每个组织应考虑并对于他们所牵涉的纳米技术更广阔的社会、环境、健康和伦理含义和影响的应对作出贡献。

(6) 与商业伙伴结合:每个组织应主动地、开放地和合作地与商业伙伴结合以鼓舞和激励他们采用本守则。

(7) 透明度和公开：每个组织应对其与纳米技术的牵连和管理保持开放和透明，并且定期明确地报告其如何实施负责任的纳米守则[101]。

专门针对消费品纳米技术使用的 CoC 的第一个例子由瑞士食品包装零售商协会(IG DHS)于 2008 年 4 月公布[102]。该守则包含 IG DHS 成员关于个人责任、信息获取和消费者信息的义务。签署该守则的组织必须将产品安全作为最优先的考虑，仅当按照可用的最佳证据可以判定产品安全时才能上市。签署组织也有责任向消费者提供关于纳米技术产品的公开信息，尤其是确保"被描述为使用纳米技术的产品实际上包含与这些技术相符的成分和/或作用方式"。

2008 年 2 月，欧洲委员会(EC)采纳了负责任的纳米科学与纳米技术研究行动守则。EC CoC 为欧盟成员国、雇主、研究出资人、研究人员以及更广泛的所有涉及或者对于纳米科学和纳米技术研究感兴趣的个人和民间社团组织提供了一个有利于纳米科学和纳米技术研究的负责任和开放方法指导原则。EC CoC 基于以下一套总体原则。

(1) 意义：纳米科学和纳米技术研究应该是公众可理解的。

(2) 可持续性：纳米科学和纳米技术研究应该是安全、有道德的，并且对可持续发展作出贡献。

(3) 预防：纳米科学和纳米技术研究应该按照预防原则进行。

(4) 包容性：对纳米科学和纳米技术研究活动的管理应该是对所有利益相关方开放的原则。

(5) 卓越：纳米科学和纳米技术研究应该满足最好的科学标准。

(6) 创新：对纳米科学和纳米技术研究活动的管理应该鼓励最大限度的创造性、灵活性以及对创新和增长的规划能力。

(7) 责任制：研究人员和研究组织应该保持对社会、环境和人类健康影响的责任[103]。

EC 的打算是每两年一次定期监控和修改其 CoC 以便考虑世界范围内纳米科学和纳米技术的发展以及它们在欧洲社会的整合。

9.6 未来方向

9.6.1 趋势和展望

针对纳米技术安全和健康标准制定的工作正在转型。早期工作制定的标准实际上是描述性的。近来，制定的标准反映的是更具有指令性的方法。方法的改变来自于更多危害和风险数据产生以及更多风险管理技术得到证实这一事实。另外，纳米技术标准的范围扩展到不仅包括纳米技术工人，而且也包括普通公众、消费者以及大气和水体环境的环境暴露。纳米技术标准的组织范围和适用性从单一组织扩展到民间机构实体之间的合作以及工业联合会的介入。纳米技术标准开始显现出区域、国家和全球层面的参与。

在大多数发达国家,强制性的政府标准覆盖了众所周知的职业、环境和消费者危害。这些政府方法反映了依赖应用的可接受风险水平,并且也把依赖应用的不确定性因子包含到风险评估计算当中。全世界许多政府组织相信除非像纳米技术这样的新兴技术带来新的危害类型,或者革命性的应用类型,政府现有的管理制度应该足够满足需要或者接受次要的修正[32, 104, 105]。强制性标准制定的主要挑战在于应对如何最妥善地将更高水平的不确定性包含在对于仍然没有得到很好定量的风险评估中,以及现有的政府标准制定框架如何能适用于保护工人、消费者及公众免遭那些风险还没有完全显露出来的纳米材料的危害。

9.6.2 基于表现的纳米技术风险管理项目

在到目前为止的保护工人、消费者、普通公众和环境免受纳米技术潜在不良影响的标准制定工作基础上,一种基于表现的风险管理方法可能是近期的最佳形式。

对于一个成功的综合风险管理方法,需要衡量纳米技术以安全和负责任的方式应用所取得的进步。三种衡量这样的进展的方法应当加以考虑。

在第一种方法中,衡量单一指标以描述一个体系。纳米安全项目的职业安全和健康组成部分可被归为以下三个组:

(1) 物理指标,如暴露测量和控制低于基准水平;

(2) 信息/教育指标,如 MSDS 的充分性,标准操作规程(SOP)和培训;

(3) 安全和健康指标,如伤亡率、病假天数、工人补偿要求、如果用高于控制等级的措施代替所减少的个人防护器具使用、生产率水平及暴露事故(如参考文献[106]中的塞韦索二号指令)。

在第二种方法中,衡量几个指标的定量总计,或指数。指数通过一个科学上合理的归一化、加权以及汇总综合多种指标得出一个单独得分来表示。

在第三种方法中,度量被分类归入以定性方式给出大量指标的框架中[107]。框架不汇总数据,因而可以很容易地看到所有指标值。

这三种方法各有利弊。第一种方法最简单,但不能在一个综合项目内提供职业安全和健康进展的全部记录。第二种和第三种方法更好地适应了安全和健康项目的综合评估。用第二种方法很容易衡量进展,而第三种方法给出输入信息的全部记录。另外,第二种方法可能搞不清楚如何确定权重因子,而第三种方法在衡量进展方面可能有困难[107]。

使用第三种方法,需要一个对指标基准水平的周期性 (如每年)评估,以便确定和识别有效的风险管理表现。在工作场所的案例中,现存的 OSHA 自发保护项目(VPP)可能被调整到适应纳米技术成功的新型度量标准。VPP 始于 1982 年,其目的是推动政府、劳工和管理人员之间更有合作性的手段以保护工人并且影响雇主。VPP 是一个确认职业场所达到并承诺保持较高水准的安全和健康表现的项目[108]。VPP 是一个使用框架来衡量进展的第三种方法的例子。进展由两个等级的成功——无错程序和优秀程序来衡量。为在无错程序中得到认可,参与者必须达到某些指标的基准值。例如,一个三年的总事件发生率以及一个三年过去之后,受限的,和/或工作调动发生率必须低于由劳动统计局发布的最近三年中至少一年的特定行业的非致命伤病的全国平均水平。特定的安全和健康管理体系要素和子要素必须实施。优秀程序确认参与者拥有良好的安全和健康管理体系,但他们必须采取额外步骤以达到无错程序。为此创造了 VPP 的无错演示程序来展示在安全和健康管理体系中达到优秀的方法有效性,这是目前无错要求潜在的可选项。这一项目可被看做基于表现的纳米技术风险管理项目的基础。

一旦基于表现的风险管理项目在一个国家显示出成功,就可能在其他国家实施,如 ILO 和 WHO 这样的联合国机构可以促进这一点。

9.6.3 全球健康和安全标准制定的协调

许多国家和国际标准制定组织活跃在纳米技术和纳米材料的安全和健康标准方面。一个由所有主要角色参与的协调工作对于确保纳米技术最有效和安全的发展很有必要,此外对于出现的风险超过了以一种及时的方式所能产生定量风险信息的任何其他技术也是如此。举例来说,公共标准设定组织可以提出强制性要求,而民间机构可以制定技术标准以满足风险评估和风险管理要求。在这样一个工作中,一个公共组织如 WHO 可能受委托设定特定危害的最大接触限值,而私人国际标准组织可以设定可操作的方法学标准以达到这样的水平。类似地,若有必要,UN GHS 项目可以规定危害告知格式的修正,私人国际标准组织可以制定测量新参数的技术标准。一个利益相关方联盟可以制定准监管标准,如控制能力方法以评估和管理纳米材料对于工人、公众和环境的风险。

9.7 结　　论

本章描述了制定针对工人、消费者、普通公众和环境的纳米技术健康和安全标准的目前工作。很清楚,尽管标准制定仍处在早期阶段并不是由政府工作所主导,但最近的几个强制性安全和健康标准也适用于纳米材料,政府工作正在进行当中以促进专门针对纳米材料的强制性标准的制定。缺乏足够的动物或人体中的定量风险评估信息限制了政府在此时建立这样的强制标准。尽管如此,对这样的标准的呼吁在增长,并且政府被迫回应这些呼吁的时间可能不会太久了。

参考文献

[1] Howard, J. , Murashov, V. : National nanotechnolgy partnership to protect workers. J. Nanopart. Res. **11**(7), 1673-1683 (2009)

[2] Murashov, V. , Howard, J. : Essential features of proactive risk management. Nat. Nanotechnol. **4**(8), 467-470 (2009)

[3] World Health Organization: Environmental health criteria document no. 170 assessing human health risks of chemicals: derivation of guidance values for health-based exposure limits. World Health Organization, Geneva. http://www. inchem. org/documents/ehc/ehc/ehc170. htm (1994)

[4] Occupational Safety and Health Act of 1970. 29 United States Code § § 651-678. Rule making. The U. S. National Archives and Records Administration, USA (2000)

[5] Schulte, P. A. , Schubauer-Berigan, M. , Mayweather, C. , et al. : Issues in the development of epidemiologic studies of workers exposed to engineered nanoparticles. J. Occup. Environ. Med. **51**, 1-13 (2009)

[6] Organization for Economic Cooperation and Development: Working party on manufactured nanomaterials: list of manufactured nanomaterials and list of endpoints for phase one of the oecd testing programme, ENV/JM/MONO(2008)13/REV. Organization for Economic Cooperation and Development, Paris. http://www. olis. oecd. org/olis/2008doc. nsf/LinkTo/NT000034C6/ $ FILE/JT03248749. PDF (2008). Accessed 1 Feb 2009

[7] Shvedova, A. A. , Kisin, E. R. , Mercer, R. , Murray, A. R. , Johnson, V. J. , Potapovich, A. I. , Tyurina, Y. Y. , Gorelik, O. , Arepalli, S. , Schwegler-Berry, D. : Unusual inflammatory and fibrogenic pulmonary responses to single walled carbon nanotubes in mice. Am. J. Physiol. Lung Cell. Mol. Physiol. **289**(5), L698-L708 (2005)

[8] Ma-Hock, L. , Treumann, S. , Strauss, V. , Brill, S. , Luizi, I. , Martiee, M. , Wiench, K. , Gamer, A. ,van Ravenzwaay, B. , Landsiedel, R. : Inhalation toxicity of multi-wall carbon nanotubes in rats exposed for 3 months. Toxicol. Sci. **112**(2), 468-481 (2009)

[9] Seaton, A. , Tran, L. , Aitken, R. , Donaldson, K. : Nanoparticles, human health hazard and regulation. J. R. Soc. Interface **7**(1), S119-S129 (2009)

[10] Donaldson, K. , Borm, P. : Particle Toxicology. CRC Press, Taylor & Francis Group, Boca Raton, FL (2007)

[11] BAuA: Ausschuss für Gefahrstoffe, Technische Regeln für Gefahrstoffe 900 (TRGS 900): Arbeitsplatzgrenzwerte. BAuA, Dortmund. http://www. baua. de/de/Themen-von-A-Z/Gefahrstoffe/TRGS/TRGS-900. html (2009). Accessed 26 June 2009

[12] Greim, H. : Gesundheitsschädliche Arbeitsstoffe: Amorphe Kieselsäuren, Toxikologischarbeitsmedizinische Begründung von MAK-Werten. WILEY-VCH, Weinheim (1989)

[13] The Japan Society for Occupational Health: Recommendation of occupational exposure limits (2007-2008). J. Occup. Health **49**, 328-344 (2007)

[14] National Institute for Occupational Safety and Health: NIOSH current intelligence bulletin: evaluation of health hazard and recommendations for occupational exposure to titanium dioxide (draft). NIOSH, Cincinnati. http://www. cdc. gov/niosh/review/public/TIO2/pdfs/TIO2Draft. pdf (2005)

[15] National Institute for Occupational Safety and Health: NIOSH current intelligence bulletin: occupational exposure to carbon nanotubes and nanofibers (draft). NIOSH, Cincinnati. http://www. cdc. gov/

niosh/docket/review/docket161A/ (2010)

[16] BAuA：Tonerstäube am Arbeitsplatz. BAuA，Dortmund. http://www.baua.de/nn_11598/de/Publikationen/Fachbeitraege/artikel17,xv=vt.pdf (2008)

[17] BAuA：Risk figures and exposure-risk relationships in activities involving carcinogenic hazardous substances. BAuA，Dortmund. http://www.baua.de/nn_79754/en/Topics-from-Ato-Z/Hazardous-Substances/TRGS/pdf/Announcement-910.pdf? (2008)

[18] BGIA：Criteria for assessment of the effectiveness of protective measures. BGIA. http://www.dguv.de/bgia/en/fac/nanopartikel/beurteilungsmassstaebe/index.jsp (2009)

[19] SCENIHR：The appropriateness of existing methodologies to assess the potential risks associated with engineered and adventitious products of nanotechnologies. SCENIHR/002/05. SCENIHR. http://ec.europa.eu/health/ph_risk/committees/04_scenihr/docs/scenihr_o_003b.pdf (2006). Accessed 28 Apr 2010

[20] BAuA：zur Exposition-Risiko-Beziehung für Asbest in Bekanntmachung zu Gefahrstoffen 910. BAuA，Dortmund. http://www.baua.de/nn_79040/de/Themen-von-A-Z/Gefahrstoffe/TRGS/pdf/910/910-asbest.pdf (2008)

[21] BSI. Guide to safe handling and disposal of manufactured nanomaterials. BSI PD6699-2. BSI，London (2007)

[22] McGarity，T. O.：Some thoughts on "deossifying"the rulemaking process. Duke Law J. **41**，385-1462 (1992)

[23] Schulte，P. A.，Kuempel，E.，Murashov，V.，Zumwalde，R.，Geraci，C.：Occupational exposure limits for nanomaterials：state of the art. J. Nanopart. Res. 12(6)，1971-1987 (2010).

[24] Organization for Economic Cooperation and Development：Report of an OECD workshop on exposure assessment and exposure mitigation：manufactured nanomaterials，ENV/JM/MONO(2009)18. OECD，Paris. https://www.oecd.org/dataoecd/15/25/43290538.pdf (2009)

[25] Organization for Economic Cooperation and Development：Report of the Workshop on Risk Assessment of Manufactured Nanomaterials in a Regulatory Context，held on September 16-18 2009，in Washington，DC，United States，ENV/JM/MONO(2010)10. OECD，Paris(2010)

[26] International Organization for Standardization：ISO/TC 229 nanotechnologies working group 3-health safety and the environment，project group 6，"Guide to safe handling and disposal of manufactured nanomaterials."Draft report，9 Jun 2009，Seattle，Washington，United States of America，NANO TC229 WG 3/PG 6 012-2009. ISO，Geneva (2009).

[27] McHattie，G. V.，Rackham，M.，Teasdale，E. L.：The derivation of occupational exposure limits in the pharmaceutical-industry. J. Soc. Occup. Med. **38**(4)，105-108 (1988)

[28] Bayer MaterialScience：Occupational exposure limit (OEL) for Baytubes defined by Bayer MaterialScience. http://www.baytubes.com/news_and_services/news_091126_oel.html(2010). Accessed 15 Jan 2010

[29] Nanocyl：Responsible care and nanomaterials case study nanocyl. Presentation at European Responsible Care Conference，Prague，21-23rd Oct 2009. http://www.cefic.be/Files/Downloads/04_Nanocyl.pdf (2009). Accessed 23 Apr 2010

[30] Organization for Economic Cooperation and Development：OECD Programme on the Safety of Manufactured Nanomaterials 2009-2012：Operational Plans of the Projects，ENV/JM/MONO (2010) 11.

OECD, Paris (2010)

[31] Organization for Economic Cooperation and Development: Guidance on grouping of chemicals ENV/JM/MONO (2007) 28. OECD, Paris. http://www. olis. oecd. org/olis/2007doc. nsf/LinkTo/NT0000426A/$FILE/JT03232745. PDF (2007). Accessed 8 Oct 2009

[32] Organization for Economic Cooperation and Development: Current developments in delegations and other international organizations on the safety of manufactured nanomaterials-Tour de Table, ENV/JM/MONO (2009) 23. OECD, Paris. http://www. olis. oecd. org/olis/2009doc. nsf/LinkTo/NT000049A2/$FILE/JT03267889. PDF (2009)

[33] World Health Organization: Methods used in establishing permissible levels in occupational exposure to harmful agents. Technical Report, No. 601. WHO, Geneva. http://whqlibdoc. who. int/trs/WHO_TRS_601. pdf (1977)

[34] Australian National Occupational Health & Safety Commission: National Code of Practice for the Preparation of Material Safety Data Sheets 2nd Edition, NOHSC:2011. NOHSC, Canberra (2003)

[35] Conti, J. A., Killpack, K., Gerritzen, G., Huang, L., Mircheva, M., Delmas, M., Harthorn, B. H., Appelbaum, R. P., Holden, P. A.: Health and safety practices in the nanomaterials workplace: results from an International Survey. Environ. Sci. Technol. **42**(9), 3155-3162 (2008)

[36] Lam, C.-W., James, J. T., McCluskey, R., Arepalli, S., Hunter, R. L.: A review of carbon nanotube toxicity and assessment of potential occupational and environmental health risks. Crit. Rev. Tox. **36**, 189-217 (2006)

[37] Hallock, M. F., Greenley, P., DiBerardinis, L., Kallin, D.: Potential risks of nanomaterials and how to safely handle materials of uncertain toxicity. J. Chem. Health Saf **16**(1), 16-23 (2009)

[38] Hodson, L., Crawford, C.: Guidance for preparation of good material safety data sheets(MSDS) for engineered nanoparticles. AIHCe 2009 Nanotechnology Abstracts. Poster Session 404: Nanotechnology. Paper 355. AIHCe, Portland. http://www. aiha. org/education/aihce/archivedabstracts/2009abstracts/Documents/09%20Nanotechnology%20Abstracts. pdf(2009)

[39] VCI, Stiftung Risiko-Dialog: Stakeholder-Dialog. Nanomaterials: communication of information along the industry supply chain. VCI, Bischofszell. http://www. vci. de/template_downloads/tmp_VCIInternet/122769Nanoworkshop_industry_supply. pdf? DokNr=122769&p=101 (2008). Accessed 17 Nov 2009

[40] http://www. safeworkaustralia. gov. au/swa/HealthSafety/HazardousSubstances/Proposed+Revisions. htm. Accessed 19 Nov 2009

[41] Safe Work Australia: Policy proposal for workplace chemicals model regulations. Safe Work Australia, Canberra. http://www. safeworkaustralia. gov. au/NR/rdonlyres/A39E6FD5-1A68-4DFF-89F8-AC393C3FE17C/0/PolicyProposal_chemicals. pdf (2009)

[42] Australian Council of Trade Unions: Nanotechnology-why unions are concerned. Fact sheet, Apr 2009. ACTU, Melbourne. http://www. actu. asn. au/Media/Mediareleases/Nanotechposespossiblehealthandsafetyrisktoworkersandneedsregulation. aspx (2009)

[43] European Environmental Bureau: EEB position paper on nanotechnologies and nanomaterials. EEB, Brussels. http://www. eeb. org/publication/2009/090228_EEB_nano_position_paper. pdf (2009). Accessed 21 Jun 2010

[44] BfR: BfR consumer conference on nanotechnology in foods, cosmetics and textiles, 20 Nov 2006. BfR,

Berlin. http://www.bfr.bund.de/cm/245/bfr_consumer_conference_on_nanotechnology_in_foods_cosmetics_and_textiles.pdf (2006)

[45] Natural Resources Defense Council: Nanotechnology's invisible threat: small science, big consequences. NRDC Issue Paper. NRDC, New York. http://www.nrdc.org/health/science/nano/nano.pdf (2007)

[46] International Center for Technology Assessment: CTA and friends of the earth challenge FDA to regulate nanoparticles at FDA hearing, 10 Oct 2006. ICTA, Washington, DC. http://www.icta.org/press/release.cfm? news_id=21 (2006)

[47] International Center for Technology Assessment: Principles for the oversight of nanotechnologies and nanomaterials. ICTA, Washington, DC. http://nanoaction.org/nanoaction/doc/nano-02-18-08.pdf (2008)

[48] Trans Atlantic Consumer Dialogue: Resolution on consumer products containing nanoparticles. TACD, Brussels. http://www.tacd.org/index2.php? option = com_docman&task = doc_view&gid = 215&Itemid=40 (Jun 2009)

[49] Falkner, R., Breggin, L., Jaspers, N., Pendergrass, J., Porter, R.: Consumer Labeling of Nanomaterials in the EU and US: Convergence or Divergence? Chatham House, London, UK (2009)

[50] U.S. Food and Drugs Administration. Nanotechnology: a report of the US Food and Drug Administration Nanotechnology Task Force. FDA, Washington, DC. http://www.fda.gov/nanotechnology/taskforce/report2007.pdf (2007)

[51] EC Scientific Committee on Emerging and Newly Identified Health Risks: Risk assessment of products of nanotechnologies. SCENIHR. http://ec.europa.eu/health/ph_risk/committees/04_scenihr/docs/scenihr_o_023.pdf (2009). Accessed 28 Apr 2010

[52] Food Standards Australia New Zealand: Application handbook, commonwealth of Australia. Canberra, Australia. http://www.foodstandards.gov.au/_srcfiles/Application%20 Handbook%20as%20at%2025%20August%202009.pdf (2009)

[53] http://www.legrenelle-environnement.fr/. Accessed on 19 Nov 2009

[54] http://www.rospotrebnadzor.ru/documents/postanov/1344/. Accessed 19 Nov 2009

[55] European Parliament, Regulation (EC) No 1223/2009 of the European Parliament and of the Council of 30 Nov 2009, on cosmetic products (recast). Off. J. Eur Union. L **342**, 59-209 (2009). http://www.salute.gov.it/imgs/C_17_pagineAree_1409_listaFile_itemName_15_file.pdf. Accessed 11 Jun 2010

[56] BSI: Guidance on the Labeling of Manufactured Nanoparticles and Products Containing Manufactured Nanoparticles. PAS 130:2007. BSI, London, UK (2007)

[57] Sand, P. H.: Labeling genetically modified food: the right to know. Rev. Eur. Commun. Int. Environ. Law **15**(2), 185-192 (2006)

[58] United Nations: Globally harmonized system of classification and labeling of chemicals. Rev. 2. United Nations, Geneva. http://www.unece.org/trans/danger/publi/ghs/ghs_rev02/02files_e.html (2007)

[59] U.S. Federal Register: 30 Sep 2009 (Volume 74, Number 188, pages 50279-50549). http://www.osha.gov/pls/oshaweb/owadisp.show_document? p_table=FEDERAL_REGISTER&p_id=21110

[60] United Nations Sub-committee of Experts on the Globally Harmonized System of Classification and Labeling of Chemicals: Hazard communication issues. Additional information on physical and chemical properties for inclusion on the guidance on the preparation of safety data sheets (SDS). Transmitted by

the expert from Australia. ST/SG/AC. 10/C. 4/2009/11. United Nations, Geneva. http://www. unece. org/trans/main/dgdb/dgsubc4/c42009. html (2009). Accessed 5 Jan 2010

[61] United Nations Sub-committee of Experts on the Globally Harmonized System of Classification and Labeling of Chemicals: Report of UNSEGHS on its eighteenth session (9-11 Dec 2009). ST/SG/AC. 10/C. 4/36. United Nations, Geneva. http://www. unece. org/trans/main/dgdb/dgsubc4/c4rep. html (2009). Accessed 5 Jan 2010

[62] Murashov, V. , Engel, S. , Savolainen, K. , Fullam, B. , Lee, M. , Kearns, P. : Occupational safety and health in nanotechnology and organisation for economic co-operation and development. J. Nanopart. Res. **11**(7), 1587-1591 (2009)

[63] Organization for Economic Cooperation and Development. Manufactured nanomaterials: roadmap for activities during 2009 and 2010, ENV/JM/MONO(2009)34. OECD, Paris. http://www. olis. oecd. org/olis/2009doc. nsf/LinkTo/NT00004E1A/ $ FILE/JT03269258. PDF (2009)

[64] U. S. National Institute for Occupational Safety and Health: Approaches to safe nanotechnology: managing the health and safety concerns associated with engineered nanomaterials. NIOSH, Cincinnati. http://www. cdc. gov/niosh/docs/2009-125/ (2009)

[65] http://cohesion. rice. edu/CentersAndInst/ICON/emplibrary/ICONNanotechSurveyFullReduced. pdf. Accessed 6 Oct 2009

[66] http://www. degussa-nano. com/nano/en/sustainability/safeproduction/

[67] http://www. baua. de/nn_49456/en/Topics-from-A-to-Z/Hazardous-Substances/Nanotechnology/pdf/guidance. pdf. Accessed 6 Oct 2009

[68] Organization for Economic Cooperation and Development: Working party on manufactured nanomaterials: preliminary analysis of exposure measurement and exposure mitigation in occupational settings: manufactured nanomaterials, ENV/JM/MONO(2009)6. OECD, Paris. http://www. oecd. org/dataoecd/36/36/42594202. pdf (2009). Accessed 6 Oct 2009

[69] Organization for Economic Cooperation and Development. Comparison of guidance on selection of skin protective equipment and respirators for use in the workplace: manufactured nanomaterials, ENV/JM/MONO(2009)17, 2009. OECD, Paris. https://www. oecd. org/dataoecd/15/56/43289781. pdf (2009). Accessed 6 Jan 2010

[70] http://www. orc-dc. com/? q=node/1962. Accessed 6 Oct 2009

[71] ASTM International: ASTM E2535-07 Standard Guide for Handling Unbound Engineered Nanoparticles in Occupational Settings. ASTM International, West Conhohocken (2007)

[72] International Organization for Standardization: Health and Safety Practices in Occupational Settings Relevant to Nanotechnologies ISO/TR-12885. ISO, Geneva (2008)

[73] Korean Standards Agency: KSA6202: Guidance to Safe Handling of Manufactured Nanomaterials in Workplace/Laboratory. KSA, Seoul (2009)

[74] The Toxic Substances Control Act (TSCA) of 1976 (1976) 15 United States Code § 2601 et seq. Rule making. The U. S. National Archives and Records Administration, USA

[75] U. S. Environmental Protection Agency: Significant new use rules on certain chemical substances. FR 73(215), pp. 65743 - 65766 (5 Nov 2008). EPA, Washington, DC. http://edocket. access. gpo. gov/2008/pdf/E8-26409. pdf (2008). Accessed 22 Dec 2009

[76] U. S. Environmental Protection Agency: Proposed significant new use rules on certain chemical sub-

stances. FR 74(214), pp. 57430 - 57436 (6 Nov 2009). EPA, Washington, DC. http://edocket.access.gpo.gov/2009/E9-26818.htm (2009). Accessed 22 Feb 2010

[77] U. S. Environmental Protection Agency: Proposed significant new use rule for multi-walled carbon nanotubes. FR 75(22), pp. 5546 - 55551 (3 Feb 2010). EPA, Washington, DC (2010)

[78] Japanese Ministry of Health, Labor and Welfare: Immediate measures to prevent exposures to manufactured nanomaterials in the workplace (7 Feb 2008). Japanese Ministry of Health, Labor and Welfare, Tokyo. http://wwwhourei.mhlw.go.jp/hourei/doc/tsuchi/200207-a00.pdf(in Japanese) (2008)

[79] Japanese Ministry of Health, Labor and Welfare: Notification on precautionary measures for prevention of exposure etc. to nanomaterials (no. 0331013, 31 Mar 2009). Japanese Ministry of Health, Labor and Welfare, Tokyo. http://www.jniosh.go.jp/joho/nano/files/mhlw/Notification_0331013_en.pdf (2009). Accessed 7 Oct 2009

[80] http://www.nanonorma.org/ressources/documentation-nanonorma/hcspa20090107-Exp-NanoCarbone.pdf

[81] U. S. Department of Energy. Approach to Nanomaterial ES&H. Rev. 3a, May 2008. http://www.er.doe.gov/bes/DOE_NSRC_Approach_to_Nanomaterial_ESH.pdfAccessed 13 Dec 2010

[82] U. S. Department of Energy. Notice: the safe handling of unbound engineered nanoparticles. DOE N 456.1. DOE, Washington, DC. http://www.directives.doe.gov/pdfs/doe/doetext/neword/456/n4561.pdf (2009)

[83] Organization for Economic Cooperation and Development: Compilation of nanomaterial exposure mitigation guidelines relating to laboratories, ENV/JM/MONO(2010)47. OECD, Paris. http://www.oecd.org/officialdocuments/displaydocumentpdf? cote=env/jm/mono(2010)47&doclanguage=en

[84] U. S. National Institute for Occupational Safety and Health. Safe nanotechnology in the workplace: an introduction for employers, managers, and safety and health professionals. NIOSH Publication No. 2008-112. NIOSH, Cincinnati. http://www.cdc.gov/niosh/docs/2008-112/ (2008). Accessed 18 Nov 2009

[85] http://www.hse.gov.uk/pubns/hsin1.pdf. Accessed 6 Oct 2009

[86] Höck, J., Hofmann, H., Krug, H., Lorenz, C., Limbach, L., Nowack, B., Riediker, M., Schirmer, K., Som, C., Stark, W., Studer, C., von Götz, N., Wengert, S., Wick, P.: Precautionary Matrix for Synthetic Nanomaterials. Federal Office for Public Health and Federal Office for the Environment. Berne, Switzerland. http://www.bag.admin.ch/themen/chemikalien/00228/00510/05626/index.html? lang=en (2008). Accessed 18 Nov 2009

[87] http://goodnanoguide.org

[88] Safe Work Australia: Engineered nanomaterials: evidence on the effectiveness of workplace controls to prevent exposure. Commonwealth of Australia, Canberra. http://www.safeworkaustralia.gov.au/NR/rdonlyres/E3C113AC-4363-4533-A128-6D682FDE99E0/0/EffectivenessReport.pdf (2009). Accessed 18 Nov 2009

[89] http://www.who.int/occupational_health/activities/practsolutions/en/index.html. Accessed 19 Nov 2009

[90] http://www.ilo.org/public/english/protection/safework/ctrlbanding/index.htm. Accessed 19 Nov 2009

[91] U. S. Environmental Protection Agency: TSCA inventory status of nanoscale substances-general

approach. EPA, Washington, DC. http://www.epa.gov/oppt/nano/nmsp-inventorypaper2008.pdf. (2008). Accessed 22 Dec 2009

[92] U. S. Environmental Protection Agency: Toxic Substances Control Act Inventory Status of Carbon Nanotubes. FR 73(212), pp. 64946-64947 (31 October 2008). EPA, Washington, USA. http://www.epa.gov/fedrgstr/EPA-TOX/2008/October/Day-31/t26026.htm (2008). Accessed 22 Dec 2009

[93] U. S. Environmental Protection Agency. Pesticide registration; clarification for ion-generating equipment. FR 72(183), pp. 54039-54041 (21 Sep 2007). EPA, Washington, DC. http://www.epa.gov/EPA-PEST/2007/September/Day-21/p18591.htm (2007). Accessed 22 Dec 2009

[94] http://unit.aist.go.jp/ripo/ci/nanotech_society/document/090310_moe_eng.pdf. Acccessed 8 Oct 2009

[95] http://www.nanoriskframework.org/. Accessed 6 Oct 2009

[96] TÜV SÜD: CENARIOS -Certifiable risk management and monitoring system. TÜV SÜD, Munich. http://www.tuev-sued.de/technical_installations/riskmanagement/nanotechnology(2008). Accessed 21 Jun 2010

[97] http://www.saicm.org/index.php? content=meeting&mid=90&menuid=&def=1. Accessed 12 Feb 2010

[98] Strategic Approach to International Chemicals Management: Report on nanotechnologies and manufactured nanomaterials. SAICM, Geneva. http://www.saicm.org/index.php? menui d=9&pageid=425&submenuheader= (2010). Accessed 17 Mar 2010

[99] BASF: Code of conduct nanotechnology. BASF, Ludwigshafen. http://www.basf.com/group/corporate/en/sustainability/dialogue/in-dialogue-with-politics/nanotechnology/code-ofconduct (2010). Accessed 21 Jun 2010

[100] BASF: Nanotechnology at BASF. BASF, Ludwigshafen. http://www.basf.com/group/corporate/cn/function/conversions:/publish/content/innovations/events-presentations/nanotechno logy/images/dialog.pdf (2008). Accessed 21 Jun 2010

[101] http://www.responsiblenanocode.org. Accessed 19 Nov 2009

[102] IG DHS: Code of conduct for nanotechnologies. IG DHS, St. Gallen. http://www.innovationsgesellschaft.ch/media/archive2/publikationen/CoC_Nano technologies_english.pdf (2008)

[103] Commission of the European Communities: Commission recommendation of 07/02/2008 on a code of conduct for responsible nanosciences and nanotechnologies research. C(2008) 424 final. Commission of the European Communities, Brussels. http://ec.europa.eu/nanotechnology/pdf/nanocode-rec_pe0894c_en.pdf (2008). Accessed 19 Nov 2009

[104] Breggin, L., Falkner, R., Jaspers, N., Pendergrass, J., Porter, R.: Securing the Promise of Nanotechnologies. Towards Transatlantic Regulatory Cooperation. Royal Institute of International Affairs, London, UK (2009)

[105] Mantovani, E., Procari, A., Robinson, D. K. R., Morrison, M. J., Geertsma, R. E.: Development in Nanotechnology Regulation and Standards - Report of the Observatory Nano. Institute of Nanotechnology, Glasgo, UK (2009)

[106] http://ec.europa.eu/environment/seveso/index.htm

[107] Ameta, G., Rachuri, S., Fiorentini, X., Mani, M., Fenves, S. J., Lyons, K. W., Sriram, R. D.: Extending the notion of quality from physical metrology to information and sustainability. J. Intell.

Manuf. published online on 27 Oct 2009. doi:10.1007/s10845-009-0333-3

[108] U. S. Occupational Safety and Health Administration: Voluntary protection program: policy and procedures manual. CSP 03-01-003 (18 Apr 2008). OSHA, Washington, DC. http://www.osha.gov/OshDoc/Directive_pdf/CSP_03-01-003.pdf (2008). Accessed 12 Jan 2009

第 10 章　纳米技术标准与国际法律方面的思考

Chris Bell，Martha Marrapese

10.1 引　　言

20 世纪的许多新兴技术是通过标准制定过程来结构化和定义的，这些标准或者先于或者最终随着法律而调整[①]。通过标准制定和法律规定的强制执行，工业界和政府部门的利益相关方将创新融入了社会和经济结构。标准还帮助建立了可预见的经济和法律基础以支撑可持续的创新和发展。现在，这种发展路线可用于纳米技术。

国际标准在法律领域中有多种角色，如政府机关认可的事实上的规章，要求货物和服务遵从适用标准的合同条件，或者知识产权保护的一个参照点（如通过共识性标准定义技术术语）。国际标准在公司管理（如商业票据、立法、规章和司法部门的决策）中的流行程度随着商业经济的全球属性而增长。事实上，民间标准提供的框架与管理行为平行，或者在更理想的情况下保持一致。

本章提供了与在法律中使用标准相关的普遍原则和趋势，意在涵盖广泛和国际化。我们没有尝试针对任何特别的地区或国家来详尽讨论法律与标准的关系，同时希望读者更透彻地理解任何特定司法管辖的法律要求。本章没有直接针对任何特定纳米产品、活动或过程。在相关而且可能的情况下，提供例子以突出纳米技术的应用。鉴于技术发展的动态性，纳米技术的其他应用将会毋庸置疑地出现。另外，下面讨论到的主题将可能随着时间而改变。

C. Bell (✉)

Sidley Austin LLP，Washington，DC，USA

e-mail：cbell@sidley.com

① 例如，在美国，职业安全和健康管理局（OSHA）关于谷物升降机的安全规章是在自发标准出现之后近 10 年的时间里制定的。Setting Safety Standards，Regulation in the Public and Private Sectors，Ross E Cheit，UNIVERSITY OF CALIFORNIA PRESS，1990，University of California Press，E-books collection 1982-2004， Part 2， http://publishing.cdlib.org/ucpressebooks/view? docId = ft8f59p27j&chunk.id = d0e4470&toc.depth=1&toc.id=d0e4449&brand=ucpress

10.2 标准不是法律

尽管标准可以以多种方式对国际公法和私法产生重要的影响,自发性标准和强制性的法律之间还是存在差别的。特别地,无论一个实体符合多么先进的国际标准或其他标准,并不意味着遵从适用的法律。成功使用了标准并不能代替理解和执行了国家主管部门制定的法律义务。

从法律方面对标准用户的最低期望,是熟知并遵守其所在国家和地区的适用法律、方针、规章和法律性决议。另外,各个国家主管部门以指南、决议手册和书面裁决的形式,发布如何遵守法律的官方建议。任何一个这样的法律文书都应评估其是否可用自发性标准中所包含的指导来补充。产品标签规则领域就是这样,对高度监管的产品项目如食品和杀虫剂,监管条例是强加在这些产品上并强制执行的,而且补充语言的使用受到限制。

人们认识到在大多数情况下,标准不是为满足所有现行法律要求而准备的。它们的更典型的目的是为了体现已存在的准则、满足特定需求或填补沟通鸿沟。例如,尽管国际标准化组织 ISO 14000 环境管理系列标准给出了协助公司鉴别和履行其法律义务的过程的建议,但它们不提供符合任何特定国家法律的保证。但是,它们可以有效地将过程建立就绪以管理符合环境要求的项目,也可作为如可持续发展的更广泛“超法律”目标的框架。由于这一原因,尽管此标准不是法律所要求的,但包括欧盟和北美国家在内的许多监管机构,将 ISO 14001 EMS 标准视为有用的合规性辅助工具①。

标准的编写过程对于建立通用的词汇表,从而协助处在商业关系中的民间机构和监管者适应对于技术创新而做出的监管响应方面也处于中心地位。例如,早期在建立纳米技术通用词汇表方面制定标准的努力,就是为了填补已经意识到的沟通鸿沟。中国在这方面处于领先,在 2003 年 12 月最先成立了“纳米材料标准化联合工作组”,在 2004 年 12 月,中国首先发布了七个纳米技术国家标准,其中包括第一个术语标准 GB/T 19619-2004②。

2006 年,ASTM 国际的 E56 委员会发布了 ASTM E2456-06,与纳米技术相关的标准术语③。此标准定义了用于多学科和各学科间广泛活动的与纳米技术相关

---

① The Emerging Role of Private Social and Environmental International Standards in Economic Globalization, Jason Morrison, Pacific Institute and Naomi Roht-Arriaza, UC Hastings College of Law, International Environmental Law Committee Newsletter, Volume 1, Number 3, Winter/Spring 2006, pp. 10-35

② http://shop.bsigroup.com/upload/Standards%20&%20Publications/Nanotechnologies/Nano_Presentation.ppt#308,25,Terminology and nomenclature for nanotechnologies

③ http://www.astm.org/Standards/E2456.htm

的新颖术语。几乎同时,英国标准协会(BSI)颁布了七个初始阶段的术语文件①。认识到共同语言对建立该领域的重要性,ASTM 和 BSI 编写的这些文件都是公众可以免费获得的。作为这项早期工作的补充,ISO 技术委员会 TC 229 纳米技术拥有一个工作组,致力于建立纳米技术的国际共识定义。ISO 纳米技术术语工作已经获得 80004 系列编号。三个文件已经发布,更多文件也在编写中。

随着纳米技术需求的发展,词汇也在相应地进化。政府监管者通常意识到了这些努力,但没有任何强迫遵从的义务,尤其是监管项目的需求与标准定义有分歧时。特别地,在制定与纳米技术有关的术语和定义,如对特定材料行使管辖权的能力及强制实施的可行性时,监管者也许不得不考虑科学技术之外的因素。但是,如果监管的定义与国际标准化过程所建立并且广泛使用的定义不同时,实际的混乱就由此产生了。

10.3 标准和政府决策

通常情况下,政府具有将标准纳入法律,或自己制定强制性标准的权力。例如,在美国,《国家技术转让与促进法》(NTTAA)(公法 P.L. 104-113)(1996 年 3 月)指示联邦监管机构应当使用合适的自发共识性标准,除非与法律不一致或不可行②。这反映出尽量利用在标准制定和实施中获得的知识的政策决定,不鼓励监管者可能引起"多此一举,重复发明轮子"的花费和负担。举一个特定技术的例子,美国环境保护署(EPA)评估表面涂层中的挥发性有机物含量(VOC)的测试方法 24,作为国家减少这些促成有害臭氧形成的烟雾物质的努力的一部分,就参考了 ASTM 确定 VOC 水平达标的测试方法③。自从该方法撰写起,纳米技术标准必须通过 NTTAA 程序才能被美国法律采纳。

另一个政府使用基于共识的相关国际标准和地方标准的例子发生在欧盟。在那里,欧盟范围内协调的监管规章可以由基于共识的欧洲自发性标准补充。为了对欧盟建立内部市场商品自由流通手段的政策和立法给予支持,使用了越来越多的标准。欧洲标准化委员会(CEN)声称的目标是消除欧洲工业界和消费者面对

---

① http://shop.bsigroup.com/en/Browse-By-Subject/Nanotechnology/Terminologiesfor-nanotechnologies/

② 美国国家标准与技术研究院(NIST)标准作为采购和监管文件的参考文献已被引用 20 000 多次,网上交互数据库见 http://standards.gov/sibr/query/index.cfm,证实美国政府广泛使用自发性标准。Eleventh Annual Report on Federal Agency Use of Voluntary Consensus Standards and Conformity Assessment, NIST, NISTIR 7503, May 2008, p. 2

③ http://www.epa.gov/ttn/emc/methods/method24.html#wtsa

的贸易壁垒[①]。CEN 由 31 个国家成员和 19 个附属成员组成,CEN 的角色是协调除了电工技术(归属 CENELEC)、电信(归属 ETSI)、汽车、航天、钢铁这些有特定安排的行业之外的 EU 技术标准的所有领域。另外,欧盟成员国有义务将提议的技术监管规章以草案的形式通报委员会,并按照指令 98/34/EC,在制定或实施前停滞观察三个月。在它的其他条款中,该指令同时允许欧洲委员会向欧洲标准组织(ESO)提出制定和修订欧洲标准的请求,以支持欧洲的政策和法律。欧洲标准,即使是那些委员会委托制定的标准,除非特定被包括在强制性法律之中,其使用仍遵循自愿原则,尽管如此,当考虑是否采用强制行动或者行动的性质和程度时,监管机构通常要参考适用标准[②]。

日本工业标准(JIS)是自发性国家标准,是基于供应商、消费者、学术界和所有相关方的共识制定或修改的。同时按照工业标准化法的规定,技术规范(法律)应该遵守 JIS 中适当的部分。日本标准专家报告指出日本规章中将近 5000 项条款引自 JIS[③]。

10.4 标准和知识产权

标准化词汇、测量技术和产品规范促进了知识产权的发展和共同理解。纳米技术已经发展成了一个清晰的词汇与极端非传统的词汇(如"巴基球"、"纳米管"、"纳米号角"、"量子比特"、"纳米纤维"和"原纤维")共存的领域。在某些情况下,纳米技术中使用的术语的意义与传统用法混淆起来了(如"颗粒")。在许多情况下,我们一致和可靠地测试和表征纳米材料的能力仍然是未来努力的目标。

尽管如此,任何技术转化为专利时,精准的定义是不可或缺的。在技术专家就怎样定义关键概念和纳米技术组成方面还未达成一致的情况下,可预见地定义和建立产权也有难度,而这些都是创新和投资的壁垒。世界各国的专利局都将确定"优先技术"作为区别已有的和新的知识产权的关键步骤。例如,美国专利商标局有一个关于"纳米工艺"的搜索类别,定义为与"纳米结构"有关的公开,这是一种常用的,但尚未明确定义的术语。

---

① 根据 ISO 的说法,这种安排对正式的国际标准体系提出很大的挑战,因为其要求欧洲标准在相当大程度上扩展。然而,ISO 和 CEN 通过建立 ISO、IEC 国际标准化组织和欧洲区域组织之间的协议响应这种安排,试图应对这种紧张局势。ISO 和 CEN 之间的联合协定称为"维也纳协定"

② 以下链接提供要求的数据库,可以获得全文。http://ec.europa.eu/enterprise/policies/european-standards/standardisation-requests/databasemandates/index_en.htm

③ International development and voluntary national standardization-Japanese initiative-World Trade and Standardization, 27-28 September, 2001. Berlin, Germany, Akira Aoki, Council member, JISC, www.ifan.org

在缺乏良好且协商一致的定义,以及具有衡量和描述技术的能力的法律文书的情况下,指定知识产权或合同(例如,涉及纳米尺度材料的投资、购买和销售)的拥有权仍然不明确。材料表征缺乏一致性或者无法表征,使得描述所有者利益更加困难。特别是,法律从业者发现确定专利的范围和评估目前和未来主张的合法性更加困难。这会转而打消那些热衷于限定资产和确定性所带来回报的投资者的热情。标准的制定有助于发展关键概念和方法,这有利于辅助法律从业者的工作,因为他们试图界定和保护知识产权利益。

10.5 标准和公司交易

公司结构化的法律实践(如兼并、收购、资产剥离、成立合资企业)的特点通常是在困难的时间压力下,通过复杂的协商达成一致意见。在涉及合资企业、许可协议、资产销售等类似事务中代表顾客利益的律师,将查找标准以获得合适的词汇来定义协议中用到的术语,以描述范围和转移产权。如今,职业协会通常实施和强制执行模型规范并由此影响贸易合同条款。这些规范(如建筑和电学规范)在某些司法管辖范围内也可以颁布为法律。

基于自发性标准的产品质量认证程序在国际商务合同中扮演着重要角色。作为 21 世纪全球商业关系的一个条件,一个公司需要标榜自己,或者要求其商业伙伴被独立地审计和评定为符合 ISO 9000 质量管理体系标准(或相关标准)[①]。

产品规范、质量体系、统一的词汇和最少的商业实践对于决定是否使用和投资纳米技术具有强有力的影响。即使最简单的涉及纳米技术的商业合同在关键技术问题上是否达成普遍一致方面也蒙上了阴影,当事方可能并不知道买和卖的是什么。就目前定义和描述新兴技术的不确定性而言,作为不确定性和风险的反映,投资或购买这些技术的价值可能因此打折扣。

10.6 标准与环境健康和安全规章

根据 ISO 的说法,“最新的,或许是最多样化的民间标准情景与社会和环境问

① ISO 9000 系列标准的历史可以追溯到 1959 年建立的美国军事采购规范 Mil-Q-9858a。对供应商的质量体系要求在 1962 年得到美国 NASA(国家航空航天局)采用,1965 年 NATO(北大西洋公约组织)接受并作为其装备采购规范。BS 5750 是 1979 年由英国标准协会(BSI)发布的关于更广泛的制造业的质量体系的自发性标准,随后到 1988 年被 ISO 9000 所采纳。ISO 9000 系列标准现在已被许多类型商业企业所采用,并被 100 多个国家接受。Peter Emerson, History of ISO 9000, http://ezinearticles.com/? History-of-ISO-9000&id=352833

题密不可分，通常与索赔、认证和标签项目相关”[①]。ISO在影响全球环境、健康和安全(EHS)议题的政策方面具有突出的作用(例如，ISO 14000标准家族通过环境管理体系、审计、生命周期评估和环境市场索赔情况等应对组织责任)。

为了强调环境保护和可持续发展在纳米技术中的重要角色，ISO/TC 229纳米技术标准委员会设立了一个专门的工作组，以在人类健康和环境领域制定技术报告、规范和标准。TC 229已经出版了一份概括纳米技术背景下的职业健康和安全的“最佳实践”的技术报告[②]。它的工作项目包括许多提供建议并可能被自愿采纳的文件，如毒理学测试的物理化学参数、产品管理、风险管理、毒理学筛查、控制分级和安全数据表。

这些领域同样是全世界各国的监管者激烈和公开讨论的主题，其中几个包含在经济合作与发展组织(OECD)人造纳米材料工作组目前正进行的活动之中。鉴于TC 229有包括政府代表在内的众多利益相关方参与，以及同ISO、OECD、欧盟委员会和其他法律实体之间的协调，标准程序有可能为涉及纳米技术的组织提供有用的EHS工具，以便补充当前的监管项目。ISO的工作可能被认为是“前卫”的，收集了世界各地专家们的知识，并使其在当前的应用中派上用场，而监管者仍然试图决定什么是必需的独一无二的法律要求，如果有的话。

10.7 标准和消费者

标准在消费者保护领域里的一个用途是采纳产品规范或产品标签指南，以建立信息或透明度的期望水平，满足消费者的需要或预期。这样的标准可能为消费者提供与购买决定有关的信息。在最高级的发展阶段，标准可以采取推荐性的产品或专业认证项目的形式，不过标准也可以不用以那么复杂的形式来回应公众的需求。尤其是当针对特定材料或产品应用进行调整之后，技术产品质量或安全标准可以令使用者或消费者建立起对产品的可重复性和完整性的信心。

在纳米技术领域，一些工作想让标准在帮助商业企业就其产品的益处和风险与公众沟通方面扮演一个角色。ISO/TC 229有一个消费者与社会层面的专门任务组，以及一个与CEN的关于含有人造纳米物体产品的联合标签项目。大众传播和纳米技术现在是，在可预见的将来也一直会是热门话题领域。在美国一份关

① International Standards and Private Standards, ISO (2010), www.iso.org/iso/private_standards.pdf, p. 7

② ISO/TR 12885:2008 Nanotechnologies-Health and safety practices in occupational settings relevant to nanotechnologies; http://www.iso.org/iso/iso_catalogue/catalogue_tc/catalogue_tc_browse.htm?commid=381983&published=on&includesc=true. 另一文件，ISO/TR 13121——Nanotechnologies-Nanomaterial Risk Evaluation (《纳米技术——纳米风险评估》)于2011年出版

于公众对纳米技术医学应用和增强体质的态度的2010年调研报告中，北卡罗来纳州立大学和亚利桑那州立大学的研究人员发现当被调查对象知道一些关于纳米技术与增强体质之间的知识时，他们在面对其风险和益处的平衡信息时抱有更加支持的态度①。

与消费者的沟通，尤其是在技术发展的初期，会充满不确定性，更不要说永远都存在的问题，即确定消费者真正的兴趣或需求。值得一提的是，标准团体和监管部门正在讨论交流购买兴趣点的问题，这是对纳米物体和包含纳米物体的产品的刚出现的考虑。BSI PAS 130是交流文件的一个早期的尝试②。对于一个特定产品，强制性的商业和消费者标签要求与可能以规范或标准形式出现的补充指南之间的相互影响，需要得到仔细的考虑。这就说明在发展前进的路径时，需要注意透明度、标准内容与目标的合理关系、利益相关方的广泛参与，以及当可能的情况下，使决策的制定建立在事实而不是推测的基础上。纳米技术应用标准的制定程序看来与这些指导原则是一致的。但同样清楚的是，关于特定纳米技术应用风险和效益的平衡的中心决策不应在标准制定过程中形成。

10.8　标准和国际贸易

纳米产品有望通过全球供应链和金融联系的一体化经济进行生产、加工和分销。鉴于纳米技术已经在全球化的背景下发展起来，建立通用词汇和一致的技术标准可以增强商业利益与公众利益合作的能力，以推动纳米技术理智和负责任的发展。

基于满足某些标准的要求如果设法体现在世界不同地方买卖双方的商务合同里，那么在商业上是有价值的。法律约束保证可能得到遵守某些标准承诺的支持。

设立标准可成为竞争的激励或障碍。美国联邦贸易委员会(FTC)的观察表明，“民间标准制定团体的活动并非天生就是反竞争性的；事实上可能在本质上是

---

① 隐匿风险将损害公众对纳米技术的支持，调查结果，见科学日报如下网址：http://www.sciencedaily.com/releases/2010/05/100504095212.htm. May 4, 2010。在他们的调查中，参与者被分开，并向他们对于同一纳米尺度医疗器械分别给出了各种说明和解释。向一组参与者展示了对该纳米尺度医疗器械的不切实际的插图。另一组也展示了同一幅图，但伴有对“治疗”的框图说明，描述了该技术可以帮助病人完全康复。第三组同样给出了那幅图，并有“改进”的框图说明，描述了该技术能使人更快、更强、更聪明。还有两组调查参与者得到了插图、框图声明以及关于潜在健康风险的信息。最后一组参与者没有得到插图、框图声明或者信息。这项调查共计849名参与者，误差范围为正负3.3%。调查的最后一天，得到了现实的和更完整的关于纳米技术的信息参与者普遍接受了相关的公共健康的治疗优点。相对地，调查给出的纳米技术的信息越少，公众对结果越怀疑

② 2007. Guidance on the labelling of manufactured nanoparticles and products containing manufactured nanoparticles, http://www.bsigroup.com/en/sectorsandservices/Forms/PAS-130/Download-PAS-130/

促进竞争的[①]"。通过标准促进国际贸易协调,有机会减少由拼凑出的不同规则设置引起的非关税障碍的发生(例如,相互冲突的或不同的注册制度、检查、认证、规范、质量保证方法、标签)。认识到这一点,世界贸易组织(WTO)技术性贸易壁垒(TBT)协定[②]认为那些建立在共识性国际标准基础上或与其一致的要求,就不大可能被当做被禁止的非关税贸易壁垒。这种可以接受使用的假设增强了标准对国际和国家法律的影响,因为 TBT 协定有效地鼓励各国在制定法律时依据或参考标准。

根据 ISO 的说法,国际标准在支持公共政策和规章方面的应用看来正在增加[③]。OECD、亚太经合组织(APEC)和南方共同市场(MERCOSUR)都鼓励使用国际标准以促进其成员国之间及与世界其他地区之间的贸易。在世界的许多地区,好的监管实践是鼓励自发使用标准作为基于性能的规章的补充。

在 WTO TBT 协定中已经确立,并不是所有的标准都是同等的。一些被批准用来作为具有法律约束效力的国际或国家规章的基础,其他的则不是。前者被称为国际标准,后者被称为民间标准。

与标准制定相关的 WTO TBT 原则包括透明、公开、公平、一致、有效、相关以及解决发展中国家的关切[④]。WTO 规则根据是否依据这些原则来区别对待标准。遵循这些原则的标准被视为"国际标准",可以用做监管措施的基础。以 WTO 实心锯木包装标准或植物检疫措施国际标准 15(ISPM 15)为例,这些标准经批准被 WTO 成员方采用。ISPM 15 标准要求在允许的情况下,出口之前木质包装需要热处理或熏蒸。

2010 年 1 月,在一次不寻常地应用 WTO TBT 挑战机制的实例当中,美国环境保护署(EPA)被要求针对一项按照美国有毒物质控制法(TSCA)监管特定碳纳米管产品的提案,重新开放公众评论期限。该延期要求得到批准[⑤]。请求方是位于欧盟委员会企业与工业理事会内的欧洲经济共同体(EEC)的 WTO TBT 调查部。请求通过其在美国的对应机构——美国国家标准与技术研究院(NIST)提交。EU 随后提交了对于所提议的规则制定的意见,说明了欧盟监管碳纳米管和美国提议的方法的不同,以及这些监管的区别会造成欧盟供应商在美国和欧盟面临潜

① Indian Head, Inc. v. Allied Tube & Conduit Corp., No. 81 Civ. 6250 (S. D. N. Y. June 27, 1986), Brief of the United States and the Federal Trade Commission, Amicus Curiae, at 7 (October 24, 1986)

② http://www.wto.org/english/tratop_e/tbt_e/tbt_e.htm

③ International Standards and Private Standards, ISO (2010), http://www.iso.org/iso/private_standards.pdf, p. 3

④ 国际标准制定原则委员会决议,协议第 2、5 款和附录 3 相关的指南、推荐,TBT 协议第二个三年期审查,http://docsonline.wto.org/DDFDocuments/t/G/

⑤ 75 Fed. Reg, 1024, January 8, 2010

在的不同市场环境①。

标准不需要非得遵循 WTO 原则才有用处或具有法律后果。“民间标准”可以成为事实上作为通往市场大门的商业标准或认证程序的基础。例如,加拿大、美国和马来西亚等国家的木材等级体系,说明了民间标准和贸易之间的稳固关系②。这些体系分配木材等级,作为最低质量控制标准,满足一定建筑规范的需求;贴有等级标签的木材用于所有的木建筑中。基于使用目的、尺寸、特性及有些时候的品种等考虑,给每一块木料分配等级。木材质量受到特性的数量和/或规模,以及这些特性影响强度和产品外观的方式的影响。对编写和发布分级规则以及监督木材分级的群体,有相应的认可规程。ALSC 软木材标准实际上是北美所有的软木材买卖交易的基础。人们可以很容易地预见到受纳米技术影响的建筑工业材料中等级划分体系的发展,这些材料除木材外,还包括如混凝土、钢、玻璃、涂层、防火和检测材料③。

表面上,私营的产品材料分级体系是“自发”使用的,但事实上如果无法证明符合这些标准,可能很难建立或维持商业竞争力。通常这种标准是为了满足生产者的需求,建立产品的通用技术或商业平台,以促进消费者的理解或互换性。宝石学中现有的技术④可以用高分辨灰度照相将等级系统刻到任何尺寸的钻石上,不影响它的质量。纳米技术也用来制作钻石(“钻石形的”)⑤。人造钻石已经存在很多年了,但是早期产品与天然钻石差别很大,并且达不到同样的强度。通过纳米技术合成的钻石,在化学上与天然钻石完全相同。自 2007 年起,美国宝石学院开始对这些钻石的品质分级⑥。

钻石等级标准或任何其他标准,对于市场准入的推动和获得市场接纳的程度

---

① 欧洲联盟与通告 G/TBT/N/USA/499 相关的评论。Proposed significant new use rules on certain chemical substances, January 14, 2010

② 在加拿大,国家木材评级机构负责撰写、解释和维护加拿大木材评级规则和标准。(http://www.nlga.org/app/dynarea/view_article/1.html). 美国国家硬木板材协会公布了硬木的评级规则 (http://www.nhla.com/),而美国木材标准委员会颁布了关于软木木材的自发性产品标准 20(PS-20)(http://www.alsc.org/untreated_ps20_mod.htm);也可参见马来西亚橡胶木评级指南(http://www.ehow.com/way_6190491_guideline-grading-malaysian-rubberwood.html)

③ Nanotechnology in Construction-one of the top ten answers to world's biggest problems (May 3, 2005) http://www.aggregateresearch.com/article.aspx? ID=6279&archive=1; Nanotechnology and construction report, Nanoforum-European Nanotechnology Gateway (November 2006); http://www.nanoforum.org/nf06~modul~showmore~folder~99999~scid~425~.html? action=longview_publication

④ http://www.israelidiamond.co.il/english/News.aspx? boneID=918&objID=6997

⑤ Stanford University, SLAC Public Lecture-Ultimate Atomic Bling: Nanotechnology of Diamonds, May 25, 2010, http://events.stanford.edu/events/238/23829/

⑥ 如何鉴别人工钻石和天然钻石? http://www.ehow.com/how_4833499_tell-synthetic-diamonds-natural-diamonds.html#ixzz0qpXl1mOO

将会随法律现状、商业领域和在世界上应用的地区而发生变化。可以想象在一些地方人们难以接受高质量和便宜的人造钻石珠宝，而另一些地方的公众则会热情地追捧它们。“纳米钻石”在医学方面的益处并不被人们熟知，同时显现出更多的技术挑战，政府对药物及器械的许可证要求使得这些技术的实现尚需时日[①]。与此相反，单晶纳米线钻石和相关材料在光纤和电子方面是最有前途的技术进步，已经接近了商业化的前沿[②]。

10.9 标准和风险管理

如前所述，政府颁布的技术规章提出的要求，通常是为了达到保护公共健康、安全和环境的目的。所提要求可能用通则（如基本要求）或细则的形式，也可能通过参考或逐字引用，纳入自发性标准的全部或部分细节。这些政府行为可使对自发性标准的遵守成为对法律遵守的一部分，或者前提。在某些权限范围内，政府要求通过设定产品性能的最低要求，帮助降低由于产品的误用或故障导致的公司的法律纠纷，只要做到这一点，一个组织就可以确立起对消费者的职责。

事实上，在产品安全领域经常可以发现标准和规章的相互影响。在美国，习惯法要求制造商是了解产品的专家，并以与产品使用情况相当的条件进行测试[③]。标准可以协助这些评估，尤其是涉及测试和分析方法时。标准同商务和过失案例中的诉讼有关（如产品责任和人身伤害），在法律标准对组织行为度量不清晰的地方，标准可以提供衡量新兴领域的评判尺度建议。

尽管与公认的自发性标准不符可以作为一个机构疏忽的证据，但符合这些标准却不能起到绝对抗辩的作用。首先，顺应自发性标准极少可以用来原谅对法律的违反。许多标准的一般本性意味着它们可能并不适用于导致法律纠纷的特定事件。进一步说，在像纳米技术这样的快速发展领域，新技术、新应用和新科学知识几乎每天都在出现，组织机构在制定风险管理决策时要面对更多不停变化的目标，而非简单地依赖标准（或仅是监管的要求）。在能够实现的公众成员个人或集体进行的诉讼案例的司法管辖中，涉及纳米技术的组织机构应当审慎地采取全面而不断发展的风险管理手段，而不是仅仅依赖对法律或标准的遵循，因为这二者可能落后于这个领域内重要的技术和 EHS 发展。

---

① Nanotechnology cancer treatment with diamonds (November 7, 2008), http://www.nanowerk.com/spotlight/spotid=8081.php

② Researchers develop new technique simplifying production of high quality diamonds for electronics, October 28, 2008, http://www.azom.com/news.asp? newsID=14307

③ Clarence Borel v. Fibreboard Paper Products Corporation, et al. 493 F.2d 1076 (1973)

10.10　当标准比法律更加严格时

当标准比法律要求更加严格时，有时会引起担心。这种担心有时出现在产品标准领域。一般说来，产品标准提供产品的描述或定义，意在使所有的相关方以类似的方式解读，涵盖产品组成、结构、尺寸、性能和词汇等因素。但是，当一个商业标准比法律要求更加严格时会怎样？例如，如果一个商业标准对于特定食品中杀虫剂的最小残留量比监管部门的食品安全标准还严，将发生什么情况？毫无疑问，监管规定中的法定容许量是要求强制执行的。除此之外，风险管理或许应该考虑如果不遵循达成共识的适用标准所负的潜在责任，以及这种标准的有效性和可用性、现有法律要求的公信力、利益相关方、消费者的观点及竞争优势。如果存在相互竞争或有差别的潜在适用标准，或标准之间存在技术上的不同（如分析方法、质量控制、可验证性），那么这种情况会比较复杂。

从法律的观点来看，这些技术标准或规范仅被视为是自发和建议采用的，不会取代或替换国家主管部门制定并颁布的法律和规章。一个罕见的例外可能是当一项法律或规章被普遍认为严重过时，而更现代更严格的自发性标准正被工业界接受使用。美国政府工业卫生学者会议®（ACGIH）建立的化学品职业接触限值传统上是材料安全数据表上必需的，在这个问题上，值得指出的是它因得到了美国工业界的广泛使用而备受尊重[①]。

10.11　将纳米技术标准纳入法律结构

纳米技术方面的国家和国际规章正在影响私营企业、公众利益组织和政府决策的制定。对于私营企业，国际自发性标准是建立透明和公平竞争环境的有吸引力的手段。一套一致的以及跨地区的纳米技术系列标准是人们希望的商业目标，尤其是在纳米技术这样快速发展和广泛应用的领域。纳米技术的技术基础，如关键定义和计量学，以及健康和安全规程，如果不能达到国际上的理解，将阻碍该技术的可信的发展、技术拓展及可能带来的收益。

通过标准制定程序而不是通过更呆板的国际法制定程序，有可能更方便和快捷地达成国际共识。由不同的国家命令和控制策略导致的经济分层，包括“竞次”

---

① 淘汰该强制性规范的规章提案可在 2009 年 9 月 30 日的联邦登记簿上找到，网址见 http://edocket.access.gpo.gov/2009/pdf/E9-22483.pdf，OSHA 建议维持其要求，见 50401 页。在安全数据表上列出了 OSHA 的强制性允许接触限值(PEL)而不是 TLV©

现象,是国际法的不足①。广泛接受的自发性标准以令人惊讶的速度提供框架来推动纳米技术等创新领域的商业发展,以及在没有政府明显干涉的情况下对制定法进行相关调整。早期在"真实世界"中实行这些标准的经验可以在如环境保护、公共健康和安全等公众和政府特别关注的问题上,为制定法的发展提供借鉴。通过提供通用的参考框架,这些方法也可以促进地区和国家监管制度的一致。

尽管曾经存在协调标准制定和政府监管活动的努力,但这两种过程存在显著的不同。在许多领域,政府决策必须考虑相互竞争的公众观点,要受到媒体和其他批评者的详细审查。监管机构的决策经常受到被监管团体和其他利益相关方的法律和政治挑战。监管者的权威来自法律并担负法律责任,通常承担保护公众利益的责任。

与此相反,标准制定组织通常不用以监管者的方式对公众负责,而且,他们的工作常常也不受到同等水平的外部评论。这些原因在一定程度上促使纳米技术标准制定工作在快速进行。不过,大多数知名的标准制定组织有着已发展成熟的对参与(包括审查和评论意见的解决)、共识和透明度设立最低要求的常规做法。但是,标准制定程序的自发和自筹资金的特性限制了积极参与者的多样性和数目。

法律和标准在制定程序上的这些基本差异意味着,标准不应该在未经与其提案和采纳相关的公开审查和评论的情况下轻易地转变为制定法。这并不是说标准制定程序存在固有弊端:召集来自世界各地的专家,通过相对透明的和达成共识的程序得到坚实可行的结果,这些结果可以在审慎和政治的立法程序之前就执行。相反,要认识到标准和产生标准的程序的局限,并在考虑将它们用于法律目的时重视这些局限。

纳米技术方面,ISO的国际标准制定工作包括了政府、企业界、学术界和非政府团体等方面的参与者。推进安全、经济、有效产品的私营商业利益很大程度上与公众利益是一致的。随着这个领域的发展,制定共同理解的词汇成为这些组织间共同的兴趣。ISO/TC 229在这个领域承担着重要的工作,如"纳米材料"等核心术语的定义,在国际监管群体中产生了高度活跃的活动②。

---

① Private Sector and International Standard-Setting: The Challenge for Business and Government, Virginia Haufler, Carnegie Discussion Paper 3, Study Group on the role of the private sector, http://www.Carnegieendowment.Org/Publications/Index.Cfm? Fa=View&Id=220

② Interim Policy Statement on Health Canada's Working Definition for Nanomaterials (February 11, 2010), http://www.hc-sc.gc.ca/sr-sr/consult/_2010/nanomater/draft-ebauche-eng.php, New Nano Rule for EU Cosmetics November 27, 2009, http://www.rsc.org/chemistryworld/News/2009/November/27110901.asp, European Parliament approaches Nanomaterials in Electrical and Electronic Equipment with strong Language and a heavy Hand, Nanotechnology Industry Association News, April 27, 2010, http://www.nanotechia.org/news/global? page=2; European Commission urgently demands science-based Definition of Nanomaterials Nanotechnology Industry Association News, March 4, 2010, http://www.nanotechia.org/news/global? page=2

实事求是地讲，监管机构需要的定义与标准组织制定的可能不尽相同。更大的担心是 ISO 定义和监管机构定义覆盖范围的不一致性。例如，ISO/TC 229 在科学技术术语中定义“纳米材料”，但可以想象的是监管部门会在风险术语中定义“纳米材料”（如使定义部分基于游离纳米物体潜在的暴露）。后者的方法可能使“纳米材料”成为“危险纳米材料”的同义词，结果就如同仅仅用飞机容易坠毁这一点来定义“飞机”一样不幸。进一步说，基于风险定义的“纳米材料”将把没有风险以及有益的纳米材料排除在外。由于规章和词汇一起出现，不一致的定义将对法律的效力和结果产生影响。预见到这一点，很重要的是监管者和公众预期和认可 ISO 纳米技术词汇的总体结构，其意在最大程度上尽可能反映共同用法。

ISO 结构化的词汇表里用纳米材料作为广义通用、包罗万象（所以不是非常准确）的术语来描述纳米物体和纳米结构材料。另外，纳米材料一词试图包括跨越整个潜在纳米技术应用范围的纳米物体和纳米结构材料：防务、电子、食品、包装、涂料、医药、化妆品、能源、化工原料、乳剂、物品等。利用这种结构，可以将对“纳米材料”术语应用的认同扩展到更广泛的团体中，同时鼓励规章术语的制定，即使用更准确的词汇描述特定的司法管辖领域，如“纳米尺度”（ISO 定义的术语）[①]银、纳米物体（也已定义）[②]、纳米组分等，纳米颗粒也已被定义[③]和使用了。

私营和公共利益在标准制定过程中具有分歧的其他方面是其反感风险的程度和保护所有权人的商业秘密以维持竞争利益的可接受的透明程度。确实，标准制定程序并不适合制定非技术政治决策，如人类健康或环境风险的可接受水平，但标准可以对这样的水平如何定义、测试和实现作出贡献。这些领域提供的例子阐述了为什么标准将对支撑和监管纳米技术工业的法律政策有贡献但不可取代它。政府机制可能需要关注不同利益相关方的利益，因此可以了解标准制定团体的需要，但最终可能与其迥然不同。

10.12　结　　论

在许多方面，标准制定在纳米技术领域很受欢迎。标准制定程序是多个场所中的一个，在这些场所中进行纳米技术发展的定期讨论，发现需求，通过多国和多利益相关方模式周期性地回顾和更新现有的信息。自发制定的标准同时被看做尽早解决纳米技术所面临的国际环境和社会政策紧迫挑战的宝贵工具。纳米技术标准制定组织可以为工业、消费者和政府提供有价值的专家帮助。

---

① ISO/TS 27687 (2008)

② 出处同上

③ 出处同上

标准最通俗的解释是随着时间发展得到认可的实践的反映或汇编。许多时候，标准必然落后于技术和科学的发展。但对纳米技术，全球合作和标准化被认为对纳米技术融入经济和社会结构具有重要的作用。这意味着，标准化对于纳米技术是一种主导的而非从属的角色。标准制定程序提供了全球讨论和整合的机制，其开放程度在某种意义上是独特的。标准制定组织成员或参与者来自政府、商业利益组织、非政府公共利益组织，促进了代表广泛利益的国际专家的高水平合作。标准委员会中稳妥的讨论和投票程序强化了工作成果的可用性，而且一旦开始，与典型的制定法律要求的冗长过程相比，标准制定相对快速[①]。但要承认的是一些实体和国家有资源比其他人更充分参与，这点对共识的达成程度有所限制。

与标准团体通过专家共识在慎重的基础上推进工作相反，法律范围有责任运作在技术创新的前沿，经常在快速和特殊的基础上对其含义进行管理。纳米技术带来的技术进步给法律问题造成影响的范围涉及知识产权、环境健康和安全、贸易法，反映了将纳米技术融入法律结构的广度和挑战。

对于纳米技术，标准和法律界试图在实际上同时达成解决方案。标准的制定是为了满足专家沟通他们实时接收的最新最佳纳米技术信息的需要。法律需要定期重新审查，是否在其刚出现或者出现之前就完成了对最新发展的接纳和管理任务。标准制定是为了满足纳米技术商业化的需要，部分因为它们告知了与商业相关的法律手段。标准制定程序是一个交流知识、诀窍和想法的关键转换点，这些知识和想法为下一代制造业和社会发展提供动力。标准也可为管理纳米技术的法律框架提供有用的建议。

---

① 一旦启动，标准项目一般在三年内完成出版。http://www.rlc.fao.org/en/prioridades/sanidad/normpub.htm. 当人置身其中时，标准制定程序似乎冗长且缓慢，但主要立法和监管规章的制定程序需要更长的时间

附录　术语和缩略词表

ACGIH　American Conference of Governmental Industrial Hygienists　美国政府工业卫生学家会议

ACS　American Chemical Society　美国化学学会

ADME　absorption, distribution, metabolism and excretion　吸收、分布、代谢及排泄(药代动力学)

AES　Auger electron spectroscopy　俄歇电子能谱

AFM　atomic force microscope　原子力显微镜

AFNOR　Association Française de Normalisation　法国标准化协会

AIST　National Institute of Advanced Industrial Science and Technology　国家产业技术综合研究所(日本)

ALSC　American Lumber Standards Committee　美国木材标准委员会

ANF　Asia Nano Forum　亚洲纳米论坛

ANSI　American National Standards Institute　美国国家标准学会

AOQ　average outgoing quality　平均检出质量

APEC　Asia-Pacific Economic Cooperation　亚太经济合作组织

APQP　advanced product quality planning　产品质量先期策划

A * STAR　Agency for Science, Technology and Research　新加坡科技研究局

ASTM　American Society for Testing and Materials　美国试验和材料协会

AWI　approved new work item　已批准的新工作项目

BAM　Bundesanstalt für Materialforschung und-prüfung　联邦材料测试研究院(德国)

BAuA　Bundesanstalt für Arbeitsschutz und Arbeitsmedizin　联邦职业安全与健康研究所(德国)

BEL　benchmark exposure level　基准暴露水平(BSI)

BET　Brunauer-Emmett-Teller　测定比表面积的布鲁诺尔-埃米特-泰勒(BET 比表面积测量技术的发明者)方法

BIPM　Bureau International des Poids et Mesures　国际计量局

BSI　British Standards Institution　英国标准协会

BSMI　Bureau of Standards, Metrology & Inspection　标准检验局(中国台湾地区)

CA　Chemical Abstracts　化学文摘

CAS　Chemical Abstracts Service　化学文摘社

CC　Consultative Committee　咨询委员会

CCL　Comité consultatif des longueurs　长度咨询委员会

CCQM　Comité consultatif pour la quantité de matière-métrologie en chimie　物质量咨询委员会-化学计量学

CD　committee draft　委员会草案

CD-SEM　critical dimension SEM　特征尺寸扫描电子显微镜

CEM　Centro Espanol de Metrologia　西班牙计量中心

CEN　European Committee for Standardization　欧洲标准化委员会

CENARIOS Certifiable Nanospecific Risk Management and Monitoring System 可认证特定纳米风险管理与监测体系

CENELEC European Committee for Electrotechnical Standardization 欧洲电工标准化委员会

CFR Code of Federal Regulations 美国联邦法规

CI chemical ionization 化学电离

CIPM International Committee for Weights and Measures 国际度量衡委员会

CMOS complementary metal-oxide-semiconductor 互补金属-氧化物-半导体

CMR carcinogenic，mutagenic or toxic to reproduction 致癌性、致突变性或生殖毒性(欧盟《关于化学品注册、评估、许可和限制法案》)

CNT carbon nanotube 碳纳米管

CoC Codes of Conduct 行为守则

COMET assay Single Cell Gel Electrophoresis assay 单细胞凝胶电泳(彗星试验)

CONICET Consejo Nacional de Investigaciones Científicas y Técnicas 国家科学技术研究委员会(阿根廷)

CRM certified reference material 有证标准物质

CSIR Council for Scientific and Industrial Research 科学和工业研究委员会(南非)

CVD chemical vapor deposition 化学气相沉积

Defra Department for Environment，Food and Rural Affairs 环境、食品与乡村事务部(英国)

DIN Deutsches Institut für Normung 德国标准化协会

DIS draft international standard 国际标准草案

DLS dynamic light scattering 动态光散射

DMA differential mobility analyzer 静电迁移率分析仪

DRAM dynamic random access memory 动态随机存取存储器

EA European Accreditation 欧洲认证委员会

EC European Commission 欧洲委员会

EC European Community 欧共体

ECHA European Chemical Agency 欧洲化学品管理局

ECOS European Environmental Citizens Organisation for Standardization 欧洲环境公民标准化组织

ECVAM European Center for the Validation of Alternative Methods 欧洲替代方法验证中心

EDXA energy dispersive X-ray analysis 能量色散X射线分析

EEC European Economic Community 欧洲经济共同体

EELS electron energy loss spectroscopy 电子能量损失谱

EFM electrostatic force microscope 静电力显微镜

EFSA European Food Safety Authority 欧洲食品安全局

EGA-GCMS evolved gas analysis-gas chromatography mass spectrometry 逸出气体分析-气相色谱质谱

EHS environment，health and safety 环境、健康和安全

ELPI electrical low pressure impactor 电称低压冲击器

EMPA Swiss Federal Laboratories for Materials Science and Technology 瑞士联邦材料科学和技术实验室

EMS environmental management system 环境管理体系

EPA Environmental Protection Agency 环境保护署(美国)

ERM European reference materials 欧洲标准物质

ESC Engineering Standards Committee 工程标准委员会

ESCA electron spectroscopy chemical analysis 化学分析电子能谱法

ESO European Standards Organisation 欧洲标准组织

ESPM Electrical SPM 电学扫描探针显微镜

ETSI European Telecommunication Standards Institute 欧洲电信标准协会

ETUC European Trade Union Confederation 欧洲贸易联盟

EU European Union 欧洲联盟

EXAFS extended X-ray absorption fine structure 扩展X射线吸收精细结构

FAO Food and Agriculture Organization 联合国粮食及农业组织

FDA US Food and Drug Administration 美国食品药物管理局

FDIS final draft international standard 最终国际标准草案

FIT failures in time 失效时间

FMEA failure mode and effect analysis 失效模式与影响分析

FP7 European Commission's Seventh Framework Programme 欧盟委员会第七框架计划

FTC U. S. Federal Trade Commission 美国联邦贸易委员会

FTIR Fourier transform infrared spectroscopy 傅里叶变换红外光谱

FSANZ Food Standards Australia New Zealand 澳大利亚新西兰食品标准机构

GD-MS glow discharge mass spectrometry 辉光放电质谱

GD-OES glow discharge optical emission spectroscopy 辉光放电发射光谱

GDS glow discharge spectroscopy 辉光放电光谱

GHS Globally Harmonized System 全球协调体系

GMO genetically modified organisms 转基因生物

GOST-R GOsudarstvennyi STandart-Rossii 俄罗斯国家标准认证

GRAS generally regarded as safe 公认安全(美国FDA)

GUM Guide to the Expression of Uncertainty in Measurement 测量不确定度表示指南

HCSP Haut Conseil de la Santé Publique 公共卫生最高理事会(法国)

HEPA high efficiency particulate air filter 高效空气粒子过滤器

HMSO Her [His] Majesty's Stationery Office 皇家文书局(英国)

HPLC-MS high performance liquid chromatograph-mass spectrometer 高效液相色谱-质谱法

IANH The International Alliance for Nano-EHS Harmonization 纳米环境、健康和安全协调国际联盟

ICCM International Conference on Chemicals Management 化学品管理国际会议

ICCVAM The Interagency Coordinating Committee on the Validation of Alternative Methods 机构间替代方法评价协调委员会(美国)

ICON International Council on Nanotechnology 纳米技术国际委员会

ICP-AES inductively coupled plasma atomic emission spectrometry 电感耦合等离子体

原子发射光谱

ICP-MS inductively coupled plasma mass spectroscopy 感应耦合等离子体质谱

ICT information and communication technology 信息和通信技术

IDE investigational device exemption 器械临床研究豁免

IEC International Electrotechnical Commission 国际电工委员会

IEEE Institute of Electrical and Electronics Engineers 电气电子工程师学会

IEEE-SA Institute of Electrical and Electronics Engineers Standards Association 电气电子工程师学会标准协会

IFA(BGIA) Institut für Arbeitsschutz der Deutschen Gesetzlichen Unfallversicherung 德国社会意外保险的职业安全和健康研究所

IG DHS die Interessengemeinschaft Detailhandel Schweiz 瑞士食品包装零售商协会

ILC interlaboratory comparison 实验室间比对

ILO International Labour organization 国际劳工组织

ILS interlaboratory study 实验室间研究

IND investigational new drug 研发中的新药

IRMM Institute for Reference Materials and Measurements 标准物质和测量研究所(欧洲)

IS international standard 国际标准

ISO International Organization for Standardization 国际标准化组织

ISO/REMCO The ISO Committee on Reference Materials 国际标准化组织/标准样品委员会

ISPM International Standards for Phytosanitary Measures 植物检疫措施国际标准

ITRS The International Technology Roadmap for Semiconductors 国际半导体技术路线图

IUPAC International Union of Pure and Applied Chemistry 国际纯粹与应用化学联合会

IUVSTA International Union for Vacuum Science, Technique and Applications 国际真空科学、技术与应用联合会

JaCVAM Japanese Center for the Validation of Alternative Methods 日本替代方法验证中心

JIS Japanese industrial standard 日本工业标准

JISC Japanese Industrial Standard Association 日本工业标准委员会

JPT Joint Project Team 联合项目组

JRC Joint Research Centre of the European Commission 欧洲委员会联合研究中心

JSA Japan Standards Association 日本标准协会

JWG Joint Working Group 联合工作组

KATS Korean Agency for Technology and Standards 韩国技术标准署

KCC key control characteristics 关键控制特性

KFM Kelvin probe force microscopy 开尔文探针力显微镜

LAL Limulus Amebocyte Lysate 鲎变形细胞溶解物

LB film Langmuir-Blodgett film L-B膜

LDH lactate dehydrogenase 乳酸脱氢酶

LPS lipopolysaccharide 脂多糖

MERCOSUR Mercado Común del Sur 南方共同市场

METI Ministry of Economy, Trade and Industry 经济产业省(日本)

MHLW Japanese Ministry of Health, Labor

and Welfare　日本厚生劳动省

MN　manufactured nanomaterial　人造纳米材料

MRA　mutual recognition arrangement　相互认可协定

MSDS　material safety data sheet　材料安全性数据表

MTT　3-(4,5-di methyl thiazol-2-yl)-2,5-diphenyl tetrazolium bromide　3-(4,5-二甲基噻唑-2)-2,5-二苯基四氮唑溴盐

MWCNT　multiwall carbon nanotube　多壁碳纳米管

Nano-HSE　Nanotechnology Health, Safety and the Environment　纳米技术健康、安全和环境(南非)

NANOSH　Nanoparticle Occupational Safety and Health　纳米粒子职业安全与健康

NASA　National Aeronautics and Space Administration　国家航空航天局(美国)

NCI　US National Cancer Institute　美国国家癌症研究所

NCL　nanotechnology characterization laboratory　纳米技术表征实验室

NICNAS　National Industrial Chemicals Notification and Assessment Scheme　国家工业化学品通告评估署(澳大利亚)

NIHS　National Institute of Health Sciences　国家健康科学研究所(日本)

NIOSH　US National Institute for Occupational Safety and Health　美国国立职业安全与健康研究所

NIR-PL　Near Infrared Photoluminescence Spectroscopy　近红外光致发光光谱

NIST　National Institute of Standards and Technology (USA)　国家标准与技术研究院(美国)

NLCG　Nanotechnology Liaison Coordination Group　纳米技术联络协调组

NMI　National Metrology Institute　国家计量院

NMIJ　National Metrology Institute of Japan　日本国家计量院

NMP　Nanosciences, Nanotechnologies, Materials and new Production Technologies　纳米科学、纳米技术、材料和新制造技术(欧盟委员会第七框架计划)

NNI　National Nanotechnology Initiative　国家纳米技术计划(美国)

NPR　nanoparticles or nanorods　纳米粒子或纳米棒

NSOM　near-field scanning optical microscopy　近场扫描光学显微镜

NSP　Nanotechnology Standards Panel　纳米技术标准委员会(ANSI)

NTA　nanoparticle tracking analysis　纳米粒子径迹分析

NTC　Nanotechnology Council　纳米技术理事会(IEEE)

NTI　Committee for Nanotechnologies　纳米技术委员会(BSI 英国标准协会)

NTTAA　National Technology Transfer and Advancement Act　《国家技术转让与促进法》(美国)

NWI　new work item　新工作项目(标准化)

NWIP　new work item proposal　新工作项目提案

OECD　Organization for Economic Cooperation and Development　经济合作与发展组织

OEL　occupational exposure limit　职业接触限值

OEWG　Open Ended Working Group　开放型工作组

OMB　Office of Management and Budget　行政管理和预算局(美国)

OSH　occupational safety and health　职业安

全与健康

OSHA Occupational Safety and Health Administration 职业安全与健康管理局(美国)

PAS publicly available specification 公开提供的规范

PC personal computer 个人计算机

PCS photon correlation spectroscopy 光子相关光谱

PEL permissible exposure limit 允许接触限值

PEM proton exchange membrane 质子交换膜

PL photoluminescence 光致发光

P. L. Public Law 公法(美国)

PMMA poly(methylmethacrylate) 聚甲基丙烯酸甲酯

PMN premanufacture notification 预生产申报

PPAP Production Part Approval Process 生产件批准程序

PPE personal protective equipment 个人防护装备

PS polystyrene 聚苯乙烯

PT project team 项目组

PVB Poly(vinyl butyral) 聚乙烯醇缩丁醛

QFD quality function deployment 质量功能展开

QM quality management 质量管理

R&D research and development 研究和开发

REACH registration, evaluation, authorisation and restriction of chemical substances 化学品注册、评估、许可和限制

RM reference material 标准物质

ROS Reactive Oxygen Species 活性氧类

SAC Standardization Administration of China 中国国家标准化管理委员会

SAXS small-angle X-ray scattering 小角X射线散射

SC subcommittee 分委员会

SCA surface chemical analysis 表面化学分析

SCCP Scientific Committee on Consumer Products 消费品科学委员会(欧盟)

SCENIHR Scientific Committee on Emerging and Newly Identified Health Risks 新兴及新鉴定健康风险科学委员会(欧盟)

SCM scanning capacitance microscopy 扫描电容显微镜

SDO Standards Developing Organization 标准制定组织

SDS safety data sheets 安全数据表

SEM Scanning Electron Microscope 扫描电子显微镜

SEMI Semiconductor Equipment and Materials International 国际半导体设备和材料协会

SG study group 研究组

SI International System of Units 国际单位制

SIMS secondary ion mass spectrometry 二次离子质谱

SME small- and medium-sized enterprise 中小企业

SnIRC Safety of Nano materials Interdisciplinary Research Centre 纳米材料安全性交叉学科研究中心(英国)

SNUR Significant New Use Rule 重要新用途规则

SOP Standard Operating Procedure 标准操作规程

SPC statistical process control 统计过程控制

SPM scanning probe microscope 扫描探针显微镜

SPRING Singapore Standards, Productivity and Innovation Board 新加坡标准、生产力与创新局

SSRM scanning spreading resistance microscopy 扫描扩散电阻显微镜

SWCNT single wall carbon nanotube 单壁碳纳米管

TBT technical barriers to trade 技术性贸易壁垒

TC Technical Committee 技术委员会

TEM transmission electron microscope 透射电子显微镜

TGA/DTA thermogravimetric analysis/differential thermal analysis 热重分析/差热分析

TLV threshold limit value 阈限值

TNSC Taiwan Nanotechnology Standard Council 台湾地区纳米技术标准委员会

TOF-SIMS time of flight secondary ion mass spectrometry 飞行时间二次离子质谱

TR technical report 技术报告

TRGS Die Technischen Regeln für Gefahrstoffe 工作场所有害物质技术规则(德国劳动和社会事务部)

TS technical specification 技术规范

TSCA Toxic Substance Control Act 有毒物质控制法案(美国)

TXRF total reflection X-ray fluorescence spectroscopy 全反射X射线荧光光谱

UK United Kingdom 英国

UN United Nations 联合国

UNEP United Nations Environment Program 联合国环境规划署

UNESCO United Nations Educational, Scientific and Cultural Organization 联合国教科文组织

UNITAR United Nations Institute for Training and Research 联合国训练研究所

UNP unbound nanoparticles 游离工程纳米粒子

UNSCC United Nations Standards Coordinating Committee 联合国标准协调委员会

UNSCEGHS Globally Harmonized System of Classification and Labeling of Chemicals 全球化学品统一分类标签制度

USA United States of America 美国

USDOE US Department of Energy 美国能源部

UVCB unknown or variable compositions, complex reaction products or biological materials 未知或可变组分,复杂反应产品或生物材料

VAMAS Versailles Project on Advanced Materials and Standards 先进材料和标准凡尔赛合作计划

VCI Verband der Chemischen Industrie 化学工业协会(德国)

VETPGS Vitamin E-d-α-Tocopheryl Polyethylene Glycol-1000 Succinate 维生素E-d-α-生育酚聚乙二醇-1000琥珀酸酯

VIM international vocabulary of metrology 国际计量学词汇

VOC volatile organic content 挥发性有机物含量

VPP Voluntary Protection Program 自愿保护项目(OSHA)

WD Working Draft 工作草案

WG Working Group 工作组

WHO World Health Organization 世界卫生组织

WPMN Working Party on Manufactured Nanomaterials 人造纳米材料工作组(OECD)

WPN Working Party on Nanotechnology 纳米技术工作组(OECD)

WTO World Trade Organization 世界贸易

组织

XPS X-ray photoelectron spectroscopy X 射线光电子能谱

XRD X-ray diffraction X 射线衍射

XRF X-ray fluorescence analysis X 射线荧光分析

XRR X-ray reflectivity X 射线反射

索　引

H

J

K

L

M

N

Y

Z

其他

彩　　图

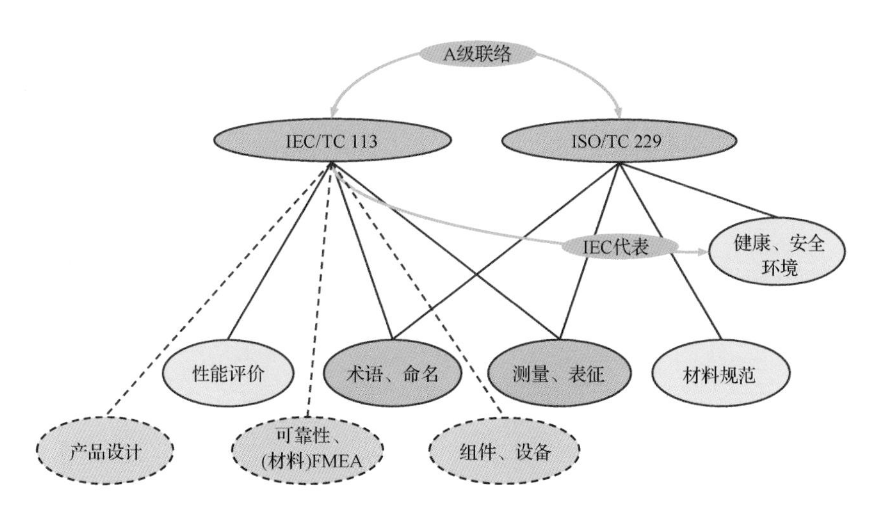

图 5.1　IEC 和 ISO 的两个联合工作组、分属于 IEC/TC 113 或 ISO/TC 229 的三个工作组(实线椭圆)以及三个未来规划中的 IEC/TC 113 工作组(虚线椭圆)共同组建起纳米技术标准化的整体架构。在 IEC/ISO 指导方针中,两个技术委员会合作方式已描述为一个 A 级联络。此外,IEC/TC 113 还有一位技术专家,他/她同时也是 ISO/TC 229/WG 3 工作组"环境、健康和安全"的成员

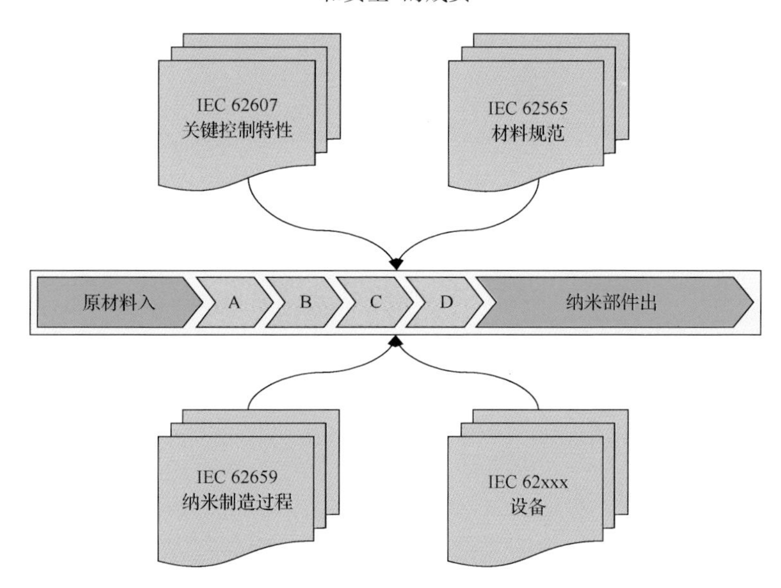

图 5.2　高质量纳米制造需要同时使用四组标准:材料规范、关键控制特性、设备和过程。因为应用纳米技术的产品性能很大程度上由纳米材料的使用,或者更普遍地,由纳米物体材料规范所主导,且伴随的关键控制特性在这一方案中扮演着一个特别的角色

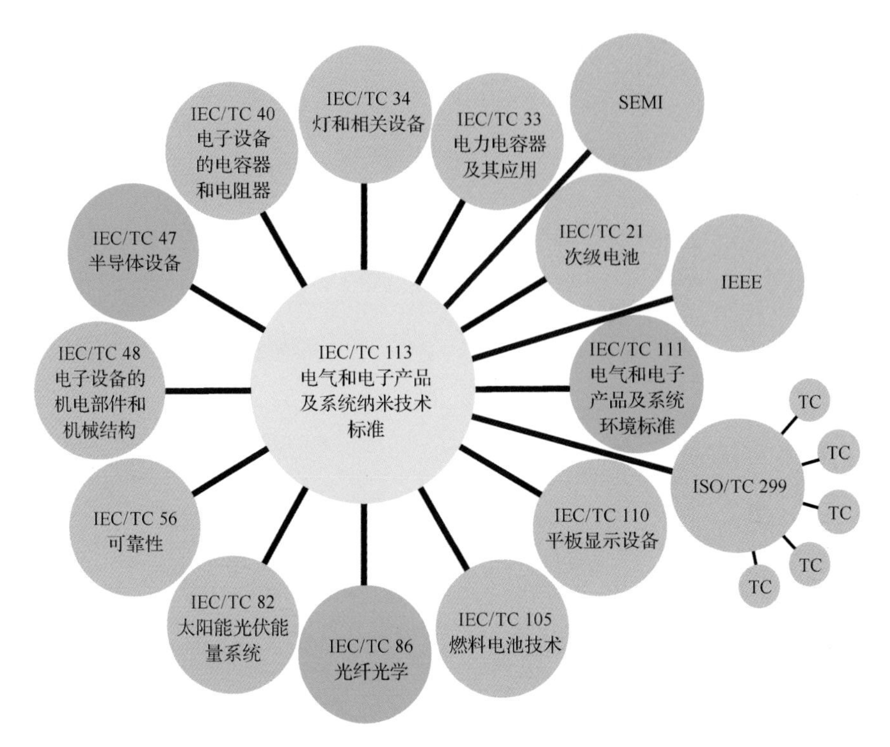

图 5.3 IEC 技术委员会以及其他同纳米技术潜在相关的组织概况。IEC 的技术委员会为蓝色和绿色(现有的正式联络)。也同 SEMI 和 IEEE 建立起正式的外部联络。同 ISO/TC 229 之间非常紧密的联系确保了在纳米技术联络协调组(NLCG)之内的同 ISO/TC 的交流

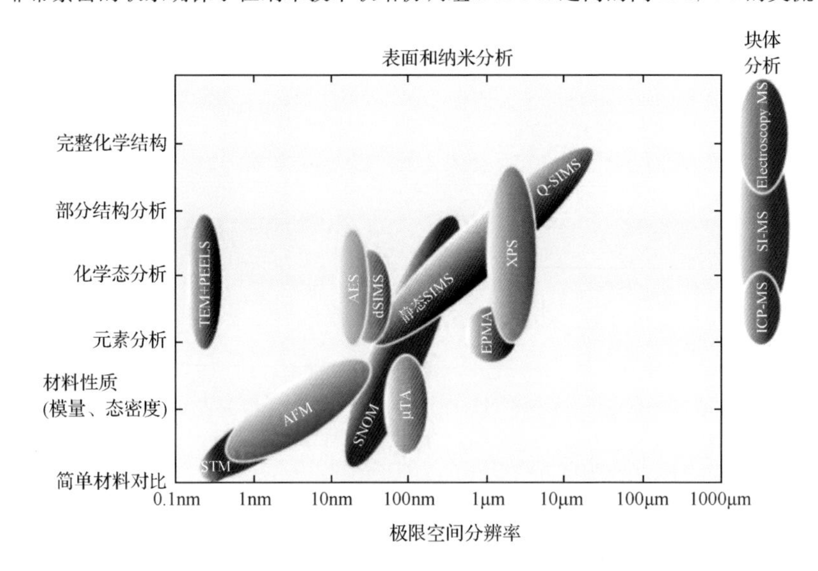

图 6.13 多种用于纳米结构材料分析的重要工具所能获得的空间分辨率和信息类型概览